建设用地土壤污染物的生物有效性分析与应用

曲常胜　朱　迟　丁　亮　王　超等　著

科学出版社

北京

内 容 简 介

生物有效性分析是精准评估污染土壤风险、合理制定修复目标、经济有效开展修复管控的重要基础。本书基于国家重点研发计划项目研究成果，系统阐述了典型土壤污染物生物有效性测试技术的最新进展，并结合应用案例讲解了如何将建设用地土壤污染物的生物有效性分析纳入土壤污染状况调查、风险评估与修复治理决策全过程。本书主要内容包括建设用地健康风险评估方法、典型污染物生物有效性分析技术，以及典型重金属、农药、多环芳烃污染地块生物有效性应用案例。

本书可供环境保护等相关专业人员借鉴，亦可供建设用地土壤污染风险管控和修复的从业单位及技术人员、生态环境部门行政管理人员参考。

图书在版编目(CIP)数据

建设用地土壤污染物的生物有效性分析与应用/曲常胜等著.—北京：科学出版社，2025.6

ISBN 978-7-03-074813-3

Ⅰ.①建… Ⅱ.①曲… Ⅲ.①土壤污染–污染物–生物分析 Ⅳ.①X53

中国国家版本馆 CIP 数据核字(2023)第 023782 号

责任编辑：黄 梅/责任校对：任云峰
责任印制：张 伟/封面设计：许 瑞

科 学 出 版 社 出版
北京东黄城根北街 16 号
邮政编码：100717
http://www.sciencep.com

北京中科印刷有限公司印刷
科学出版社发行 各地新华书店经销
*
2025 年 6 月第 一 版 开本：787×1092 1/16
2025 年 6 月第一次印刷 印张：15
字数：350 000
定价：199.00 元
(如有印装质量问题，我社负责调换)

《建设用地土壤污染物的生物有效性分析与应用》
编委会

顾　　问
　　　谷　成　王　水

编写组成员（按姓氏笔画排序）
　　　丁　亮　丁明皓　王　超　曲常胜　朱　迟
　　　刘　昆　吴　桐　邱成浩　张泽民　张柔嘉
　　　罗　浩　聂　溧

序

众所周知，我国的工业化和城镇化建设取得了举世瞩目的成就。近年，伴随着产业结构的调整，关停搬迁企业遗留地块持续增多，潜在的土壤污染隐患不容忽视。部分地块被作为居住和商业用地进行再开发利用，可能对人居环境安全造成不利影响。生态环境部等在"十三五"时期组织开展了全国范围内的重点行业企业用地调查工作，获取了大量土壤污染状况信息。为保护土壤生态环境质量、保障人居环境安全，《中华人民共和国土壤污染防治法》自 2019 年起施行，促使我国逐步建立起污染场地风险评估与修复治理制度体系。党的二十大还进一步提出"要深入推进环境污染防治，持续深入打好净土保卫战"。

土壤污染治理起始于西方发达国家，已有超过 40 年的历程，其间也曾走过不少弯路，如急于短期快速完成治理、基于污染物总量的风险评估过于保守等问题。当前，国际土壤污染治理正向绿色低碳的方向发展，要求首先做到精细调查污染与科学评估风险。生物有效性分析是精准评估污染土壤环境风险、合理制定修复目标、经济有效开展修复管控的重要技术方法，于近年受到越来越多的关注，实际应用案例也日益增多。在我国，"十三五"国家重点研发计划"场地土壤污染成因与治理技术"重点专项于 2018 年部署了"场地土壤污染物形态原位表征和生物有效性的标准化测试方法研究"项目，南京大学牵头联合南开大学、浙江农林大学、中国科学院南京土壤研究所、北京市生态环境保护科学研究院、江苏省环境科学研究院、南京大学环境规划设计研究院集团股份公司等十家高水平单位开展技术攻关，取得积极成效。该书作者团队承担了该项目所属的"污染物形态与生物有效性测定在场地调查修复中的综合应用研究"课题，在生物有效性分析实践、标准制定、推广应用等方面开展了系统全面和扎实有效的工作，并基于产学研联合研究成果，潜心编写出版了《建设用地土壤污染物的生物有效性分析与应用》一书。

该书围绕建设用地土壤污染诊断和风险防控的技术及管理需求，系统阐述了国内外典型土壤污染物生物有效性测试技术的研究进展，并结合应用案例讲解了如何将建设用地土壤污染物的生物有效性分析纳入土壤污染状况调查、风险评估与修复治理决策全过程。相信该书的出版不但有助于推动我国污染物生物有效性研究的深入发展，也将促进各地更加客观全面地认知土壤污染问题并不断建立完善精细化、低碳化的风险评估与修复治理技术体系。

2025 年 2 月于南京

前　言

土壤环境质量事关人居环境与生态安全，关系到社会公众的切身利益，因而土壤污染防治日益成为我国环境保护领域的新热点、新难点和新重点。2016年国家制定发布《土壤污染防治行动计划》，2018年颁布《中华人民共和国土壤污染防治法》，并于2019年施行，要求对污染地块开展环境调查、风险评估和必要的风险管控或修复治理，以保障再开发利用环境安全。

土壤污染风险评估旨在根据污染物的种类、浓度和分布情况，结合人群暴露情景，分析污染物对环境和健康的潜在影响，是风险管控和绿色低碳修复的前提和决策依据。目前，我国在风险评估与治理目标值确定方面主要基于污染物的总量，并假设土壤中的目标污染物可百分之百地被生物体所消化利用。这种方法往往导致风险评估结果偏高，从而制定出过于保守的治理目标。事实上，对于土壤中的重金属和多环芳烃等半挥发性有机物而言，并非所有的污染物都会被生物体完全吸收。土壤污染物被人体有意识或无意识地摄入后，能够被吸收进入血液循环系统，并对人体产生危害的部分被称为生物有效性。相较于总量评估，基于生物有效性的风险评估更科学、客观，有助于制定合理可行的治理目标，在控制风险的前提下降低治理成本，促进土壤污染治理的绿色减碳化和社会经济成本的最优化。

欧美等发达国家开展污染物生物有效性研究已有三十余年，在重金属、多环芳烃等土壤污染物经消化道暴露的生物有效性方面取得一系列成果，形成了体内测试与体外模拟仿真等一系列分析方法，在风险评估方法发展、土壤环境基准制定和实际工程应用等方面发挥了重要的科技支撑作用。在国内，南京大学、浙江大学、中国科学院南京土壤研究所、中国科学院生态环境研究中心等研究机构学者的相关研究也日益深入，特别是依托南京大学牵头的"十三五"国家重点研发计划"场地土壤污染物形态原位表征和生物有效性的标准化测试方法研究"、江苏省环境工程技术有限公司牵头的"十四五"国家重点研发计划"长三角精细化工园区场地复合污染协同修复技术集成及示范"等项目，场地土壤污染物有效性研究与应用快速发展。作者团队有幸参与其中，江苏省环境工程技术有限公司、江苏省环境科学研究院、北京市生态环境保护科学研究院、南京大学环境规划设计研究院集团股份公司等密切协同，共同承担了共性技术研发成果的验证与推广应用。我们调研了国内外土壤污染风险评估方法及污染物生物有效性测试技术进展，并结合国内外实际案例，提出将土壤污染物生物有效性分析纳入我国建设用地土壤污染调查、风险评估和治理修复的全过程，明确开展生物有效性分析的适用条件、基本程序和规范要求，以支撑精准评估健康风险、科学指导治理决策。

全书共分七章，系统呈现了典型土壤重金属和有机污染物的人体生物有效性测试方法、国内外基于生物有效性的土壤污染健康风险评估方法标准化、国内外生物有效性在污染场地调查评估和治理中的应用案例，最后还附录了有关标准，特别是江苏省环境科学学会支持制定的系列团体标准供读者参考使用。本书由曲常胜博士、朱迟博士、丁亮博士、王超博士为主编著，吴桐、刘昆、罗浩等承担了大量案例调研、翻译、校对等工作。在编著过程中，得到国家重点研发项目首席科学家谷成教授、王水研究员的关心和指导，历红波、林锋、李俊、张丹、钟茂生、崔昕毅等兄弟单位专家的支持，以及江苏省环境工程技术有限公司土壤与地下水环境保护技术研究所全体同仁的鼎力协助，在此一并表示感谢。

由于知识理论水平和时间所限，书中难免存在疏漏或不足之处，敬请广大读者批评指正。

作　者

2025 年 2 月

目　录

第一章 绪 论

随着国内外工业化进程的不断加快和工业化水平的不断提高,化学用品的使用量大幅增加,环境污染问题日益凸显。污染物的来源众多,如化学品原料及中间体的不当排放、工业废水和废弃物的肆意排放等。由于土壤是一个由多种成分组成的高度异质性介质,污染物进入土壤后会与土壤组分发生作用,会显著改变污染物在环境中的传递、归趋和效应等,对环境生态风险和修复效率产生重大影响。建设用地作为我国重要的土地类型之一,关注场地污染程度、污染类型、污染物形态等一系列问题对建设用地的管理和修复过程的指导具有重要意义。本章通过概述国内外建设用地污染状况,进一步介绍建设用地的典型污染类型及对人体的健康风险,最后探讨建设用地中污染物与场地介质间的相互作用,阐明污染物生物有效性的发展历程。

第一节 建设用地介绍

一、建设用地利用情况

土地利用是我国土地资源管理过程重要的组成部分,土地利用方式一般指人类对土地进行使用、保护和改造的活动,这些活动基于土地的自然属性及其规律,并服务于特定的社会生产方式。土地利用方式主要包括:农用地、建设用地和未利用用地。其中,建设用地是我国土地资源利用方式中重要的一种。在我国标准中,建设用地通常指建造建筑物、构筑物的土地,包括城乡住宅和公共设施用地、工矿用地、交通水利设施用地、旅游用地、军事设施用地。我国建设用地面积广阔。根据第三次全国国土调查成果,国务院第三次全国土调查领导小组办公室主任、自然资源部党组成员王广华在新闻发布会上披露,我国建设用地总规模为 6.13 亿亩①。在近年来我国建设用地面积的统计中,自然资源部注重国土空间用途管制,2023 年计划建设用地面积总量达 650 万亩,比 2022 年增加 50 万亩。西方发达国家在应对土地污染和场地治理再开发的实践中积累了丰富的经验,提出了多元的保障区域土壤环境安全以及激励污染场地安全再利用的社会各方协作机制,发展了污染场地再生和可持续的土地安全利用制度及相关工具。随着我国城市化进程和产业转移步伐的加快,尤其在经济快速发展或发达地区,工业企业搬迁呈现普遍趋势,带来了急剧的城市扩张和迅猛的土地需求。由于历史原因和长期污染排放,大量建设用地可能存在不同程度的土壤和地下水污染问题。而这些污染场地往往是由固体废弃物堆放、管道泄漏、储罐破损、废水池渗漏、墙体与设备污染等造成的(Hou et al., 2023)。

---

① 1 亩≈666.7m²。

二、国内外建设用地污染状况

目前污染场地的分布范围很广，遍布世界。据清华大学侯德义团队对全球污染场地数量分布的调研统计（Hou et al.，2023）（图1-1），我国每千人占有的污染场地数量较高，而北美、欧洲和澳大利亚等部分发达地区的场地污染情况同样不容乐观，存在的问题也较为突出。

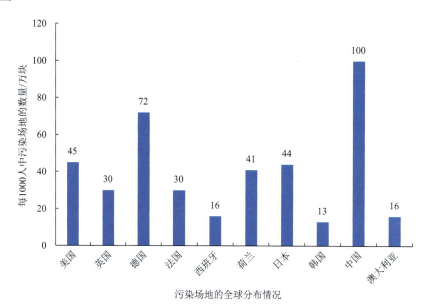

图1-1　全球的污染场地分布情况

在"十二五"期间，我国土壤重金属污染超标率为16.1%，其中轻微、轻度、中度和重度污染超标率分别为11.2%、2.3%、1.5%和1.1%。从污染类型来看，主要以无机污染为主，其次是有机污染，复合污染比例较小。无机污染物超标点位占总超标点位的82.8%。在污染物超标率方面，镉、汞、砷、铜、铅、铬、锌和镍的点位的超标率分别为7.0%、1.6%、2.7%、2.1%、1.5%、1.1%、0.9%和4.8%。具体重金属超标情况如表1-1所示。我国正处于产业转型升级过程中，被废弃或闲置的建设用地（如闲置厂房、废弃矿山等）数量多、分布广，由于土地资源短缺，其再开发需求十分迫切。《"十四五"土壤、地下水和农村生态环境保护规划》提出，"十三五"以来，严格建设用地准入管理，依法依规对2万多个地块开展调查，将900多个地块列入建设用地土壤污染风险管控和修复名录。《国务院关于2023年度环境状况和环境保护目标完成情况的报告》指出，全国土壤环境风险得到基本管控，土壤污染加重趋势得到初步遏制。截至目前，我国已累计将2058个地块纳入风险管控和修复名录管理，重点建设用地安全利用得到有效保障。不过，部分地区土壤污染还在持续累积，污染场地再开发利用环境风险仍然存在。

表 1-1 我国建设用地重金属超标情况（不完全统计）

污染物类型	不同程度污染点位比例/%			
	轻微	轻度	中度	重度
镉	5.2	0.8	0.5	0.5
汞	1.2	0.2	0.1	0.1
砷	2.0	0.4	0.2	0.1
铜	1.6	0.3	0.15	0.05
铅	1.1	0.2	0.1	0.1
铬	0.9	0.15	0.04	0.01
锌	0.75	0.08	0.05	0.02
镍	3.9	0.5	0.3	0.1

注：砷不是金属元素，但由于其性质和毒性与重金属相似，本书归为重金属范畴讨论。

从污染分布来看，南方的土壤污染比北方重，长江三角洲、珠江三角洲、东北老工业基地土壤污染问题较为严重。在中国西南部和中南部，土壤重金属超标，镉、汞、砷、铅 4 种无机污染物含量分布呈现从西北到东南、从东北到西南方向逐渐升高的态势；土壤镉污染呈现明显的区域化分布，主要分布在西南、华南地区，其中成都平原和珠江三角洲地区较为突出；土壤汞污染主要分布在长江以南地区，其中东南沿海地区呈现沿海岸带的带状分布；土壤铬污染主要分布在云南、贵州、四川、西藏、海南和广西；土壤铅污染主要分布在珠江三角洲、闽东南地区和云贵地区，湖南、福建和广西也有较高的超标率。由此可见，我国土壤污染呈现明显的区域化态势。为进一步明晰不同重金属污染超标情况及区域，通过网上检索调研了镉、铅和砷三类重金属污染情况（2022 年），表 1-2 汇总了我国镉、铅、砷等重金属重点污染地区。

表 1-2 我国镉、铅、砷等重金属重点污染地区

重金属污染物	区域
镉	京、津、渝、广州、东北平原等区县的污水灌溉区；甘肃白银、川、贵、湘、鄂等省市的工矿企业区
铅	内蒙古、冀等地区及湖南长株潭工业、湖北大冶矿区、重庆郊区、四川部分工矿企业区和广西的刁江区域
砷	内蒙古、冀、甘、浙、桂等省份部分城市的郊区以及辽宁沈抚灌溉区、湖南长株潭工业区、四川成都和广元等工矿区
镉	国内部分大城市的郊区，鄂、湘、川、贵等省份的工矿企业区，以及东北和华北的部分污水灌溉区
铅	黑龙江佳木斯、鸡西等郊区，京、鲁、浙、粤等地的郊区，湖南长株潭工业区、西北部分省、川渝、广西、湖北大冶矿区的耕地
砷	山西的煤矿产区、宁夏银川郊区、四川成都和广元的工矿区、湖南长株潭工业区、华北污水灌溉区、东北工矿企业区、污水灌溉区和浙江、广东的部分城市郊区

有机污染是当前土壤修复重点关注的方向。根据葛锋等（2021）对全国污染场地不完全分析统计，通过整理 473 个场地的污染信息，并对其中 227 个有机污染场地的数据进行关注和讨论，将有机污染物按照挥发性和半挥发性进行分类，分为挥发性有机污染

物（volatile organic compounds, VOCs）单独污染、半挥发性有机污染物（semi-volatile organic compounds, SVOCs）单独污染、VOCs 和重金属复合污染、SVOCs 和重金属复合污染、VOCs 和 SVOCs 复合污染、VOCs 和 SVOCs 及重金属复合污染 6 个污染类型（USEPA，2020；图 1-2）。

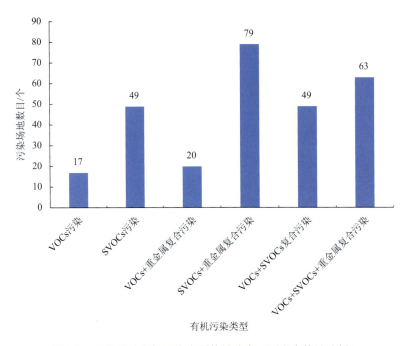

图 1-2 建设用地有机污染类型数量分布（不完全统计分析）

根据有关学者的不完全统计，我国 VOCs 单独污染场地数目较少，占比仅为 6.14%；SVOCs 单独污染场地占比为 17.69%，其中多环芳烃（polycyclic aromatic hydrocarbons, PAHs）和总石油烃污染场地数目最多，主要出现在以石油燃料为能源的热解过程工业场地中，如化工场地、金属冶炼厂场地等；VOCs 和重金属复合污染场地占比为 7.22%；SVOCs 和重金属复合污染场地数目最多，占比为 28.52%，其中总石油烃与重金属复合污染场地最多，主要出现在制造行业和金属冶炼行业场地中；VOCs 和 SVOCs 复合污染场地占比为 17.69%，其中 PAHs 与苯系物复合污染情况主要出现在焦化行业场地中；VOCs 和 SVOCs 及重金属复合污染场地占比为 22.74%，主要出现在化学工业、金属冶炼业、焦化行业场地中。所有污染类型中，SVOCs 污染场地占比为 86.6%，高于 VOCs 污染场地所占比例 53.8%，而多种有机物复合污染，是我国建设用地土壤污染的一大特点。

有机污染场地按不同地理区域可分为珠江三角洲地区、长江三角洲地区、中南地区、京津冀地区、西南地区、中部地区、东北老工业基地和西部地区，基于文献调研和信息公示平台资料查询等途径不完全统计，全国不同地区的有机污染场地数量分布如图 1-3 所示。从不同地区的污染场地数量分布来看，我国有机污染场地的占比呈现长三角、中南地区、京津冀等经济发达地区明显高于西部和东北等经济发展地区。

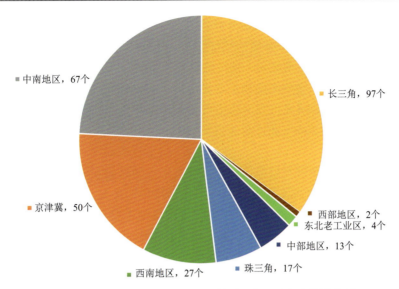

图 1-3　我国重点地区有机污染场地数量分布（不完全统计分析）

珠三角地区统计到的污染场地以总石油烃污染为主，污染物含量中氯代烃污染超标倍数最高，广东某氯碱化工厂中，四氯化碳和氯仿超筛选值倍数分别达到 399 倍和 421 倍。颜湘华等（2020）在华南地区某农药搬迁厂址中的采样分析结果显示，该场地中苯的含量为 10.1 mg/kg，超筛选值 1.5 倍，同时该场地也受到氯苯、1,2-二氯苯的污染。粤港澳大湾区典型化工场地苯系物的污染特征研究结果显示，场地土壤中苯系物的含量均超过筛选值（邓一荣等，2019）。

东北老工业基地主要污染物有总石油烃、PAHs、氯代烃和农药。其中 PAHs 类污染物含量超筛选值倍数最高，如沈阳某焦化场地的苯并[a]蒽、苯并[b]荧蒽和苯并[a]芘超标倍数依次为 32.1 倍、21.1 倍和 86.4 倍。王坚（2019）对辽宁省 6 个污染场地包括焦化、制药、轮胎制造、农药和味精场地土壤中 PAHs 的组成和污染的相关性特征进行了分析，结果显示，焦化厂的 PAHs 含量相较于其他 5 个不涉及 PAHs 生产和使用的场地明显更高。研究也发现区域内钢铁厂、油田区污染场地等均存在 PAHs 和总石油烃污染物（田靖等，2013）。辽宁某制药厂场地除了石油烃和氯代烃污染外，也存在农药污染，说明区域内存在各类有机污染物复合污染。

中南地区的土壤污染以重金属超标为主。有机污染物中总石油烃污染场地最多，广泛存在于农药厂以外所有类型的场地中，其中重庆某场地中总石油烃最高含量超筛选值 17 倍。六六六和滴滴涕（dichloro-diphenyl-trichloroethane, DDT）为中南地区调查所得主要的农药类污染物，蓬丹（2013）对重庆市某农药厂场地及其周边土壤中有机氯农药进行研究分析，结果显示该厂区土壤中六六六和 DDT 含量较高。赵玲等（2018）也综述了我国有机氯农药的场地污染现状和污染物分布特征，并分析了六六六和 DDT 的分布和残留特征。西南地区主要为有机污染与重金属污染复合污染特征，这与地区内有色金属矿（如汞、铅、锌、镉、砷、钒等）以及金属冶炼厂的广泛分布息息相关。

京津冀地区和长江三角洲地区经济发达，率先开展了污染场地的调查和修复工作，对污染场地的重视程度较高，可以获得更多的场地数据。京津冀地区场地污染物主要以 PAHs 与总石油烃为主，出现在金属冶炼行业和石油化工行业中。刘媛媛（2011）对北京某垃圾场和油库场地土壤分析显示，场地除存在多种氯代烃、苯系物等污染物外，PAHs 和农药的检出率也较高，这些污染物主要来源于生活垃圾分解释放、土壤农药残余和石油泄漏。周欣（2011）的研究也发现唐山市和天津市某化工区场地中存在二噁英和多氯联苯的污染。刘耕耘等（2006）通过对北京土壤中 PCBs 浓度的调查，表明土壤存在 PCBs 超标现象。

长三角地区是我国经济发展最快、经济总量最大的产业和城市密集区。长三角地区 97 个场地中化工行业场地占比达 44.3%；PAHs 污染场地最多，占比高达 70.1%。袁西鑫（2020）对江苏某化工企业场地进行了调查，发现场地中存在苯并[a]芘、苯并[b]荧蒽、苯并[a]蒽等 PAHs 类污染物。长三角地区还存在典型电子垃圾拆解区，产生如重金属铅、汞、镉以及多氯联苯、多溴联苯醚等污染物（安琼等，2006），造成场地中有机污染物与重金属复合污染。滕应等（2008）对长江三角洲地区土壤中的多氯联苯污染特征进行研究，揭示了该地区农田土壤多氯联苯的来源和工业场地废弃电器拆解的相关性。

本书还重点结合 2020 年 3 月~2022 年 10 月，江苏省公布的 8 批名录中污染场地的公开信息，以及相应的土壤污染风险评估报告或修复效果评估报告，对江苏省污染状况进行了调研与总结。结果显示，名录场地涉及的污染物共计 167 种（含重金属），根据污染因子出现频次，石油烃、苯并[a]芘和砷是名录场地中最常见的 3 种污染物，石油烃和多环芳烃是土壤中最常见的污染物，占土壤污染场地比例分别达到 56% 和 44%。截至 2020 年 5 月 1 日，全国公布的名录场地公开信息中，受重金属污染的场地较为普遍；对于受有机污染的场地，主要为石油烃和多环芳烃类污染，其次为苯系物和氯代烃类。相较而言，江苏省场地有机污染更为突出，这与江苏省重金属矿采选业、冶炼业等行业相对较少，而化工产业较为发达有关。此外，江苏省建设用地土壤污染状况十分复杂，23% 的涉土壤污染场地为单一污染类型，其他场地均为复合污染。

第二节　建设用地的土壤污染物

土壤污染是指人类活动产生的污染物进入土壤并积累到一定程度，造成土壤质量恶化的现象。随着现代工业和农业生产的发展，化肥和农药被大量使用的同时，工业废水排入农田，城市污水和废物不断排入土壤。这些环境污染物的数量和排放速度远超过土壤本身的容量和净化速度，破坏了土壤的自然动态平衡，造成土壤质量不断下降。就其危害而言，土壤污染比空气污染、水污染更持久，其影响更深远。土壤污染通常具有复杂、持续时间长、污染源广、治理难度大的特点。

土壤污染有多种类型，目前受到关注的污染物主要包括重金属和有机物两大类，本节主要对这两类污染物进行介绍。

一、土壤重金属污染物

关于重金属的定义，由于各个学科的研究方向和范围不同，目前还没有统一的标准和解释。通常，以密度为区分标准，大于 4.0 g/cm³ 的金属元素被认为是重金属，其他大于 5.0 g/cm³ 的元素也可以被认为是重金属。本节包含常见的镉、铅、汞、铜、锌、铬、镍等重金属，硒和砷不是金属元素，但由于它们的性质和毒性与重金属相似，也被归入重金属的范围。同时，以《土壤环境质量　建设用地土壤污染风险管控标准（试行）》（GB 36600—2018）重点管控的重金属为参考，对建设用地中常见的重金属污染物进行介绍。

（一）镉（Cd）

镉通常用于电镀工业、化学工业、电子工业和核工业，比其他重金属更容易被生物体吸收。镉通过废气、废水和废渣排放到环境中，造成污染。镉污染主要来自铅锌矿和有色金属冶炼、电镀以及使用镉化合物作为原料或催化剂的工厂。

含镉的残留物积累，也会使镉化合物进入土壤和水体。镉污染历史著名事件——"镉大米"事件发生在 1975 年，起因是日本当地三井金属矿业公司神冈炼锌厂为降低生产成本，未对污水进行处理即直接排放，导致当地耕地含镉量严重超标，造成严重的镉污染。我国同样有较为严重的镉污染事件：2011 年某立德粉材料厂废液含镉污染超标事件，对土壤和地表水造成极大污染，镉浓度一度超标约 80 倍。

镉主要通过消化道和呼吸道进入人体。消化道的吸收率一般低于 10%，呼吸道的吸收率通常在 10%～40%之间。镉可通过血液被输送到身体的不同部位。镉在不同物种中的分布有所不同，在动物中，镉主要分布在红细胞中，镉金属硫蛋白（cadmium metallothionein, Cd-Mt）是主要的存在形式，而结合镉的聚合物蛋白也是体内的重要存在形式。此外，镉还可以与小分子结合或以自由形式存在（谢黎虹和许梓荣，2003）。在动物器官中，镉主要积聚在肾脏和肝脏中，其次积聚在甲状腺、脾脏和胰腺中。在人类生命的代谢活动中，镉与锌蛋白酶相互作用以取代锌，会干扰那些需要锌的酶的生物活性和生理功能（黄宝圣，2005）。镉的排出非常缓慢，主要通过粪便和尿液排出，其中超过80%的口服摄入通过粪便排出，约 20%通过尿液排出。

（二）铬（Cr）

地壳中铬的平均含量为 100 mg/kg。中国土壤中铬的平均含量低于 80 mg/kg，通常为 50～60 mg/kg。例如，上海农业土壤中铬的平均本地值为 64.6 mg/kg，北京为 59.2 mg/kg，南京为 59.0 mg/kg。土壤铬污染主要来自铬矿、金属冶炼、电镀、制革等工业废水、废气和废渣。

20 世纪末期，美国加州 Pacific Gas&Electric 公司因对冷却水中的六价铬使用不当，造成了严重的土壤和地下水污染；我国云南曲靖因某企业对自身生产过程产生的铬污水的不当处置，偷排 1000 t 铬渣，对当地鱼塘和土壤均造成了生态和经济上的巨大损失。

在自然界中，铬主要以三价铬和六价铬的形式存在。三价铬是人体和动物体内参与糖和脂肪代谢的必需微量元素，而六价铬是一种明显的有害元素，它可以沉淀人体血液中的一些蛋白质，导致贫血、肾炎、神经炎和其他疾病。长期接触六价铬还会引起呼吸道炎症，并诱发肺癌或侵袭性皮肤损伤，严重的六价铬中毒也会导致死亡。

铬中毒主要来自六价铬。六价铬通过水、空气和食物进入人体，也存在于室内灰尘和土壤中从而被摄入。研究发现，六价铬化合物不能自然降解，会在生物体内长期积累和富集，是一种严重的环境污染物质。美国环境保护署（USEPA）已将六价铬列为 17 种高度危险的有毒物质之一。六价铬化合物的口服致死量约为 1.5 g，如果水中六价铬的含量超过 0.1 mg/L，就会产生毒性。铬对人体的毒性与砷相似，并且其毒性随价态、含量、温度和受影响的人的变化而变化。

（三）汞（Hg）

汞以无机态和有机态存在于土壤中，在一定条件下，不同的状态可以相互转化。无机汞通常为硫酸汞（$HgSO_4$）、氢氧化汞[$Hg(OH)_2$]、氯化汞（$HgCl_2$）和氧化汞（HgO）。汞由于溶解度低，土壤迁移通常很差，但可以在土壤微生物的作用下转化为甲基汞。甲基汞可由微生物在需氧或厌氧条件下合成，在需氧条件下，主要形成脂溶性甲基汞，可被微生物吸收和积累，进入食物链后，会对人体造成一定的伤害；在缺氧条件下，汞主要以二甲基汞的形式存在，在微酸性环境中通常可以转化为甲基汞。

土壤中的含汞污水主要来自污水灌溉、燃煤以及汞冶炼厂和汞制备厂的排放。例如，一个 700MW 的热电站每天可以排放 2.5 kg 汞。此外，以汞为原料的工厂和使用含汞农药的企业，也是土壤汞污染的重要来源。历史上最著名的汞污染事件发生在日本，汞的大肆排放，造成了严重的生态污染，对当地居民和动物健康形成了负面影响。

土壤中的金属汞会通过食物链进入人体，对人体健康造成危害，但汞中毒的机制尚未完全明确。众所周知，硫化汞（HgS）反应是汞毒性的基础。金属汞进入人体后，很快就会被氧化成汞离子，汞离子可以与体内的酶或蛋白质中的负性基团结合，如疏水基团，从而影响细胞中的许多代谢途径，如能量生成、蛋白质和核酸合成，进而直接影响到细胞的功能和生长。汞通过核酸、三羧酸的作用阻碍细胞分裂。无机汞和有机汞都会导致染色体异常，并具有致畸作用。此外，汞会与细胞膜上的稀疏基团结合，使膜通透性改变，造成细胞膜功能严重功能障碍，这主要由于位于细胞膜上的腺苷酸环化酶（Mg 和 Ca-ATP 酶、Na 和 K-ATP 酶）的活性受到强烈抑制，从而影响一系列生化反应和细胞功能，甚至导致细胞坏死。

（四）铜（Cu）

岩石圈中的平均铜含量为 70 mg/kg，铁镁矿物和长石矿物，如橄榄石、角闪石、辉石、黑云母、正长石、斜长石等，则含有更多的铜。土壤中主要有四种铜矿物：辉铜矿、黄铜矿、黄铜和孔雀石。

土壤中铜的正常含量为 2～200 mg/kg。中国土壤中的铜平均含量为 22 mg/kg。铜及其化合物在环境中所造成的污染，污染源主要包括铜锌矿的开采和冶炼、金属加工、机械制造、钢铁生产等，其中冶炼排放的烟尘是大气铜污染的主要来源；电镀工业和金属加工排放的废水中含铜量较高，每升废水中可被植物吸收的铜达几十至几百毫克，在铜冶炼厂附近的土壤中含铜量往往更高；岩石风化以及使用含铜废水灌溉农田均会导致铜在土壤中长期积累和保留。在德国的一些铜冶炼厂附近，土壤中的铜含量可达到正常含量的 3～232 倍，生长在铜污染土壤中的植物所含的铜是正常植物的 33～50 倍。

铜是人体在正常生理条件下不可或缺的微量元素。它在人体内具有催化作用，能够促进人体造血功能，维持头发的正常结构，是人体内电流的有效导体。然而，当土壤被重金属铜污染时，土壤中铜向人体的过度转移会对人体造成一定的伤害。

土壤中的铜进入人体后主要分布在肌肉、骨骼和肝脏中，在正常情况下，人体不容易缺乏铜，只有当机体消化功能障碍时，才有可能出现缺铜现象。铜缺乏的主要表现为：①大脑皮层萎缩、神经原性减少、退行性改变和星形胶质细胞增生、智力低下；②内分泌紊乱，味觉紊乱，皮肤、头发漂白和生长停滞；③多巴胺 β-羟化酶的活性降低，使去甲肾上腺素的前体多巴胺难以合成，并抑制红细胞生成，还可导致酪氨酸活性降低和白癜风；④铜缺乏可导致羊膜变薄、胎儿和婴儿发育不良、羊膜早破、早产、体重减轻；⑤食物中锌/铜比值的增加可以抑制高血压的发生，但如果比值过大，会干扰胆固醇的正常代谢，诱发冠心病；⑥铜缺乏可导致胶原和蛋白质合成障碍，进而引发高尿酸血症，此外，铜缺乏还可能引起心血管畸形和先天性缺陷，或导致后天动脉弹性结构和功能异常，严重时甚至可能诱发缺血性心肌病；⑦如果人体内铜严重缺乏，呼吸就会受阻，甚至无法形成血液，从而丧失生存的基本条件。当体内铜积累过多时，容易发生 Wilson 病（血纤维蛋白缺乏症），这也会干扰孕酮效应的发挥，影响排卵和生育能力。医务人员经常对血液中的铜含量进行临床测试以诊断各种疾病，如贫血、软骨、发育不良、心肌梗死、白化病、心肌变形等。

（五）铅（Pb）

铅在全球环境中的转移情况是：每年从空气转移到土壤约 1.5×10^5 t，从空气转移到海洋约 2.5×10^5 t，从海水转移到底泥为 4.0×10^5～6.0×10^5 t。土壤中的铅主要以 $Pb(OH)_2$、$PbCO_3$、$PbSO_4$ 等固体形式存在，土壤溶液中可溶性铅含量很低，并且 Pb^{2+} 也可以置换黏土矿物质上吸附的 Ca^{2+}，因此在土壤中很少移动。

铅在环境中主要包含两种来源：自然来源和人为活动来源。自然来源一般指火山爆发烟尘、飞扬的地面尘粒、森林火灾烟尘及海盐气溶胶等自然现象释放到环境中的铅。人为活动来源包括铅及其他重金属矿的开采与冶炼、蓄电池工业、玻璃制造业、粉末冶金及相关工业及其企业产生的废气、废水、废渣。2009 年前后，陕西凤翔、湖南武冈、广东清远、安徽怀宁等地陆续发生铅中毒事件，当时人们对于铅酸蓄电池的粗放式管理，是造成当地严重铅污染的重要原因之一。

铅对人体是有害的，它会在体内积聚并导致中毒。铅中毒的影响是相当缓慢和隐蔽的，在出现毒性之前不容易检测到。人体内的铅主要来自食物，但也会以铅烟尘的形式由呼吸道和消化系统进入人体，通过肺泡的扩散和吞噬细胞的作用，很快被吸收到血液中，并分布在大脑、肝脏、肾脏、肺和脾脏中，其中肝脏含量最高。铅通过人体血液输送到骨骼，最终通过肾脏排出体外，少量的铅也会从汗液和唾液中释放出来。铅中毒会导致疾病，2014 年，美国密歇根州的弗林特市为了节省财政开支而变更水源，使居民喝下含铅量超标的河水，最终导致 10 多人死于军团菌病，当地 10 万人遭受两年之久的毒水之害。这便是震惊美国的弗林特水污染事件，该事件也被称为"美国之耻"，饱受舆论指责和非议。铅中毒主要会引发一系列的血液疾病、神经系统疾病、心血管疾病、免疫系统疾病和内分泌疾病等。

（六）锌（Zn）

锌是一种广泛分布于自然界的金属元素，主要以硫化锌和氧化锌的形式存在。地壳岩石圈中的平均锌含量为 70 mg/kg，土壤中的平均锌含量为 50 mg/kg。中国土壤中的锌含量为 3～709 mg/kg。土壤中的锌可分为水溶性锌、替代性锌、不溶性锌（矿物中的锌）和有机锌。土壤中的锌来自形成土壤的各种矿物质。风化的锌以 Zn^{2+} 的形式进入土壤溶液，也可能成为单价络合离子 $Zn(OH)^+$、$ZnCl^+$、$Zn(NO_3)^+$ 等，有时形成氢氧化物、碳酸盐、磷酸盐、硫酸盐和硫化物沉淀。锌离子和含锌络合离子参与土壤中的取代反应，并经常被吸附和固定在土壤中。

锌化合物主要用于机械制造业的金属电镀和木材加工中的木材防腐剂，以及涂料工业中的锌颜料、白色涂料和白色立德粉末颜料的生产。锌化合物也用于纺织工业、化学制药和造纸工业。土壤中锌的富集往往会导致植物中锌的富集，这不仅对植物有害，也会对食用植物的人和动物有害。相较于其他重金属，锌污染相关的大事件相对较少。然而，英国帝国理工学院地球化学研究组对英国部分地区表土的采样分析表明，锌含量超高，几乎全部超过 3000 mg/kg；我国岳阳市某建筑公司也因施工过程的麻痹大意，造成了锌污染。

锌是人体必需元素之一，参与人体 200 多种酶的组成，被称为"生命之花"。虽然人体内锌的总量很少，但其对人体的重要性不容小觑。它直接涉及酶合成，促进身体生长发育和组织再生，保持皮肤健康，增强免疫功能，从而更好地保护人体健康。

但如果从外界吸收过多的锌，也有中毒的风险。严重的锌中毒会导致胃穿孔，因为胃中的盐酸会与锌发生反应，产生腐蚀性的氯化锌，从而对身体造成损害。如果锌摄入过多：①一般会影响胆固醇代谢，形成高胆固醇血症。如果治疗不当，可能会引发动脉粥样硬化、冠心病等疾病。②慢性锌中毒可能会导致贫血等症状，长时间的贫血会导致脸色暗黄，还可能会造成身体乏力、精神不振等情况。③过多的锌可使婴儿体内的性激素增多，促使性腺提早发育或发育得过快，导致性早熟。

（七）砷（As）

砷及其化合物是常见的环境污染物。地壳中砷的丰度约为 1.8 mg/kg，岩石和土壤中的砷含量从低于 1 mg/kg 到几百 mg/kg 不等，地表水的砷含量变化很大。含砷的主要矿物包括砷黄铁矿、雄黄、雌黄和亚砷酸盐等，主要与铜、铅、锌和其他硫化矿伴生。砷对人类来说并非必需，但它是人类、植物和动物的组成部分，广泛存在于环境中。砷在环境中有三种价态，分别为三价砷、五价砷和零价砷，其中三价砷的毒性较强，约为五价砷的 60 倍。

砷污染的主要来源为：①砷化物的开采和冶炼。特别是在我国流传广泛的土法炼砷，常造成砷对环境的持续污染。煤中的砷含量为 3～45 mg/kg，高于原油中的 1 mg/kg，因此，金属冶炼和燃料燃烧会将煤中的这些砷释放到环境中。②在某些有色金属的开发和冶炼中，常常有或多或少的砷化物排出，污染周围环境。③砷化物的广泛利用，如含砷农药的生产和使用，又如作为玻璃、木材、制革、纺织、化工、陶器、颜料、化肥等工业的原材料，均会增加环境中的砷污染量。除历史上在孟加拉国发生的最著名的砷污染事件外，另一典型案例是：2023 年日本三井石油开发公司对北海道的挖掘工作产生大量的砷蒸气污染，在周围区域的土壤和地下水中检测到较为严重的砷超标。

砷可导致急性或慢性中毒，这取决于砷进入人体内的量。急性砷中毒主要表现为立即呕吐、食道疼痛、腹痛出血和便血等，如果抢救不及时，可导致死亡。慢性砷中毒的症状和体征因个人和地方而异，一般在砷进入体内后，经过十几年甚至几十年的积累才发病，它对健康的危害是多方面的。

砷进入人体后，随着血液流动，分布在身体的所有组织和器官中，可导致多个器官的组织和功能发生异常变化：①皮肤。砷对皮肤的损害主要是由慢性砷中毒引起的。科学研究发现，长期接触砷首先会影响皮肤，引起皮肤色素变化、皮肤角化病和皮肤癌。皮肤的色素沉着主要发生在躯干，特别是在未暴露的部位（腹部和腰部）。皮肤角化病主要是手掌跖角化病，其他如躯干、四肢也可能会出现角化病斑。②癌症。砷被国际癌症机构（IARC）认定为人类致癌物，可导致皮肤癌、肺癌、膀胱癌和肾癌。近年来，一些学者的报告表明，肝脏、肾脏、膀胱和其他器官癌变也与摄入无机砷有关。肺是砷致癌的主要靶器官之一，长期接触砷会增加肺癌的发病率。历史上最著名的砷中毒事件发生在孟加拉国，统计数据显示，在孟加拉国数百万人因长期饮用含砷地下水而受到不同程度的影响，其中至少 15000 人患有癌症。③循环系统。砷进入人体后，随着血液流动会遍布到全身所有组织和器官。主要临床表现为与心肌损害有关的心电图异常、局部微循环障碍引起的雷诺综合征、球结膜循环异常、心脑血管疾病等。慢性砷中毒患者常伴有异常血管损害，砷对血管的损伤机制非常复杂，动脉粥样硬化可能是主要机制之一。④呼吸系统。砷对呼吸系统的影响主要是肺功能受损。研究结果表明，燃煤引起的砷中毒对肺间质有明显损害，主要临床表现为通气功能异常，其肺功能检查异常率为 82.2%。

（八）镍（Ni）

镍是一种银白色、质地坚硬、韧性强的金属。土壤中的镍来源主要分自然来源和人为来源。土壤中镍的自然来源主要是土壤、岩石的形成过程以及火山爆发、岩石风化等地质活动过程。在自然界中，镍以游离态或与铁结合化合物的形式大量存在于火成岩中，主要以 Ni^{2+} 的形式存在，在土壤水中则以$[Ni(H_2O)_6]^{2+}$作为主要的存在形式。土壤中镍的人为来源主要是金属矿产的开采、金属的冶炼、化石燃料的燃烧、农药和化肥的施用、车辆废气的排放、房屋拆迁废物的处理、垃圾的堆放与焚烧、大气沉降等。另外，生活和工业产生的污水、污泥均可能携带镍，而后被用作农业生产过程中的灌溉水及肥料，导致土壤中镍含量增加。

镍最重要的特点就是能与其他金属形成合金，以提高金属材料的强度、耐高温性和耐腐蚀性，因而被广泛应用于生产工业机械和精密电子仪器、冶金和电镀等领域。镍的氧化物和氢氧化物可用于充电电池；在化学和食品行业中，镍还可以当作催化剂使用。

由于城市化进程的加快，人们对镍的需求增加，从而不断加大开采冶炼力度，采矿活动所产生的含镍污染物通常会给当地环境以及居民健康带来负面影响。印度尼西亚是电动车电池原材料镍的最大生产国，由于当地政府对于镍开采的监管存在一定的不足，尽管有许可证制度和法规要求矿业公司遵守环境保护规定，但非法采矿活动在印尼普遍存在，开采后的废水和废物得不到妥善的处置，直接导致严重的镍污染。水中的可溶性离子能与水结合形成水合离子$[Ni(H_2O)_6]^{2+}$，与氨基酸、胱氨酸、富里酸等形成可溶性有机络离子，它们可以随水流迁移。镍在水中的迁移，主要是形成沉淀和共沉淀以及在晶形沉积物中向底质迁移，这种迁移的镍共占总迁移量的 80%，溶解形态和固体吸附形态的迁移仅占 5%。为此，水体中的镍大部分都富集在底质沉积物中，沉积物含镍量可达 18～47 mg/kg，为水中含镍量的 38000～92000 倍。植物生长和农田排水又可以从土壤中带走镍。通常，随污水灌溉进入土壤的镍离子被土壤无机和有机复合体所吸附，主要累积在表层。

镍的侵入途径一般可分为吸入和食入两种。金属镍几乎没有急性毒性，一般的镍盐毒性也较低，但羰基镍却能产生很强的毒性。羰基镍以蒸气形式迅速由呼吸道吸收，也能由皮肤少量吸收，前者是作业环境中毒物侵入人体的主要途径。羰基镍在浓度为 3.5 μg/m³ 时就会使人感知到有如灯烟的臭味，低浓度时人会有不适感。人的镍中毒特有症状是皮肤炎、皮肤剧痒，后出现丘疹、疱疹及红斑，重者化脓、溃烂。长期吸入镍粉可致呼吸道刺激、慢性鼻炎，乃至发生鼻中隔穿孔，更为严重的，会引起变态反应性肺炎、支气管炎、哮喘，同时还可能引发呼吸器官障碍及呼吸道癌。

二、土壤有机污染物

有机污染物是进入并污染环境的有机化合物。按照美国环境保护署资料中对烷烃类有机污染场地污染类型的分类，将各类有机污染物分为 VOCs，包括苯系物、氯苯类、烯烃、烷烃类等有机物；SVOCs，包括多环芳烃、卤代烃类、石油烃、有机氯农药、多氯联苯、二噁英等有机物。前述提到的有机污染物的生物毒性、环境持久性和生物累积性，已得到各国管理部门的充分重视，并且这些特性已被纳入政府管理范畴，或已具有相对健全的管理措施。由于目前对新污染物环境风险认知仍有限，本节将对新污染物进行单独介绍。

（一）挥发性有机污染物

按照世界卫生组织的定义，VOCs 即沸点在 50～250℃的化合物，室温下饱和蒸气压高于 133.32 Pa，在常温下以蒸气形式存在于空气中的一类有机物。VOCs 组成种类繁多，根据化学结构分为：烷烃、烯烃、炔烃、苯系物、醇类、醚类、酯类、酮类、醛类、胺类、有机硫化物、有机氯化物等。有害挥发性有机化合物具有潜在的非致癌风险和致癌风险，其中醛类、氯化物、苯系物毒性较大。接触有害挥发性有机物可能导致呼吸系统疾病、心血管疾病和神经系统疾病，包括哮喘、慢性阻塞性肺病和白血病等。二氯甲烷、甲醛、三氯甲烷、三氯乙烯、四氯乙烯、乙醛等 6 种挥发性有机物被列入我国《优先控制化学品名录》。在土壤中，挥发性有机污染物常以挥发态存在，通过挥发和淋浴逸入空气、水体中，由浓度梯度向周围土壤扩散，或被生物吸收迁出土体，给生态系统带来危害。

1. 苯系物

苯（benzene）、甲苯（toluene）、乙苯（ethylbenzene）和二甲苯（xylene）等单环芳香类烃统称为苯系物（简称为 BTEX），容易挥发并且不易溶于水。它们是石油类物质中常见的烷基苯类化合物，其在石油中的含量高达 18%甚至更高，广泛存在于化工行业或石油相关行业中（An，2004），也作为工业原料广泛应用于农药、塑料和纤维合成。因此，目前在很多石油化工、农药、有机化工、炼焦化工等行业的排放废水中含有较多的苯系物，这也是河流、空气和地下水中有机污染物的重要来源（Mater et al.，2006）。苯系物由于具有较低的辛醇-水分配系数，能从水体中迅速迁移而不会吸附在沉积物或其他有机物上（Borden et al.，2002）。在所有的有机污染物中，苯系物因为在环境中分布广，对人类健康威胁大而受到人们越来越多的关注。目前，水环境中存在的甲苯、乙苯和二甲苯日益增多。表 1-3 汇总了常见苯系物的基本物理性质。

表 1-3 常见苯系物物理性质

名称	分子量/（g/mol）	水溶性	熔点/℃	沸点/℃	lg K_{OW}	25℃蒸气压/Pa
苯	78	微溶	5.5	80.1	1.993	11600
甲苯	92.14	不溶	−94.9	110.6	2.73	3800
乙苯	106.165	不溶	−95	136.2	3.21	900
邻-二甲苯	106.165	不溶	−25.2	144.42	3.12	1330
对-二甲苯	106.165	不溶	13.25	138.35	3.16	1160
间-二甲苯	106.165	不溶	−47.9	139.10	3.20	1330

苯系物对人体和水生生物可产生不同程度的急性或者慢性毒性效应，还可产生致癌效应（严莎，2012）。因此，苯系物已被列入我国水环境优先控制污染物"黑名单"中（周文敏等，1990）。我国《地表水环境质量标准》（GB 3838）、《污水综合排放标准》（GB 8978）和《室内空气质量标准》（GB/T 188832）也都把 BTEX 列为污染参数和环境监测指标（《水和废水监测分析方法》编辑委员会，1989）。

目前，关于苯系物的生物毒理效应的研究主要集中在对暴露人群的调查以及对哺乳动物（如小鼠）的毒理学实验方面。BTEX 进入人体的主要途径是通过呼吸系统（蓬丹，2013），也有部分是通过与皮肤接触或通过饮食进入人体。研究发现，当居住区或城市周边地区的土壤存在 BTEX 污染时，其挥发性会使污染物进入大气中，使人体暴露于 BTEX 污染中；当地下水遭遇到 BTEX 的污染时，人体经过饮用也会受到一定的毒害或者是由于采用 BTEX 污染水体农业灌溉而经食物链到达人体（Walden and Spence，1997）。急性苯暴露能够通过呼吸道吸入和皮肤吸收导致中毒，累积在中枢神经系统，产生麻醉作用；慢性则可导致造血机能及神经系统的损伤，对皮肤有强烈的刺激作用。甲苯和乙苯具有致突变和致畸作用，对泌尿系统骨骼发育也有损害，同时对皮肤黏膜有较大刺激性，可经呼吸道及皮肤侵入机体；二甲苯有致畸作用，影响肌肉和骨骼的发育，主要是对中枢神经和植物神经系统产生麻醉和刺激作用，其毒性作用主要表现为血小板和白细胞减少（赵妍，2009）。进入人体的 BTEX 迅速在体内扩散并在人体各组织器官分布，主要蓄积在脂肪组织部位，且在肝脏组织通过细胞色素 P-450 II E1 进行迅速代谢（Nakajima et al.，1997）。

2. 氯苯类化合物

氯苯类化合物是通过一定数量的氯原子取代苯环上面的氢原子而形成的。此类化合物共有 12 种，其具体物理性质总结于表 1-5 中，包括氯苯、1,2-二氯苯、1,3-二氯苯、1,4-二氯苯、1,2,3-三氯苯、1,2,4-三氯苯、1,3,5-三氯苯、1,2,3,4-四氯苯、1,2,3,5-四氯苯、1,2,4,5-四氯苯、五氯苯及六氯苯。除氯苯，1,2-二氯苯，1,3-二氯苯，1,2,4-三氯苯在室温下是无色液体外，其他氯苯类化合物在室温下是白色结晶固体。氯苯类化合物物理性质见表 1-4。氯苯类化合物溶解度随原子的增多而降低；辛醇-水分配系数随着氯苯类化合物中氯原子的增多而增大。

表 1-4　常见氯苯类化合物物理性质

名称	分子量/（g/mol）	水溶解性	熔点/℃	沸点/℃	lg K_{OW}	25℃蒸气压/Pa
氯苯	112.6	不溶	−45	132	2.81	1170
1,2-二氯苯	147.0	不溶	−15	179	3.28	159.6
1,3-二氯苯	147.0	不溶	−24	171	3.42	159.6
1,4-二氯苯	147.0	不溶	53	174.1	3.37	218.1
1,2,3-三氯苯	181.45	不溶	52	218	4.14	9.31
1,2,4-三氯苯	181.45	不溶	16	214	3.82	39.9
1,3,5-三氯苯	181.45	不溶	63	208	4.19	1330
1,2,3,4-四氯苯	215.89	不溶	44	254	4.64	101440
1,2,3,5-四氯苯	215.89	不溶	54.5	246	4.66	—
1,2,4,5-四氯苯	215.89	不溶	139	240	4.90	13
五氯苯	250.34	不溶	84	275	5.18	0.028
六氯苯	284.78	不溶	226	324.5	5.20	1450

在现实生活中，氯苯类化合物可作为香料、染料、药物、除草剂和杀虫剂等工农业产品的生产原料，同时还可作为生产石油、油脂、树脂、橡胶、纤维素和消毒剂等物质的溶剂，有时又可作为生产绝缘材料的绝缘剂。因此工业区土壤出现氯苯类污染的浓度相对最高，一般可以达到 mg/kg；沉积物中相对较低，一般在 ng/kg～μg/kg 之间（Zhang et al.，2014）；植物作为氯苯类化合物一个重要的汇，浓度一般也会在 μg/kg～mg/kg 之间（Song et al.，2012）；地表水中氯苯类化合物浓度范围为 ng/L～μg/L，靠近工业区最高浓度可达 0.2 mg/L，工业污水中的浓度可能更高（Du et al.，2007）。

氯苯类有机化合物在环境中具有毒性高，毒效应滞留性、积聚性和持久性等特点。其危害主要表现在：一是对人体可能产生局部强刺激作用，引起中枢神经异常、反射机能减退、呼吸缓慢等不良反应；二是可能诱发原生质障碍和心脏障碍，严重危害人体肝脏、肾脏及胰脏等；三是如果接触高浓度氯苯类有机化合物可导致人体出现麻醉症状，甚至昏迷，脱离现场，积极救治后，可恢复较快，但数日内仍有头痛、头晕、无力、食欲减退等症状；四是氯苯类有机化合物液体对皮肤有轻度刺激性，经常反复接触，则可引起皮肤红斑甚至皮肤轻度表浅性坏死症状；五是在氯苯类化合物中一氯苯、间二氯苯、对二氯苯、1,2,4-三氯苯和六氯苯是毒性最强的，它们对水生生物的生长、发育和繁殖具有毒性作用，甚至可能严重威胁人类健康（Macleod and Mackay, 1999）。此外，氯苯类化合物对人类生存环境也可能构成严重威胁，其密度比水大，且不溶于水，对地下水系统具有严重的威胁。

3. 烯烃类化合物

烯烃是指含有碳碳双键的碳氢化合物，属于不饱和烃，分为链烯烃与环烯烃。按含双键的多少分别称单烯烃、二烯烃等。双键中能量较高的 π 键不稳定，易断裂，会发生加成反应。常温下 $C_2 \sim C_4$ 为气体，是非极性分子，不溶或微溶于水。双键基团是烯烃分子中的官能团，具有反应活性，可发生氢化、卤化、水合、卤氢化、次卤酸化、硫酸酯化、环氧化、聚合等加成反应，还可氧化发生双键的断裂，生成醛、羧酸等。表 1-5 汇总了常见烯烃类化合物物理性质。

表 1-5　常见烯烃类化合物物理性质

名称	分子量/（g/mol）	溶解度	熔点/℃	沸点/℃	lg K_{OW}	25℃蒸气压/Pa
乙烯	28.05	不溶	−169.4	−103.7	1.13	5759166
丙烯	42.08	不溶	−185	−47.7	1.77	1158000
丁烯	56.10	不溶	−185.3	−6.9	2.40	299300
戊烯	70.14	不溶	−138	30	2.58	84748
庚烯	98.19	不溶	−119.2	94	3.99	7520
癸烯	140.27	不溶	−66.3	169	5.70	253

烯烃类化合物的主要来源分为自然源和人为源。自然源主要包括植物释放的萜烯类化合物、海洋微生物排放等；而人为源则包括石油炼制、汽车尾气排放、工业生产过程中的副产品等，其中，石油炼制和汽车尾气排放是烯烃化合物的主要人为来源。小分子烯烃主要来自石油裂解气。环烯烃在植物精油中存在较多，许多可用作香料。烯烃是有机合成中的重要基础原料，可用于制聚烯烃和合成橡胶。烯烃化合物在环境中的行为和影响非常复杂，它们可以参与大气光化学反应，生成臭氧和其他光化学烟雾成分，对大气质量造成影响。在水体中，烯烃化合物可以通过水解、生物降解等过程转化为其他物质，部分转化过程可能产生有毒物质，对水生生态系统造成损害。

烯烃类化合物对人眼和上呼吸道有刺激和麻醉作用。高浓度烯烃急性中毒会强烈刺激人的眼睛和上呼吸道黏膜，导致眼痛、流泪、流涕、打喷嚏、咽痛、咳嗽等症状，随后可能引发头痛、头晕、恶心、呕吐和全身乏力等不适反应。眼部受烯烃类液体污染，可致灼伤。烯烃类致使的慢性中毒可致神经衰弱综合征，有头痛、乏力、恶心、食欲减退、腹胀、忧郁、健忘、指颤等症状。苯乙烯对呼吸道有刺激作用，长期接触可引起阻塞性肺部病变。

4. 烷烃类化合物

烷烃是一类有机化合物，它们仅由碳和氢组成，分子中只含有单键，包括碳-碳单键和碳-氢单键。烷烃可以分为链状烷烃和环状烷烃两大类。链状烷烃的碳原子以直线形式连接，而环状烷烃的碳原子形成闭合的环状结构。常见的烷烃类化合物包括：甲烷（CH_4）、乙烷（C_2H_6）、丙烷（C_3H_8）、丁烷（C_4H_{10}）、戊烷（C_5H_{12}）、己烷（C_6H_{14}）、庚烷（C_7H_{16}）、癸烷（$C_{10}H_{22}$）。烷烃通常是无色、无味、易挥发的液体或气体，它们的化学性质比较稳定，不易与其他物质发生化学反应。烷烃的物理性质，如熔点、沸点和密度，随着分子中碳原子数的增加而呈现规律性变化。例如，含有 1～4 个碳原子的烷烃在室温下为气体，而含有 5～16 个碳原子的烷烃为液体。表 1-6 汇总了代表性烷烃的基本物理性质。

表 1-6　常见烷烃类化合物基本物理性质

名称	分子量/（g/mol）	水溶性	熔点/℃	沸点/℃	lg K_{OW}	25℃蒸气压/Pa
甲烷	16.04	难溶	−182.5	−161.5	0.78	$6.21×10^7$
乙烷	30.07	不溶	−183	−88.6	1.32	3850000
丙烷	44.09	微溶	−187.6	−42.1	1.81	953000
丁烷	58.12	不溶	−138	−0.5	2.31	243000
戊烷	72.15	微溶	−130	36	2.80	68500
庚烷	100.20	不溶	−91	98	3.29	20100
癸烷	142.28	不溶	−29.7	174.87	3.78	6130

烷烃在生活中具有广泛的应用。作为能源，是石油、天然气和煤炭中的主要成分；作为化工原料，可用于生产烯烃、芳烃等；丙烷和丁烷可用作燃料和燃气；作为溶剂和介质，适用于多种有机和无机化合物合成；氟利昂和氢氟烃可用作冷冻剂和制冷剂；在医药和生物学领域，烷烃可用于合成 DNA、蛋白质研究和检测标准物质。

甲烷和乙烷是化学性质较为惰性的气体，当它们以高浓度存在时，会通过置换空气中的氧气而导致缺氧，从而引起单纯性窒息。从丙烷开始，随着碳原子数量的增加，烷烃的麻醉作用逐渐增强。然而，高碳烷烃由于具有较高的沸点和熔点，其挥发性和溶解度较低，因此在实际作用于人体时，产生麻醉作用的危险性反而逐渐降低。直链烷烃的麻醉作用大于碳原子数相同的异构烷烃。吸入高浓度烷烃，由于窒息和麻醉作用，可致人或动物在短时间内死亡，死因多为心脏停搏或呼吸麻痹。中碳烷烃能引起强直性痉挛，如己烷、庚烷、异庚烷和异辛烷可使动物在发生轻度麻醉前，突然发生强直性痉挛而死亡。癸烷以上的中碳烷烃和高碳烷烃引起痉挛和麻醉作用的可能性很小。在慢性染毒条件下，动物生长迟缓，肝、肾和血液有轻度改变，如肝脂肪量增加、轻度贫血和白细胞减少等。烷烃对皮肤和黏膜有不同程度的刺激作用，低碳烷烃刺激作用很小，中碳以上烷烃有轻度刺激作用，长期接触者可发生接触性皮炎、毛囊炎、痤疮以及皮肤局限性角质增生。液态烷烃主要经呼吸道吸收，经胃肠道吸收的可能性很小，也可经皮肤吸收，但吸收量甚微，不可能造成全身中毒。烷烃吸收后主要分布在脂肪含量高的组织和器官内，无蓄积作用，几乎不转化，以原来形式迅速由肺排出。

（二）半挥发性有机污染物

半挥发性有机物（SVOCs），即沸点一般在 170～350℃之间，蒸气压在 $13.3～10^{-5}$Pa 的有机物。国家环境保护标准《环境空气　半挥发性有机物采样技术导则》（HJ 691—2014）中的半挥发性有机污染物包括二噁英类、多环芳烃类、有机农药类、氯代苯类、多氯联苯类、吡啶类、喹啉类、硝基苯类、邻苯二甲酸酯类、亚硝基胺类、苯胺类、苯酚类、多氯萘类和多溴联苯醚类等化合物。这些有机化合物在环境空气中主要以气态或气溶胶两种形态存在。

1. 多环芳烃

多环芳烃（PAHs）是由二到多个芳香环组成的半挥发性有机物（Ramirez et al.，2011；Ali，2019）。大气中的 PAHs 可来自人为源和天然源，其中，人为源有燃料以及木材等的不完全燃烧、汽车尾气、工业生产等，而天然源包括森林大火、火山爆发和生物代谢等（Keyte et al.，2013）。PAHs 普遍存在于室内空气以及大气环境中，并可以通过多种暴露途径对人体健康造成不同程度的损害（Böstrm et al.，2002）。在众多的大气污染物当中，PAHs 是最为典型的致癌物质，与人体的器官损伤以及肺癌等多种癌症的产生联系紧密（Wang et al.，2012）。目前被广泛研究的 PAHs 中，有 16 种被美国环境保护署和欧盟环境部作为优先控制的污染物，具体种类性质在表 1-7 中有详细列出。苯并[a]芘是毒性最大的 PAHs 之一，也是被研究最多的 PAHs，由于在实验中对其检测的技术手段以及分析方法相对较为成熟，因此苯并[a]芘被作为大气中 PAHs 的指示物。例如，我国的空气质量管理规定，将苯并[a]芘的大气年平均浓度不超过 1 ng/m^3 作为控制限值，欧盟的监管值同样为 1 ng/m^3，而英国的控制值则为 0.25 ng/m^3（E.U.，2005）。

表 1-7　美国环保局优先控制的污染物清单中 16 种 PAHs 的物理性质

名称	分子量/（g/mol）	水溶性	熔点/℃	沸点/℃	lg K_{OW}	25℃蒸气压/Pa
萘	128	不溶	80.2	218	3.37	11.9
蒽	178	不溶	178	340	4.54	$3.4×10^{-3}$
菲	178	不溶	178	339～340	4.57	$9.07×10^{-2}$
芴	166	不溶	166	295	4.01	0.432
荧蒽	202	不溶	202	375～393	5.23	$1.08×10^{-3}$
苊	154	不溶	154	279	3.92	0.50
苊烯	152	不溶	152	280	3.92	3.86
苯并[a]蒽	228	不溶	228	435	5.91	$6.52×10^{-7}$
䓛	228	不溶	228	441～448	5.86	$1.04×10^{-6}$

续表

名称	分子量/（g/mol）	水溶性	熔点/℃	沸点/℃	lg K_{OW}	25℃蒸气压/Pa
芘	202	不溶	202	360～404	5.18	$5.67×10^{-4}$
苯并[b]荧蒽	252	不溶	252	168	5.80	$1.07×10^{-5}$
苯并[k]荧蒽	252	不溶	252	217	6.00	$1.28×10^{-8}$
苯并[a]芘	252	不溶	252	493～496	6.04	$6.52×10^{-7}$
苯并[g,h,i]二萘嵌苯	276	不溶	276	525	6.50	$1.33×10^{-8}$
二苯并[a,h]蒽	278	不溶	278	262	6.75	$2.80×10^{-9}$
茚并[1,2,3-cd]芘	276	不溶	276	536	6.58	$1.35×10^{-8}$

PAHs 在大气中的分布受到分子量、挥发性、反应活性、大气化学条件、环境温度和湿度、气象条件等多种因素的影响。PAHs 可根据所包含环数量的多少和分子量的大小分成两种：含有四个环以下的低分子量（low molecular weight, LMW）PAHs 和含有四个环及以上环的高分子量（high molecular weight, HMW）PAHs。PAHs 的纯净物在正常环境温度下通常是带颜色的结晶固体。在以生产排放为主要 PAHs 来源的工业地区，由于全年 PAHs 的排放较为恒定，大气中 PAHs 的浓度几乎不具有季节性；而在以居民生活热过程为主要 PAHs 来源的城乡地区，大气中 PAHs 的浓度具有显著的季节性。

PAHs 对人体产生的威胁体现在短期危害和长期危害（Kim et al.，2013a）。其中，短期危害主要取决于 PAHs 浓度、PAHs 毒性、接触 PAHs 的程度（如时间等）以及接触 PAHs 的方式（如摄入），年龄也会影响其带来的危害效应（Kim et al.，2013a）。研究表明，短时间接触高浓度 PAHs 可导致患有哮喘的病人肺功能受损，也可导致冠心病患者产生血栓（Kim et al.，2013b）。短时间高浓度接触 PAHs 可导致恶心、呕吐、眼睛刺激和腹泻等症状。其中，萘、蒽和苯并[a]芘等 PAHs 能够对皮肤产生直接刺激并引发皮肤炎症。这三种物质均为皮肤致敏物，可引起人和动物的皮肤过敏反应。PAHs 对人体健康的长期危害通过在体内及体外诱导结合 DNA 造成，产生的 DNA 加合物可导致一系列细胞突变，而这正是 PAHs 致癌性、致畸性和致突变性的表现所在（Wells et al.，2010）。接触 PAHs 和其他化学品混合物的职业人员更容易出现一些严重疾病（如癌症等）（Boffetta et al.，1997）。

2. 卤代烃

卤代烃是一类有机化合物，其特点是烃分子中的一个或多个氢原子被卤素原子（氟、氯、溴、碘）取代。根据卤素原子的种类，卤代烃可以分为氟代烃、氯代烃、溴代烃和碘代烃。根据烃基的不同，卤代烃还可以分为饱和卤代烃、不饱和卤代烃和芳香卤代烃等。卤代烃的物理性质包括状态、溶解度、密度、熔点和沸点，表 1-8 汇总了常见卤代烃的物理性质。大多数卤代烃在常温下为液体或固体，除了少数如一氟代烃和一氯代烃在常温下为气体。卤代烃微溶或不溶于水，但可溶于有机溶剂。卤代烃的密度一般高于同碳原子数的烃，尤其是溴代烃和碘代烃的密度比水大。卤代烃的密度随碳原子数目的增加而减小。卤代烃的同分异构体的沸点随烃基中支链的增加而降低，同一烃基的不同卤代烃的沸点随卤素原子的相对原子质量的增大而增大。

表 1-8　常见卤代烃的物理性质

名称	分子量/ (g/mol)	水溶性	熔点/℃	沸点/℃	lg K_{OW}	25℃蒸气压/Pa
氯甲烷	50.49	微溶	−97	−24.2	0.91	506620
氯乙烷	64.51	微溶	−139	12.3	1.54	133300
溴乙烷	108.97	不溶	−119	37	1.61	53200
氯乙烯	62.50	微溶	−153.8	−13.4	1.38	343500
三氯甲烷	119.38	不溶	−63.5	61.2	1.97	21200
三氯乙烷	133.40	不溶	−37	110	2.17	2914
四氯甲烷	153.82	微溶	−23	76	2.60	15260
四氯乙烯	165.83	不溶	−22	121	2.88	2567
四氟乙烯	100.01	不溶	−142	−76.3	—	3190000

卤代烃的分布广泛，可以在自然环境中找到，也可以在工业生产中合成。卤代烃的分布主要取决于它们的物理化学性质和人类活动的影响。在自然环境中，卤代烃可以通过自然过程如海盐风化、火山活动等进入环境，例如，卤代烃可以通过海水蒸发后的结晶过程进入大气，或者通过河流运输到海洋。此外，生物降解和光解等自然分解过程也会影响卤代烃在环境中的分布。在工业生产中，卤代烃作为重要的化工原料和中间体，其分布与生产工艺密切相关，例如，氯代烃、溴代烃和碘代烃等可以通过烃类的卤代反应合成。这些反应通常在高温或光照条件下进行，或者通过特定的催化剂实现。人类活动对卤代烃的分布有着显著影响，例如，农业活动中使用的农药和杀菌剂中含有卤代烃，这些物质可以通过土壤侵蚀和地表径流进入水体。此外，工业排放、废物处理和燃烧过程也会释放卤代烃到环境中。

卤素是强毒性基，卤代烃一般比母体烃类的毒性大。卤代烃经皮肤吸收后，通过侵犯神经中枢或作用于内脏器官，引起中毒。一般来说，碘代烃毒性最大，溴代烃、氯代烃、氟代烃毒性依次降低。低级卤代烃比高级卤代烃毒性强；饱和卤代烃比不饱和卤代烃毒性强；多卤代烃比含卤素少的卤代烃毒性强。使用卤代烃的工作场所应保持良好的通风。

3. 有机氯农药

有机氯农药是含氯的有机化合物，过去曾大规模使用的有机氯农药有滴滴涕、六六六、六氯苯、氯丹、毒杀芬、艾氏剂、狄氏剂、异狄氏剂、硫丹及其他制剂，其中使用最广泛、用量最大的是滴滴涕和六六六，表 1-9 汇总了常见有机氯农药物理性质。除滴滴涕和六六六外，我国曾经大量使用过的有机氯农药主要有六氯苯、氯丹和硫丹。这些农药的特点包括毒性高、化学性质稳定、在环境中的残留时间长、易溶于脂肪并在脂肪中积累（赵玲和马永军，2001），其可通过各种暴露途径分布到动物和人体各个器官和组织（Tsigouri and Tyrpenou, 2000），从而威胁动物和人类的健康。2000 年签署的《斯德哥尔摩公约》提出的优先控制的有机污染物中，有机氯农药占 9 种，包括滴滴涕、六六六和狄氏剂等(王亚韡等，2010)。在过去的 60 年里，全世界林丹生产量达 60 万 t（Willett et al.，1998），产生了 4 万~7 万 t 的 HCHs 相关的废弃物，这些废弃物分布在世界各地，如澳大利亚、日本、加拿大、美国、韩国、南非和印度都存在有大量的农药污染场地（Lebeuf and Nunes，2005）。中国有机氯农药的生产量巨大（王亚韡等，2010），据统计，DDT 和 HCHs 生产量分别占到世界总产量的 33%和 20%。总体来看，有机氯农药生产场地土壤污染水平高、污染成分复杂，严重影响土壤中的物质循环、能量转换过程以及微生物的群落变化和基因的多样性。

表 1-9　常见有机氯农药物理性质

名称	分子量/（g/mol）	溶解度	熔点/℃	沸点/℃	lg K_{OW}	25℃蒸气压/Pa
p,p'-DDD	320	0.1	94	405.7	6.20	1.36
p,p'-DDE	318	0.04	88	316.5	5.96	1.33
p,p'-DDT	354.5	0.0055	108.5	260	6.91	1.38
α-HCH	291	1.63	156	288	3.89	173
β-HCH	291	0.24	312	373.6	3.89	4660
γ-HCH	291	7.80	112.5	323.4	3.89	66.5
氯丹	409.8	0.056	106	424.7	5.47	133
硫丹	406.9	0.53	106	449.7	−1.70	0.00133

　　从 20 世纪 60 年代起，有机氯农药在许多发达国家陆续被禁止使用，但在我国直到 80 年代才开始停止生产六六六等农药（Zhang et al.，2007）。目前出于生产和使用成本及杀虫效果的考虑，许多非洲国家仍在使用滴滴涕。至今在全球范围内各种环境介质中仍然能大量检出该类化合物（Ene et al.，2012）。在欧洲的 19 个高山湖的沉积物中检测发现其普遍含有有机氯农药，其含量与发现地的气温成反比。有研究者收集了全球范围 34 个国家内的多个树皮样品，发现其中六六六的含量最高（Tarcau et al.，2013）。氯丹主要是白蚁预防药，被广泛用于预防危害房屋建筑、土质堤坝和电线电缆的白蚁，近年又将其用于绿地和草坪防治白蚁。中国历史上共有氯丹生产企业近 20 家，主要分布在江苏、上海等地区。20 世纪 80 年代初曾停产，但因南方地区白蚁危害严重，缺少高效、廉价的防治药剂，1988 年以后又恢复生产。目前，中国有氯丹生产企业约 9 家，基本都在江苏、上海地区，近年年产量在 160 t，其中 30 t 出口。硫丹属高毒农药品种，主要防治棉花棉铃虫、茶树小绿叶蝉、茶尺蠖、烟草烟蚜、烟青虫、苹果树黄蚜等。国内生产企业自 1994 年登记生产以来，每年均有生产企业获准登记生产，至 2003 年全国已有 14 个省、市 34 个企业登记产品 42 个厂次，有的企业投产后已有一定数量的出口。此外，有 4 个国外的企业在我国获准登记原药和制，原药商品名称有赛丹、韩丹、硕丹、安杀丹；制剂商品名称有赛丹 35%乳油、赛敌 32.8%乳油（赛丹·溴复配制剂）、硕丹 35%乳油。

　　土壤中农药的来源主要有以下几个方面：①为应对地下害虫从土壤侵入，向土壤中施用药剂；②对土壤上部喷洒时，由喷雾飘移或从叶子上流下，落入土壤；③随大气沉降、灌溉水和动植物残体进入土壤。环境中的残留农药，也将通过各种途径对生物的生存、生长、繁殖、产量和质量产生影响。据报道，农药在粮食作物、蔬菜、禽畜、鱼体中均有残留。有机氯农药具有亲脂性、半衰期长和高度的累积性的特点，使得它们在生物体内具有明显的富集作用，尤其是进入食物链后，其在生物体内的浓度随着营养级的增加而不断增加，对生态系统造成极大的破坏。地表水体中农药的来源可分为点污染源和面污染源两类。点污染源指农药生产过程中对环境的污染，即农药制造厂、加工厂废水未经适当处理即排入江河、湖泊。这些废水一般含有很高浓度的农药，每日源源不断地排入水体，直接影响水质，甚至造成局部河段严重污染。面污染源是指在农业生产、城市活动等过程中，农药通过分散的、多途径的方式进入地表水体，其污染来源广泛且难以集中控制。面污染源虽然单个污染源的强度较小，但由于来源广泛且难以控制，其对地表水体的累积影响不容忽视。

有机氯农药的毒性表现在多个方面，包括对神经系统、消化系统、皮肤以及全身健康的影响。有机氯农药中毒可能导致神经衰弱综合征，表现为失眠、健忘、情绪低落等精神问题，以及头痛、头晕、耳鸣、四肢麻木、肌肉震颤和抽搐等症状。急性中毒时，患者可能出现步态不稳、共济失调、眼球震颤、惊厥、昏迷、呼吸困难、肺水肿、心律失常、心脏骤停等情况。摄入大量有机氯农药可能导致恶心、呕吐、腹胀、腹泻、肠梗阻、胰腺炎、胃溃疡、食管溃疡、口腔黏膜糜烂、舌肿大、胆囊增大、肝脾肿大、胃肠出血等症状。接触有机氯农药后，可能损伤表皮角质层，形成多发性丘疹、水疱、红斑、色素沉着、毛细血管扩张等现象。长期接触有机氯农药可能诱发白血病、淋巴瘤、骨髓增生异常综合征、哮喘、支气管炎、肾盂肿瘤、膀胱癌等多种疾病。有机氯农药的毒性还表现在对生物体及环境的严重影响，如破坏生物体内某些激素、酶、生长因子和神经传导物质，导致氧化应激以及细胞的快速死亡，从而引起帕金森症、癌症、内分泌及生殖疾病等。

4. 多氯联苯

多氯联苯（polychlorinated biphenyls, PCBs）是由不同氯原子数取代联苯上氢原子后生成的含氯化合物。多氯联苯与上述提到的有机氯农药一样，也是《斯德哥尔摩公约》首批禁用的 12 种持久性有机污染物之一（王亚韡等，2010）。我国习惯上按联苯环上氢原子被氯取代的个数（不论其取代位置）将多氯联苯进行命名。依据氯原子取代联苯环上不同位置上的氢原子以及取代氢原子个数不同，理论上能够产生 209 种多氯联苯同系物，大部分研究工作只能检测到部分多氯联苯同系物。表 1-10 汇总了常检出的多氯联苯基本物理性质。

表 1-10　常见多氯联苯物理性质

名称	分子量/（g/mol）	溶解度	熔点/℃	沸点/℃	lg K_{OW}	25℃蒸气压/Pa
PCB-3	188.66	微溶	78.8	292.9	4.61	1.05×10^{-2}
PCB-11	223.1	微溶	29	320	5.27	6.49×10^{-4}
PCB-15	223.1	微溶	149.3	317	5.23	5.35×10^{-4}

续表

名称	分子量/（g/mol）	溶解度	熔点/℃	沸点/℃	lg K_{OW}	25℃蒸气压/Pa
PCB-28	257.55	微溶	100.85	340.7	5.62	4.00×10^{-4}
PCB-37	257.55	微溶	100.85	340.7	5.90	4.00×10^{-5}
PCB-52	291.99	不溶	122.32	359.51	6.09	8.45×10^{-6}
PCB-66	291.99	不溶	122.32	359.51	6.31	8.45×10^{-6}
PCB-87	326.44	不溶	134.6	378.21	6.85	2.22×10^{-6}
PCB-101	326.44	不溶	134.6	378.21	5.68	2.22×10^{-6}
PCB-105	326.44	不溶	134.6	378.21	6.50	2.22×10^{-6}
PCB-118	326.44	不溶	134.6	378.21	7.12	2.22×10^{-6}
PCB-138	360.88	不溶	146.34	396.90	7.44	5.81×10^{-7}
PCB-153	360.88	不溶	146.34	396.90	6.34	5.81×10^{-7}
PCB-170	395.33	不溶	163.56	415.60	8.27	1.3×10^{-7}
PCB-180	395.33	不溶	163.56	415.60	8.27	1.3×10^{-7}
PCB-209	498.66	不溶	199.37	471.68	8.27	1.02×10^{-10}

在所有多氯联苯同系物中，具有类似于二噁英共平面结构的多氯联苯称为二噁英样多氯联苯，世界卫生组织规定 12 种共平面结构的 PCBs 是有毒的二噁英类物质，如五氯代联苯 PCB118（唐穗平等，2018）。低蒸气压、高疏水性和高电绝缘性是 PCBs 三个最重要的物理化学性质，这些特性使得 PCBs 作为优良的绝缘油和导热液体广泛用于各种变压器和电容器产品。此外，PCBs 优良的热稳定性、耐酸碱性以及化学惰性使得这种化合物成为理想的工业原材料（Coute and Richardson，2000）。据统计，全球累计 PCBs 产量大约在 1.3×10^6 t（Breivik et al.，2002），我国 1965～1974 年 10 年内累计生产的 PCBs 超过 1 万 t（Xing et al.，2005），仅占到全球 PCBs 生产总量的 0.8%。我国生产的 PCBs 产品大约 90% 是三氯联苯，也称为 1 号 PCBs，主要应用于电容器和变压器中的绝缘油，而另外 10% 的 PCBs 产品主要是五氯联，也称为 2 号 PCBs，主要用于涂料添加剂（Cui et al.，2003）。在我国，PCBs 造成的最严重土壤污染地区主要是电力电容器存放点周边的土壤，由于这些设备老化腐蚀，其中的 PCBs 泄漏而造成土壤污染。例如，我国浙江省台州市地区，是我国较为典型的电子垃圾拆卸地，大多数电子垃圾仅通过简单的人工或机械拆卸回收其中的金属，这种粗放式处理导致大量的 PCBs 释放到周围环境中，造成当地的大气室内灰尘中以及周边土壤中检测到高浓度的 PCBs 污染物（李英明等，2008）。多氯联苯一直也是研究的热点与重点，对于我国不同地区污染水平调研是一个重要的方向。研究指出浙江绍兴和台州存储区、拆卸区土壤分别检出 PCBs 的均值浓度为 720 μg/kg 和 76 μg/kg（刘洁等，2015；王学彤等，2012），长江流域表层土壤检出 PCBs 均值浓度相对较小，但也达到 5.73 μg/kg（鲁垠涛等，2018）。

PCBs 可经生物体的皮肤、呼吸道和消化道为机体所吸收。消化道的吸收率很高，低氯化物剂量每千克体重在 100 mg 以内，高氯化物每千克体重在 5 mg 以内时，经口摄入量的 90% PCBs 可被迅速吸收。20 世纪 60 年代以来，因环境污染引起的家禽和人的 PCBs 中毒，基本上都是由口侵入、经消化道吸收后发生的。PCBs 被人或其他动物吸收以后，广泛分布于全身组织，以脂肪中含量最多。PCBs 对哺乳动物的急性毒性实验表明，按每千克体重计算的半数致死量为：家兔 8～11 g，小鼠 2 g，大鼠 4～11.3 g。严重中毒的动物可见腹泻、血泪、共济失调、进行性脱水、中枢神经系统抑制等病症，甚至死亡。动物长期小剂量接触药物可产生慢性毒作用，中毒症状表现为眼眶周围水肿、脱毛、痤疮样皮肤损害等。中毒动物的病理变化为肝细胞肿大、中央小叶区出现小脂肪滴和光面内质网明显增生。生化测定表明：PCBs 对肝微粒体酶有明显的诱导作用，含氯量高的 PCBs 这种作用更为显著。动物繁殖实验发现 PCBs 能影响大鼠的生育力。PCBs 对啮齿动物的致癌作用已在开展研究。PCBs 的毒性因动物种类、性别、暴露方式、PCBs 本身的化学结构以及所含杂质的不同而存在显著差异。人类可能是对 PCBs 毒性最为敏感的物种之一，摄入少量 PCBs 就可能引发类似于日本曾经出现的"油症"这样的健康问题。

5. 二噁英

二噁英是一种毒性极强的特殊化合物，包括 75 种多氯代二苯并二噁英（polychlorinated dibenzo-p-dioxins, PCDDs）和 135 种多氯代二苯并呋喃（polychlorinated dibenzofurans, PCDFs），共有 210 种同系物。二噁英来源广泛，主要包括：①不完全燃烧和热解，包括城市垃圾、医院垃圾、木材和废弃家具焚烧、汽车尾气、有色金属生产、铸造和焦化、发电、水泥、石灰、砖、陶瓷、玻璃和其他行业，以及多氯联苯的释放事故；②氯代化合物的使用，如氯酚、多氯联苯、氯酚杀虫剂和螨酚氯碱工业；③纸浆漂白；④食物污染、食物链的生物富集、纸包装材料的迁移和事故造成的食物污染。国际持久性有机污染物控制原则：禁止和限制生产、使用、进出口、人为排放，并管理含有持久性有机化合物的废物和库存。

二噁英的污染具有持久性、脂溶性和蓄积性等特点，同时自然界的微生物降解、水解和光解作用对二噁英的分子结构变化较小。在二噁英众多的同系物中，以 2,3,7,8 位氯取代的异构体毒性最大。动物实验表明四氯二苯-p-二噁英（TCDD）对天竺鼠的半致死剂量（LD_{50}）为 1 ng/g，其毒性是氰化钾的 1000 倍以上。二噁英是非常稳定的亲脂性固体化合物，熔点较高，分解温度大于 700℃，极难溶于水，可溶于大部分有机溶剂，容易在生物体内积累。人体过量摄入二噁英会引起肝、免疫、内分泌、生殖等毒性以及废物综合征、胸萎缩、氯疮等病症，并可能导致染色体损伤、心力衰竭，甚至产生不可逆的致畸、致癌和致突变的"三致"作用。1988 年，北大西洋公约组织（North Atlantic Treaty Organization, NATO）以 2,3,7,8-TeCDD 为基准，规定了 17 种有毒异构体的国际毒性当量因子（International Toxicity Equivalency Factor, I-TEF）（表 1-11）。通过计算 17 种有毒异构体浓度与对应 I-TEFS 乘积的加和，可以评价研究对象总体的毒性（intermational toxic equivalency quantity, I-TEQ）。1997 年，世界卫生组织（World Health Organization, WHO）针对不同生物体（人类/哺乳动物、鱼类和鸟类）提出了与 I-TEF 和 I-TEO 类似的 WHO-TEF（international toxic equivalency factor）和 WHO-TEQ（international toxic equivalency quantity）的概念，该目标化合物除了含 17 种二噁英有毒异构体之外，还包括 12 种共平面的 PCBs（Van den Berg et al.，1998）。

表 1-11　常见二噁英理化性质

名称	分子量/（g/mol）	水溶性	熔点/℃	沸点/℃	lg K_{OW}	25℃蒸气压/Pa
2,3,7,8-TeCDD	322	不溶	305	446	6.96	5.85×10^{-5}
1,2,3,7,8-PeCDD	356.4	不溶	240	465	7.50	1.2×10^{-5}
1,2,3,4,7,8-HxCDD	390.9	不溶	273	488	7.94	3.9×10^{-6}
1,2,3,7,8,9-HxCDD	390.9	不溶	285	488	7.98	3.3×10^{-6}
1,2,3,6,7,8-HxCDD	390.9	不溶	243	488	8.02	1.4×10^{-6}
2,3,4,6,7,8-HpCDD	425.3	不溶	264	507	8.40	5.9×10^{-7}
OCDD	460.8	不溶	325	510	8.75	1.3×10^{-7}
2,3,7,8-TeCDF	306.0	不溶	227	438	6.46	3.7×10^{-4}
1,2,3,7,8-PeCDF	340.4	不溶	225	465	6.99	6.2×10^{-5}
2,3,4,7,8-PeCDF	340.4	不溶	196	465	7.11	5.5×10^{-5}
1,2,3,4,7,8-HxCDF	374.9	不溶	256	488	7.53	1.4×10^{-5}
1,2,3,6,7,8-HxCDF	374.9	不溶	232	488	7.57	1.2×10^{-5}
2,3,4,6,7,8-HxCDF	374.9	不溶	246	488	7.65	7.6×10^{-6}
1,2,3,7,8,9-HxCDF	374.9	不溶	239	488	7.76	2.2×10^{-6}
1,2,3,4,6,7,8-HpCDF	409.3	不溶	236	507	8.01	2.5×10^{-6}
1,2,3,4,7,8,9-HpCDF	409.3	不溶	221	507	8.23	6.6×10^{-7}
OCDF	444.8	不溶	258	537	8.60	1.8×10^{-7}

（三）新污染物

新污染物通常是指那些排放或可能排放到环境中，具有生物毒性、环境持久性、生物累积性等特征的有毒有害化学物质，这些有毒有害化学物质对生态环境或者人体健康存在较大风险，但尚未纳入环境管理或者现有管理措施不足。有毒有害化学物质的生产和使用是新污染物的主要来源。目前，国内外广泛关注的新污染物主要包括国际公约管控的持久性有机污染物、内分泌干扰物、微塑料、抗生素。新污染物的环境危害或环境风险具有隐蔽性，一些新污染物具有致癌、致突变、生殖毒性，短期危害不明显，但一旦产生危害，往往是不可逆的。新污染物大多具有环境持久性和生物累积性，排放到环境后，在环境中难以降解并在生态系统中易于富集，可长期累积在环境中和生物体内，产生长期的危害。本节将以目前研究较多、学界关注度较高的全氟化合物、双酚类化合物和四环素类作为持久性有机污染物、内分泌干扰物和抗生素代表进行介绍。微塑料作为一类新污染物将统一介绍，不再细分微塑料的种类。

1. 全氟化合物

全氟及多氟烷基化合物（per-and polyfluoroalkyl substances, PFASs），简称全氟化合物，即被定义为化合物分子中与碳原子连接的氢原子，完全或多个被氟原子所取代的一类有机化合物。过去又被称为全氟或多氟化学物质（"PFCs"，per-and polyfluorinated chemicals），但是 PFCs 也被用来指代全氟烷烃。由于全氟烷烃的分子中只含有碳和氟，与 PFASs 的性质和官能团有较大差异，因此自 2011 年以来，在 3M 公司的 Buck 等的倡导下，已经全面改用 PFASs 的名称（Buck et al.，2011）。PFASs 包括离子型的全氟烷基酸类化合物和非离子型全氟化合物等全氟有机化合物，是含氟精细化学品的一类化合物。由于全氟化合物分子中含有已知最强的高能共价化学键——碳氟键（C-Fbond，115 kcal/mol），并且该键的键能还随着同一个碳上替代的氟原子数量增多而增强，所以对 PFASs 而言，氟原子的取代数越高，其稳定性越强（O'hagan，2008）。全氟烷基酸类化合物是一类双亲化合物，即表面活性化合物，其分子由一个疏水性的全部由氟原子取代氢原子的烷基碳链（典型的长度在四到十六个碳之间）和一个亲水基团的末端构成，能显著降低水的表面张力（Buck et al.，2011）。因为全氟烷基酸类化合物的高度稳定性，自 20 世纪 50 年代开始，这类化合物作为表面活性剂和表面保护剂，已被广泛地应用于多种工业的生产中，例如航空用液压油、润滑剂、水成膜泡沫灭火剂、碱性清洁剂和地板上光剂等（Wang et al.，2014）。全氟烷基酸类化合物按照不同的末端亲水基团定义不同种类的全氟化合物，如磺酸基团作为末端的全氟磺酸类化合物和羧酸基团作为末端的全氟羧酸类化合，其代表化合物分别为碳链长度为 8 的全氟辛烷磺和全氟辛酸（Rahman et al.，2014）。结合美国环境保护署数据，表 1-12 汇总了主要的全氟羧酸、全氟磺酸化合物及重要的前体化合物的名称、分子式和理化性质。

表 1-12 常见全氟化合物基本理化性质

名称	分子量/（g/mol）	溶解度	熔点/℃	沸点/℃	lg K_{OW}	25℃蒸气压/Pa
PFBA	214.04	易溶	−4.03	123.19	2.14	15
PFHxA	314.06	可溶	23.07	165.08	3.48	1.98
PFHpA	364.06	微溶	15.26	184.82	4.15	1.12
PFOA	414.07	不溶	27.28	203.77	4.81	0.145
PFNA	464.08	不溶	38.94	221.92	5.48	0.0829
PFDA	514.09	不溶	50.26	239.28	6.15	0.027
PFUnDA	564.10	不溶	61.23	255.83	6.82	0.00906
PFDoA	614.10	不溶	71.84	271.58	7.49	0.0043
PFBS	300.10	易溶	36.86	214.43	1.82	0.0518
PFHxS	400.11	微溶	41.25	221.92	3.16	0.00458
PFOS	500.13	微溶	51.90	229.28	4.49	0.0064
PFDS	600.14	不溶	62.50	236.49	5.83	0.00325
PFOSF	502.12	不溶	27.23	139.37	7.84	5.75
FOSA	499.14	不溶	42.01	193.87	5.80	0.313
4∶2 FTOH	264.09	可溶	−43.71	113.39	3.07	9.94
6∶2 FTOH	364.11	微溶	−16.40	156	4.41	0.964
8∶2 FTOH	464.12	不溶	9.97	195.40	5.75	0.0972
10∶2 FTOH	564.14	不溶	35.42	231.62	7.08	0.00791

由于全氟烷基酸类化合物的分子结构与日常使用的洗涤剂类似，其具有一般的传统持久性有机污染物所不具备的很多独特性质。传统的持久性有机污染物往往是脂溶性化合物，分子结构主要是疏水性的多环结构，且不含亲水基团，水溶性非常差，因此，这类化合物不易随水流分布到环境中。与之相反的是全氟烷基酸类化合物，其在水中的溶解度非常大，如25℃时，全氟辛烷磺酸在水中的溶解度为 0.68 g，全氟辛酸更是高达 9.5 g（Benford et al.，2008），因此其在水体及水环境介质中广泛分布，丰度可以达到 μg，甚至 mg，特别是在工业发达地区，如欧洲、北美和东北亚。近年来，随着全氟辛烷磺酸及其衍生物的停产，全氟辛酸逐步取代了全氟辛烷磺酸，成了生产和排放最多的全氟烷基酸类化合物，在环境中的丰度也逐步超过了全氟辛烷磺酸。德国鲁尔和莫内河河水中分别测得了最高浓度达 3.64 μg/L 和 33.9 μg/L 的全氟辛酸，表明两条河流均受到了全氟辛酸的污染，特别是莫内河的污染较为严重（Skutlarek et al.，2006）。目前在国内多个流域均有全氟化合物的检出，我国东江流域表层沉积物中检出了 0.01～1.25 ng/g 的全氟辛酸，是除全氟辛烷磺酸外，丰度最高的全氟化合物（郑海等，2013）；同样，全氟辛酸在珠江流域中仅次于全氟辛烷磺酸，是丰度第二高的全氟化合物，浓度达到 0.85～13 ng/L（So et al.，2007）；而在长江流域中，全氟辛酸是丰度最高的全氟化合物，浓度达到 2.0～260 ng/L，特别是上海市的两个取样点中测得的全氟辛酸浓度最高。

全氟化合物对人体的危害主要包括：①生殖毒性。可能影响生殖系统的正常功能，增加不孕不育的风险。②内分泌干扰。可能扰乱人体的激素平衡，影响内分泌系统的正常运作。③发育毒性。可能影响儿童的正常发育，导致生长迟缓或智力发育问题。④肝脏毒性。可能损害肝脏功能，导致肝脏疾病。⑤癌症风险。某些全氟化合物被怀疑具有致癌性。

2. 双酚类内分泌干扰物

双酚类化合物（bisphenol compounds, BPs）是工业生产中应用最为广泛的环境内分泌干扰物之一，其化学结构中含有两个羟基苯基功能基团，主要包括几种类似物，如双酚 A（bispenol A, BPA）、双酚 S（bispenol S, BPS）、双酚 F（bispenol F, BPF）、双酚 AF（bispenol AF, BPAF）、双酚 B（bispenol B, BPB）和四溴双酚 A（tetrabromobisphenol A, TBBPA）等（Chen et al.，2016），以上几种常见的双酚类化合物基本理化性质汇总在表 1-13 中。BPA 及其类似物作为典型的 BPs，是环氧树脂和聚碳酸酯塑料的重要组成成

表 1-13　常见双酚类化合物基本理化性质

名称	分子量/（g/mol）	水溶性	熔点/℃	沸点/℃	lg K_{ow}	25℃蒸气压/Pa
BPA	228.29	难溶	158	400.8	3.32	13.3
BPS	250.27	不溶	245	505.33	1.65	1.04×10^{-7}
BPF	200.24	不溶	160	297.96	3.06	13.3
BPAF	336.23	微溶	160	344.1	4.47	13.3
BPB	242.31	难溶	126	345.14	4.13	13.3
TBBPA	543.87	不溶	178	316	7.20	13.3

分。除用于食品接触材料的制造以外，还存在于塑料食品容器、金属罐中的环氧涂层、厨具、玩具、医疗器械、牙科复合材料和密封剂中（Chen et al.，2017）。目前，饮食、各种环境介质的直接或间接接触是 BPs 进入人类及其他生物体中的主要暴露途径（Liao et al.，2012）。

BPs 主要通过酮/醛与芳环烃或其衍生物缩合而成，其基本结构是由碳或硫为桥联原子，两端连接较短碳或由其他化学基团隔开的两个苯环，具有两个羟基苯基功能基团（Chen et al.，2017）。该类化合物外观颜色通常呈白色或者淡黄色，具有较高的沸点（>150℃）和熔点（>200℃）。由于 BPs 化学结构具有高度对称性，因此大部分 BPs 水溶性较差，但易溶于有机溶剂（如甲醇等）（Peng et al.，2019）。除主要化合物 BPA 外，BPs 还包括一些新兴的 BPA 类似物，如 BPS、BPF、BPAF、BPB 和 TBBPA 等，作为聚碳酸酯和环氧树脂的替代品，用于生产工业和消费品制造。

BPs 是一类典型的环境内分泌干扰物。聚碳酸酯和环氧树脂类塑料制品的大量生产和滥用使得 BPs 通过各种途径释放到环境中。该类化合物通过食物链的富集与放大作用进入生物体，对生物体及人类健康造成严重危害（Chen et al.，2016）。研究表明，BPs 类化合物具有多种毒性效应，包括内分泌干扰作用、细胞毒性、遗传毒性、生殖毒性和神经毒性等（Chen et al.，2016；Ji et al.，2013）。近年来，随着 BPs 类似物种类的增加，针对 BPs 的毒性效应研究更加深入，多种 BPs 类似物被发现具有类雌二醇激素效应，可产生膜介导作用，对细胞活动如增殖、分化和凋亡等产生显著影响（Wang et al.，2020）。

3. 四环素类抗生素

抗生素是源自微生物产生的次级代谢产物，具有杀灭或抑制一些特异性病毒、支原体、细菌等作用（张晶晶等，2021）。随着科技的发展，人工合成抗生素的"仿制品"急速增加，主要被应用于医药、农业、畜牧业、水产养殖业等领域，用来治疗或预防生物体疾病。然而，这些抗生素无法被生物体完全吸收，仍会有超过 70%～90% 的抗生素药物随粪便和尿液排出体外（Sarmah et al.，2006）。由于抗生素具有化学结构稳定、半衰期长、自然降解速度慢等特点（Yang et al.，2021），其可以在水体等环境介质中不断积蓄。在检测出的众多抗生素种类中，四环素类抗生素在水体污染中占主导地位（Lyu et al.，2020）。本章节将以四环素类抗生素作为抗生素代表进行介绍。

常见的四环素类抗生素包括四环素、土霉素、金霉素等，表 1-14 汇总了它们的基本理化性质。四环素类抗生素拥有相似的结构：稠四环母核以及结合多个羟基、氨基、酮基、羧基等可电离官能团，这使得它们易与多价金属离子形成不易溶解的螯合物。不仅如此，四环素类抗生素还可以与水中的钙盐和铁盐络合，导致其难以被降解。

表 1-14 常见四环素类抗生素基本理化性质

名称	分子量/（g/mol）	水溶性	熔点/℃	沸点/℃	lg K_{ow}	25℃蒸气压/Pa
四环素	444.45	微溶于水	175～177℃	554.44℃	−1.33	13.3
土霉素	460.43	极微溶	183℃	565.29℃	−2.87	13.3
金霉素	478.88	极微溶	168.5℃	821.1℃	−0.68	13.3

环境中四环素类抗生素主要来源于三个方面：抗生素工业废水、医用抗生素和养殖业用抗生素。抗生素生产厂排放的反应母液、工艺废水和冷却水中含有难降解物质和抑菌作用的四环素类抗生素及其中间代谢产物，pH较低，废水呈深褐色，搅拌时有强烈的刺激性气味，可生化性较差，并具有一定的生物毒性。临床医疗中四环素类抗生素主要用于治疗泌尿生殖道支原体感染、儿童肺炎、冠状动脉粥样硬化性心脏病、急性呼吸窘迫综合征、痤疮、关节炎和牙周炎等（Sarmah et al.，2006）。药物进入人体后，由于氧化、还原、水解以及共轭接合作用，药物形态会发生改变，其理化性质和生态毒性随之发生变化，但最终50%～80%以原药或者代谢物形式通过粪便和尿液排出体外。土霉素、金霉素、四环素在规模化养殖业领域应用相对广泛（Jacobsen et al.，2004），一般以高剂量治疗各种疾病，以低剂量作为饲料添加剂使用。在水产养殖业中，土霉素等抗生素被掺入建塘底泥中，以预防各类疾病的发生。养殖业使用的四环素类抗生素通过各种途径进入动物体内后，大约70%不能被吸收，以母体化合物的形式少量蓄积在肌体组织中，大量残留直接排出体外进入食物链系统或污水处理系统，而各种污水处理过程对污水中的这些物质不起作用或作用很小，最终被排放到环境中（Yang and Carlson，2004）。

四环素类抗生素进入环境中会引起多方面的危害：从微生物种群的生长影响来看，长期的抗生素暴露会诱导微生物形成抗性基因，产生耐药性甚至是多重耐药性（MDR），出现超级细菌。为避免其危害，一定程度上又会增加抗生素使用量，或生产新型抗生素，长此以往的恶性循环会对环境造成污染和破坏。另一方面，抗生素是潜在的制毒剂，通过抑制DNA的复制和转录、阻断mRNA翻译及蛋白质的合成，对微生物产生直接毒性效应，导致微生物生长抑制或致死。从植物的生长情况来看，抗生素会阻碍植物叶绿体的形成、破坏叶绿素对光的活性、抑制叶片中氨基酸的合成及代谢，从而干扰植物的光合作用，影响其正常生长。从人体健康影响来看，人类长期食用含有抗生素的食物，可能会造成过敏、肠道菌群失调、免疫系统受损等症状，影响未成年人的正常发育，甚至会对遗传稳定性产生负面影响。此外，女性长期接触抗生素会增加乳腺癌产生的风险。通常，少量抗生素在人体中不会显现明显危害，但当蓄积一定含量，其影响、危害将在人体得到体现。

4. 微塑料

塑料由于具有轻便耐用、价廉物美等特点被广泛地生产和使用，与人类的生产生活息息相关。根据欧洲塑料制造商协会最新发布的塑料行业统计报告显示，受新冠疫情等因素影响，塑料的全球年产量首次出现下降，2020年主要塑料（不包括聚酯类和尼龙等塑料纤维）的产量为3.67亿t。市场需求量排在前五位的聚合物类型依次为聚丙烯、低密度聚乙烯、高密度聚乙烯、聚氯乙烯和聚对苯二甲酸乙二醇酯，五种类型的总占比超过68%，主要塑料聚合物类型的信息见表1-15。研究人员将直径小于5 mm的塑料微粒定义为微塑料（Arthur et al.，2009）。最早报道水环境中微塑料存在的论文可以追溯到20世纪70年代，Carpenter等（1972）在近岸水体中检出了聚苯乙烯小球。随着持续的深入探索，目前微塑料污染的研究领域以微塑料监测为基础，主要研究方向包括微塑料的来源、归趋和危害三个方面（Lusher and Hurley，2021）。通常微塑料的来源分为原生微塑料和再生微塑料，在此基础上可进一步细分为以下五种：①应用于目标环境的原生微塑料（如使用后的种衣剂包衣、肥料胶囊外壳）；②消费者使用过程排放的原生微塑料（如化妆品微珠）；③工业原料的意外损失和运输消耗（如塑料小球）；④随时间缓慢降解的未回收塑料垃圾（如包装材料、渔网和地衣）；⑤由机械力产生的高浓度释放物（如轮胎磨损颗粒、洗衣纤维）（Mitrano and Wohlleben，2020）。微塑料在环境中的迁移和降解是另一研究热点，研究人员结合微塑料的自身特征和环境过程分析了影响微塑料迁移的主要因素。微塑料分布模型可以较好地模拟微塑料迁移的动态过程，并通过环境实测数据不断校正优化，从而帮助研究人员更好地预测微塑料的时空分布（Meijer et al.，2021）。目前对于微塑料的危害性及环境风险尚未形成明确定论，尽管开展了基于多种毒理学端点的微塑料暴露实验，但仍缺乏真实环境条件下的微塑料毒性案例作为数据支撑（Koelmans et al.，2022）。

表 1-15 常见塑料聚合物类型的使用信息

中文	缩写	密度/（g/m³）	用途
聚丙烯	PP	0.89～0.92	包装材料、塑料管材、汽车部件
聚乙烯	PE	0.91～0.97	包装材料、塑料瓶、塑料管材、玩具
聚苯乙烯	PS	1.04～1.10	包装材料、电子电器配件、建筑材料
聚氯乙烯	PVC	1.16～1.58	窗户框、地板和护墙板、建筑材料、塑料管材
聚对苯二甲酸乙二醇酯	PET	1.37～1.45	塑料瓶
人造纤维素	—	1.00～1.50	纤维主要材料
聚氨酯	PU	1.38～1.45	涂料、胶黏剂、保温材料
聚酰胺	PA	1.02～1.15	合成纤维

微塑料体积小，但比表面积相对较大，随着表面老化吸附污染物的能力也会增大，是环境污染物和病原微生物进入生物体的重要载体。微塑料作为一种新污染物，逐渐在各种污染场地中出现。各种塑料薄膜如大棚、地膜等被广泛使用，在蔬菜、花生、水稻等作物的生产中发挥着积极作用，但在管理、回收利用不当时，散落的废塑料制品和薄膜碎片会对土壤环境造成负面影响。据调查，农膜废塑料制品对土壤环境的影响及棚膜中残留塑料制品对环境的影响为 3.06 kg/hm^2，残留率为 1.3%。

环境微塑料可通过多种途径进入人体，其中经口摄入和呼吸吸入是人体的主要暴露途径，而皮肤接触是人体的一个潜在暴露途径，一旦进入人体可能会通过长时间的累积对人体健康产生不利影响。Barboza 等（2018）研究发现尺寸小于 130 μm 的微塑料能够转移并进入淋巴和循环系统，而欧洲食品安全局（EFSA）研究表明小于 10 μm 的微塑料甚至可以穿透器官，小于 1.5 μm 的微塑料则能够进入所有器官，并通过循环系统进入各组织器官。近期，Chen 等（2022）研究发现肺组织中存在多种微纤维，并且微纤维丰度随着年龄增长而积累。该研究还发现微纳米塑料在肺组织中长期摩擦甚至会导致呼吸道发生磨玻璃结节疾病。此外，人体肿瘤中存在的微塑料多于正常组织，暗示长期暴露于微塑料可能会诱导组织发生病变。Zarus 等（2021）研究发现棉屑、纺织和聚氯乙烯制造这 3 个行业的工人患有肺炎、肺癌、直肠癌和肝癌等疾病与职业吸入的微塑料粉尘有关。此外，Yan 等（2022）分析发现肠炎患者粪便中以聚对苯二甲酸乙二醇酯乙烯和聚酰胺为主的微塑料纤维和碎片（41.8 个/g·dm）明显高于健康人群（28.0 个/g·dm），并且粪便中微塑料含量与肠炎的严重程度呈正相关，据此推测环境微塑料污染可能会导致肠炎等疾病的发生。一些动物体内实验和细胞模型表明微塑料可诱导氧化应激、引起细胞炎症和生长发育毒性等。然而，目前还缺乏微塑料与人体健康是否相关的研究。

三、土壤与重金属间的相互作用

土壤中的重金属具有迁移能力强、滞留时间长、不易降解等特性，易被作物吸收累积，最终通过食物链作用进入人体，进而威胁人体健康。土壤组分对重金属的环境行为具有重要影响，其可与金属离子形成生化稳定的络合物，从而影响重金属的生物有效性、存在形态和迁移活性。图 1-4 展示了重金属可以与土壤不同组分发生相互作用。

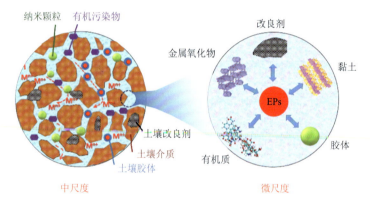

图 1-4　土壤组分与重金属间的相互作用

（一）土壤有机质对重金属的吸附-解吸机制

土壤有机质作为天然吸附剂或络合剂，可直接与土壤溶液中的重金属离子相互作用，潜在的相互作用机制有：离子交换、表面吸附、络合、静电吸附、凝胶作用和胶溶作用等。鉴于有机质的特殊物理化学结构，其对重金属的吸附会受到 pH、重金属类别、分子量、离子强度、有机质所含官能团、结构和浓度等的影响。单瑞娟等（2015）通过胡敏酸吸附重金属 Cd 的淋溶实验证明了 pH 对吸附-解吸的影响；叶碧莹等（2019）确定了pH 与有机质分子量对吸附过程的影响。

此外，土壤有机质的类别，即有机质的物理化学性质在重金属吸附-解吸中也扮演着重要的角色。王青清等（2017）比较了胡敏酸和富里酸对紫土中 Pb、As 吸附-解吸行为的影响，结果显示胡敏酸对土壤吸附 Pb、As 起促进作用，富里酸则对土壤吸附 Pb、As 起抑制作用。

（二）土壤重金属吸附-解吸的影响因素

近年来，随着光谱表征技术的进步，也有研究表明官能团是影响土壤有机质对金属离子吸附-解吸的主要因素之一，不同类型的土壤中提取出的有机质官能团结构差异明显，从而导致它们与重金属之间的相互作用存在差异。有机质中的大量含氧、氮、硫官能团可为重金属的吸附提供吸附位点。张佳（2019）研究了胡敏酸对 Cr（Ⅵ）的吸附特征并通过二维光谱分析技术发现胡敏酸中官能团参与 Cr（Ⅵ）的吸附顺序为：羧基>酚羟基>醇羟基>甲基。其中，羧基主要参与同 Cr（Ⅵ）的络合反应；酚羟基、醇羟基和甲基则是 Cr（Ⅵ）还原的主要电子供体。

土壤中溶解性组分对重金属的吸附会使得重金属更容易迁移至水体和沉积物-水界面中，对水生动植物、水体环境造成威胁。然而，由于各重金属的活性不同，其吸附-解吸的程度也存在一定的差异，有研究发现，在众多重金属中，Cd 和 As 的活性较大，被吸附后容易解吸而被动植物吸收，经食物链传递至人体，对人类及其他动物健康造成危害。

矿物是土壤颗粒的另一重要组分，其对重金属的吸附性是重要的特性之一。土壤矿物的吸附性按照引起吸附的原因不同可以分为三类：物理吸附、化学吸附和离子交换吸附。物理吸附通常是由于吸附剂与吸附质之间的分子间引力作用产生的，由氢键所产生的吸附也属物理吸附。物理吸附是可逆的，在吸附发生一定时间之后，其吸附速度和解吸速度在一定温度、浓度条件下呈动态平衡状态。由于土壤矿物具有较大的比表面积，因此其具有较强的吸附性能。土壤矿物与重金属间的化学吸附是由吸附剂与吸附质之间的化学键力作用而产生的，阴离子聚合物可以靠化学键吸附在黏土矿物表面上，吸附一般包括两种方式：第一种是黏土矿物晶体边缘带正电荷，阴离子基团可以靠静电引力吸附在黏土矿物的边面上；第二种是介质中有中性电解质存在时，无机阳离子可以在黏土矿物与阴离子型聚合物之间起"桥接"作用，使高聚物吸附在黏土矿物的表面上。离子交换吸附同样是土壤矿物吸附中重要的一部分，因为土壤矿物通常带有不饱和电荷，根据电中性原理，必然有等量的异号离子吸附在黏土矿物表面上以达到电性平衡，这种吸附在黏土矿物表面上的离子可以和溶液中的同号离子产生交换作用，常见的可用于交换的金属离子包括：阳离子 Ca^{2+}、Mg^{2+}、H^+、K^+、NH_4^+、Na^+、Al^{3+} 及阴离子 SO_4^{2-}、Cl^-、PO_4^{3-} 和 NO_3^- 等。根据交换离子的电性不同，离子交换吸附又分为阳离子交换吸附和阴离子交换吸附。阳离子交换量通常以阳离子交换容量衡量，指每 100 g 矿物在一定的 pH 条件下能够吸附交换的阳离子数量，它是土壤矿物负电荷数量的量度，通常是指在 pH 为 7 的条件下，土壤矿物所能交换下来的阳离子总量。土壤矿物的种类不同，其阳离子交换容量也有很大差别。除了矿物类型，土壤矿物的颗粒分散度和溶液的酸碱性也会对矿物的离子交换产生影响，同种土壤矿物的阳离子交换容量随其分散度（比表面积）的增加而增大。

四、土壤与有机污染物间的相互作用

有机污染物由于其强毒性、持久性、生物蓄积性、强迁移活性，对野生动植物和人类的健康构成巨大威胁而备受关注。残留在土壤中的污染物本就极难根除，与土壤中的有机质发生各种物理化学相互作用后，其迁移行为更会受到影响，并增加了完全去除的难度。因此，对于有机质与有机污染物间相互作用的研究是十分必要的。图 1-5 示意了有机污染物与土壤不同组分间的相关作用关系。

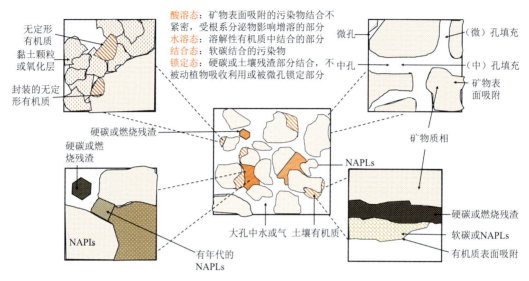

图 1-5　土壤结构及其与有机污染物间的相互作用关系

NAPLs：非水相液体（nonaqueous phase liquids）

（一）有机质对有机污染物的吸附-解吸

鉴于土壤有机质具有复杂的分子结构和丰富的表面官能团，且在土壤中含量较高，其对土壤中有机污染物的环境行为具有决定性影响。有机质与有机污染物之间的相互作用方式主要包括离子交换、配位交换、共价结合、螯合、疏水分配、氢键结合和 π-π 相互作用等。

当土壤和沉积物中有机质的总有机碳含量大于 0.1%时，其对疏水性有机污染物（hydrophobicity organic compounds，HOCs）的吸附作用占各种相互作用的主导地位。有机质对有机污染物之间的吸附-解吸与有机质和有机污染物的官能团、极性、结构和环境 pH 等因素密切相关。Kile 等（1999）应用 ^{13}C NMR 和 XPS 计算了有机质中各官能团含量，发现含氧官能团的相对含量与有机污染物的吸附容量呈良好的负相关关系，其原因在于有机质中含氧官能团的氧含量越高，其极性越强，对非离子性化合物的亲和能力就越弱。从有机质结构来看，烷基碳有利于多环芳烃的吸附，主要是因为有机质的烷基碳结构由结晶和无定形两种吸附域组成，其中无定形亚甲基碳是疏水性有机化合物吸附的主要推动力之一。Xing 和 Pignatello（1997）的研究结果显示在吸附的最初阶段，吸附的有机污染物主要是进入较为疏松的有机质中，此时吸附以分配为主；随着时间的推移，一部分扩散并被吸附到有机质内部致密的玻璃相（glassy regions）表面，并可能伴随孔填充（pore filling）效应，从而导致等温线的非线性增强，这种非线性吸附可能会导致有机污染物解吸滞后以及吸附老化锁定的现象发生，导致有机污染物被固定在土壤中难以去除。随着有机质浓度的增大，有机物的吸附分配系数增加，有利于其对有机污染物的吸附。但是，当有机质浓度增加到一定值后，继续增大则会使其吸附有机污染物的分配系数减小，抑制其对有机污染物的吸附。

在土壤和沉积物-水界面中，有机质是有机污染物的良好载体，对 NOM 的定位及稳定性起着决定性的作用，直接影响到污染物的迁移转化。一方面亲水性 DOM 增加了有机污染物在土壤中的溶解度，提高其迁移能力；另一方面疏水性的有机质与有机污染物在土壤表面共同作用，提高了土壤对低极性和非极性有机污染物的结合能力，抑制其迁移。由于 DOM 和有机污染物性质的不同以及其所处环境的不同，有机污染物的生物有效性也会因此发生改变。有机污染物与有机质的结合一方面可能降低其生物有效性，另一方面也可能提高其生物有效性或增强其毒性。

（二）有机质对有机污染物的降解

土壤中有机质的存在不仅影响着有机污染物的吸附、解吸和迁移转化，还影响着有机污染物的降解。一方面，有机质可作为光敏化剂，在光照作用下能够产生一系列活性氧物种（ROS）（如三重态有机物 3DOM*，羟基自由基·OH，单态氧 $^1O_2$ 等）；另一方面，有机质又能作为光屏蔽剂或活性物种的淬灭剂，抑制有机污染物的光降解。李恭臣等（2008）发现富里酸对多环芳烃的光降解有着很大的影响。在低浓度时，富里酸分子吸收光子较多，产生大量的羟基自由基对于荧蒽和芘的分解可以起到促进作用。在光辐射的过程中，$^1O_2$ 的量子产率较高，同时也会促进其他含氧量高组分生成。含氧基团吸收光能以后可以产生更多的 $^1O_2$ 和·OH，对菲的光降解有明显促进作用。钟明洁等（2009）研究则发现胡敏酸具有光屏蔽作用，从而抑制"嗪草酮"的光降解。

（三）土壤有机质对有机污染物赋存形态分布的影响

污染物赋存形态的研究是理解其生物有效性的有效途径。目前有关土壤重金属赋存形态的研究较为完善，而对于有机污染物赋存形态的研究仍有完善和提升的空间，主要原因是土壤中的有机污染物并非处在一个完全固定的状态，有机污染物在土壤中主要是以吸附的形式吸附于不同土壤组分，导致其赋存状态存在差别。

最早对土壤中有机污染物赋存形态的划分是根据六氯苯和二氯苯从土壤中解吸的动力学规律，将其分为快解吸和慢解吸两部分（Cornelissen et al.，1997）。后来，研究者们逐渐将有机污染物的赋存形态根据解吸速率的差异分为快速解吸、慢速解吸和极慢速解吸三部分。随着研究人员对吸附解吸过程的深入理解，他们认为吸附和解吸过程包含了线型和 Langmuir 型两部分，并进一步研究发现线型吸附解吸过程对应的是快速解吸部分污染物，而 Langmuir 型吸附解吸过程与慢速解吸和极慢速解吸过程对应，同时，经过解吸的土壤会残留不可逆吸附态的污染物。

从萃取剂的类型方面也发展了一系列土壤中有机污染物赋存形态的分类方法。Gao等（2009）研究了土壤中六种多环芳烃的存在形式并将其分成三个部分，包括解吸部分、非解吸部分和使用顺序提取质量平衡的结合态部分。解吸部分和非解吸部分分别用

HPCD 和二氯甲烷∶丙酮（1∶1，v/v）进行提取。Wang 等（2015）提出了一种根据 PAHs 在土壤中环境行为的赋存形态进行分类的方法，将土壤中 PAHs 分为水溶态、酸溶态、结合态和锁定态 4 种形态，同时对土壤中 PAHs 的 4 种形态赋予了环境学意义：水溶态是指土壤中可以溶解于土壤孔隙水或者溶解性有机质中直接被动植物利用的有机污染物；酸溶态是指不能直接溶解于水中，但可以被土壤中植物根系分泌物增溶部分利用的有机污染物；结合态是指与土壤有机质结合的有机污染物，在一般情况下不能直接被动植物利用；锁定态是指处于土壤残渣态的部分，几乎不能被动植物吸收利用。

土壤中的污染物主要吸附在土壤有机质中，Nam 等（1998）发现土壤有机质在降低老化菲的生物有效性中起到关键的作用。生物有效性的降低也可能与有机化合物进入有机物的固相有关。随着时间的推移，通过分配作用进入有机质的有机污染物，从外表面移动到组织、细胞或酶无法进入的位点。只有当这些有机污染物通过极其缓慢的速率扩散到有机质的外部时，才可以重新被微生物或植物接触。Hatzinger 和 Alexander（1997）用固体烷烃、蜡和低分子量聚合物进行的试验表明，最初包埋在这种模型固体中的 PAHs 只能被细菌非常缓慢地降解。其研究表明土壤有机质既不是简单的聚合物，也不是均质的固体。它是高度异质的，并且在其大分子结构中除了纳米孔之外还包含极性、密度和卷曲程度不同的区域,这导致有机污染物分子包埋在有机物质的固相内以及存在于该有机基质中的特定位点处的中孔或微孔内。根据这一推论，空隙存在于有机物的部分，其行为像玻璃状或微晶聚合物，因为它可以在具有纳米孔结构的内部发生吸附（Xing et al.，1996）。

第二节　土壤污染物的生物有效性

一、生物有效性概念

近几年关于生物有效性的研究越来越多，但其相关研究涉及领域众多（包括药物学、生态毒理学、环境学等），不同学科领域对生物有效性的理解不同，使得生物有效性的学术概念和界定在不同领域难以统一。在环境领域，国外学者 Alexander（2000）认为生物有效性是化学物质对于生物体的可接触性及对生物的潜在毒性，化学物质进入生物体的能力与生物体种类、介质性质、暴露时间和途径有关。Semple 等（2004）为了明确生物有效性，提出了生物有效性（bioavailability）及生物可给性（bioaccessibility）2 个概念，其中生物有效性是指化学物质从环境中通过细胞膜进入生物体的量，而生物可给性则包括生物有效性及化学物质进入生物体的潜在能力两部分。Rostami 和 Juhasz（2011）认为对于健康风险评估，生物有效性分为绝对生物有效性和相对生物有效性，其中绝对生物有效性代表经摄入到达全身的剂量分数，而相对生物有效性指某一种化合物在不同形态或暴露时间下的比值。虽然对于生物有效性的具体概念无法统一，但研究者大都认为其涉及了独立的物理、化学、生物等过程或作用。为了消除生物有效性在理论上的歧义，Ehlers 和 Luthy（2003）在美国研究顾问委员会（US National Research Council，USNRC）年度报告中首先提出"生物有效性过程"概念，以规范环境领域中生物有效性的学术内涵（图 1-6）。

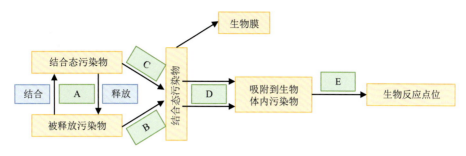

图 1-6 土壤或沉积物中污染物生物有效性过程

如图 1-6 所示，生物有效性过程通常是指污染物与环境组分、生物体之间发生的物理、化学和生物等多种作用或过程。具体过程包括：A 过程，污染物与固相组分的结合与释放，该过程主要影响污染物的环境赋存；B 过程和 C 过程，结合态与游离态污染物的环境迁移，该过程决定了不同形态污染物的环境传质及总暴露水平；D 过程，污染物被生物膜吸收，该过程是污染物从环境介质进入环境生物产生活性效应的最后一道屏障，其渗透吸收能力与污染物的化学结构及环境赋存密切相关；E 过程，污染源与靶标位点的结合，该过程决定了污染物的生物活性，但由于该过程与土壤的影响无关，因此不在生物有效性过程的讨论范围之内（Ehlers and Luthy，2003）。

国内学者对生物有效性的概念也有类似的定义，浙江大学马奇英团队和南开大学周启星团队认为生物有效性（bioavailability）是指污染物能对生物产生毒性效应或被生物吸收的性质，其包括生物毒性及可利用性部分（李冰等，2016）。就人体健康风险评估而言，南京大学崔昕毅团队认为生物有效性可以定义为污染物达到体循环的这部分剂量（范任君和崔昕毅，2021）。中国科学院生态环境研究中心朱永官团队和中国科学院大学崔岩山将生物有效性定义为是污染物在胃或小肠阶段的这部分剂量（王鹏飞等，2017）。南京大学历红波等将生物有效性分为绝对生物有效性（absolute bioavailability）和相对生物有效性（relative bioavailability），"绝对生物有效性"是指被吸收到全身系统的重金属与土壤中重金属总量的比值，不适用从动物推演至人来进行人体健康风险评价；相对生物有效性是指土壤中重金属的绝对生物有效性与可溶性参考物质（如砷酸钠、醋酸铅和氯化镉）中重金属的绝对生物有效性之比（Li et al., 2020）。除以上对生物有效性概念提出自己主张的学者，广州工业大学杨彦团队拓展了模拟肺泡液方面的生物有效性研究，中国科学院南京土壤研究所宋洋在生物有效性预测模型方面进行了相关研究性的工作（刘翠英等，2010）。另外，上海市环境科学研究院也在污染物生物有效性方面做出了一定的贡献，开展了公益性行业科研专项研究，并利用外源吸附剂评估了有机污染物在胃肠模拟系统的生物有效性（李昕宇等，2023）。

除生物有效性（bioavailability）概念外，该领域还涉及其他表述方式，如绝对生物可利用性（absolute bioavailability）、相对生物有效性（relative bioavailability）。由于不同学者翻译的区别，生物可给性和生物可利用性通常均对应英文 bioaccessibility。对于土壤污染物生物有效性测试，比较成熟的方法是通过活体实验经消化道途径测定，但实际操作中，一般采用基于人体胃肠液相关参数设计进行体外模拟测试，在污染场地调查评估与修复治理中，为方便理解、促进应用，本书将生物可利用性和生物可给性等概念统一表述为生物有效性。

二、生物有效性研究意义

随着工农业的快速发展，有机类化学品被大量使用并通过各种途径进入环境中，给生态环境和人类健康带来了极大威胁。土壤是有机化学品的一个重要的汇，有机污染物进入土壤后，会与土壤成分相互作用，由于土壤是由多种成分组成的高度不均一性介质，污染物的赋存状态会发生很大的变化与分化。地下水作为与土壤密不可分的环境介质，土壤中的污染物易迁移至地下水环境。有机污染物在土水界面会发生一系列的环境行为（图 1-7），主要包括相态间的分配行为、多相流迁移行为和反应性行为。有机污染物在环境介质间发生的复杂的环境行为，使其往往会以多形态赋存，朱利中院士团队将有机污染物在环境中的赋存形态分为水溶态、酸溶态、锁定态和结合态（Wu and Zhu，2016）。有机污染物在环境中多赋存形态的转化同时会影响其生物有效性。

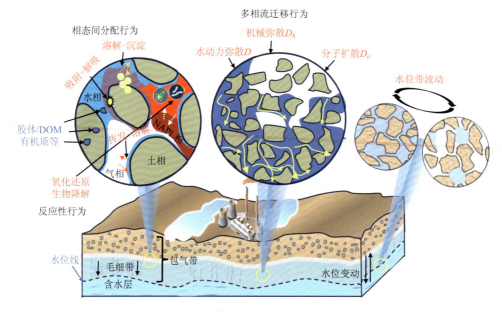

图 1-7　有机污染物在土水介质间环境行为示意图

重金属元素在土壤中可以和有机质组分形成高稳定性的络合物，影响重金属的形态转化，进而影响其生物有效性。土壤中重金属赋存形态可分为可交换态、弱酸溶解态、可还原态（铁锰氧化物结合态）、可氧化态（有机质结合态）和残渣态 5 种，其中以可交换态、弱酸溶解态、可还原态和可氧化态存在的重金属通常被认为是具有迁移活性的；而残渣态重金属是环境惰性的，其对植物几乎无毒害作用。重金属赋存形态转化与生物有效性会受到 pH、有机质含量等多种因素的影响。通常，腐殖酸浓度较低时，水溶态、可交换态和碳酸盐结合态、铁-锰氧化物结合态的 As 主要向残渣态转化；腐殖酸含量较高时，As 主要向有机态及硫化物结合态转化；随着 pH 的升高，土壤中 As 主要向较稳定形态转化。污染物赋存形态的多样性将导致污染物的流动性、生物有效性甚至化学反应活性都不同程度地发生变化，对其环境生态风险及修复效率都产生重大影响。

过去，人们通常使用污染物总量来评估建设用地土壤污染物的风险，但是由于污染物总量并没有考虑到污染物的赋存状态和生物有效性，得到的结果往往会高估污染物的生态风险，从而造成资源浪费。因此，污染物的生物有效性对其在土壤中的生态风险和土壤污染的评判标准具有决定性的作用，进而影响环境修复的效率及修复技术的选择。正确评价污染物的生物有效性，对于建立土壤污染诊断方法和指标，制定基于风险评估的环境法规，以及土壤修复技术的研究和实践都是至关重要的。

参 考 文 献

安琼, 董元华, 王辉, 等. 2006. 长江三角洲典型地区农田土壤中多氯联苯残留状况[J]. 环境科学, 27(3): 3528-3532.

邓一荣, 陆海建, 董敏刚, 等. 2019. 粤港澳大湾区典型化工场地苯系物污染特征及迁移规律[J]. 环境科学, 40(12): 5615-5622.

范任君, 崔昕毅. 2021. 土壤中持久性有机污染物生物有效性研究[J]. 环境生态学, 3(4): 15-26.

葛锋, 张转霞, 扶恒, 等. 2021. 我国有机污染场地现状分析及展望[J]. 土壤, 53: 1132-1141.

黄宝圣. 2005. 镉的生物毒性及其防治策略[J]. 生物学通报, 40(11): 26-28.

刘翠英, 蒋新, 杨兴伦, 等. 2010. 加速溶剂萃取法评价土壤中六氯苯和五氯苯对水稻根的生物有效性[J]. 环境科学, 5: 1352-1358.

刘耕耘, 陈左生, 史烨弘, 等. 2006. 北京土壤中的 PCBs 含量与组成[J]. 环境科学学报, 26(12): 2013-2017.

刘洁, 李晓东, 赵中华, 等. 2015. 典型电力电容器污染土壤中多氯联苯水平及特性[J]. 环境科学, 36: 3457-3463.

刘媛媛. 2011. 某污染场地土壤和地下水中污染物的分布特征和地下水污染现状评价[D]. 北京: 中国地质大学(北京).

鲁根涛, 刘明丽, 刘殷佐, 等. 2018. 长江表层土壤多氯联苯污染特征及风险评价[J]. 中国环境科学, 12: 4617-4624.

李冰, 姚天琪, 孙红文. 2016. 土壤中有机污染物生物有效性研究的意义及进展[J]. 科技导报, 34(22): 48-55.

李恭臣, 夏星辉, 周追, 等. 2008. 富里酸在水体多环芳烃光化学降解中的作用[J]. 环境科学学报, 28(8): 1604-1611.

李昕宇, 陈窈君, 黄沈婷, 等. 2023. Tenax-TA 对预测土壤中多环芳烃生物可给性的影响[J]. 环境科学与技术, 7: 174-181.

李英明, 江桂斌, 王亚韡, 等. 2008. 电子垃圾拆解地大气中二噁英、多氯联苯、多溴联苯醚的污染水平及相分配规律[J]. 科学通报, 2: 165-171.

蓬丹. 2013. 典型污染场地有机氯农药污染特征研究[D]. 成都: 四川师范大学.

单瑞娟, 黄占斌, 柯超, 等. 2015. 腐植酸对土壤重金属镉的淋溶效果及吸附解吸机制研究[J]. 腐植酸, 1: 12-17.

唐穗平, 陈满英, 邱启东, 等. 2018. 电子废物拆解区禽肉中二噁英及其类似物污染分析[J]. 化学通报,

　　81: 1138-1142.

滕应, 郑茂坤, 骆永明, 等. 2008. 长江三角洲典型地区农田土壤多氯联苯空间分布特征[J]. 环境科学, 29(12): 3477-3482.

田靖, 朱媛媛, 杨洪彪, 等. 2013. 大型钢铁厂及其周边土壤多环芳烃污染现状调查、评价与源解析[J]. 环境化学, 32(6): 1002-1008.

王坚. 2019. 辽宁省典型污染场地土壤多环芳烃组成特征研究[J]. 科技创新导报, 16(17): 116-118.

王鹏飞, 尹乃毅, 都慧丽, 等. 2017. 添加奶粉对土壤中铬、镍、锰、铜生物可给性的影响[J]. 环境化学, 07: 1451-1456.

王青清, 蒋珍茂, 王俊, 等. 2017. 腐殖酸活性组分及其比例对紫色潮土中铅形态转化和有效性演变动态的影响[J]. 环境科学, 05: 2136-2145.

王学彤, 李元成, 张媛, 等. 2012. 电子废物拆解区农业土壤中多氯联苯的污染特征[J]. 环境科学, 33: 587-591.

王亚韡, 蔡亚岐, 江桂斌. 2010. 斯德哥尔摩公约新增持久性有机污染物的一些研究进展[J]. 中国科学: 化学, 02: 99-123.

谢黎虹, 许梓荣. 2003. 重金属镉对动物及人类的毒性研究进展[J]. 浙江农业学报, 15(6): 376-381.

严莎. 2012. 苯系物对我国典型鱼类和水生植物的毒害效应及其水质基准的研究[D]. 天津: 南开大学.

颜湘华, 刘星海, 王兴润, 等. 2020. 改性芬顿试剂修复农药污染土壤的工艺条件优化[J]. 环境工程技术学报, 10(2): 288-292.

叶碧莹, 柏宏成, 刘高云, 等. 2019. 天然有机质不同分子量组分对紫色土镉吸附-解吸的影响[J]. 农业环境科学学报, 08: 1963-1972.

袁西鑫. 2020. 某化工企业旧址污染地块土壤修复工程的应用案例[J]. 广东化工, 47(4): 140-141.

张佳. 2019. 土壤层中非溶解态胡敏酸/胡敏素官能团对Cr(Ⅵ)迁移的迟滞机理[D]. 北京: 中国地质大学（北京）.

张晶晶, 陈娟, 王沛芳, 等. 2021. 中国典型湖泊四大类抗生素污染特征[J]. 中国环境科学, 41(9): 4271-4283.

赵玲, 马永军. 2001. 有机氯农药残留对土壤环境的影响[J]. 土壤, 33: 309-311.

赵玲, 滕应, 骆永明. 2018. 我国有机氯农药场地污染现状与修复技术研究进展[J]. 土壤, 50(3): 435-445.

赵妍. 2009. 地下环境中BTEX的挥发特性及其对As影响研究[D]. 长春: 吉林大学.

郑海, 胡国成, 许振成, 等. 2013. 东江流域表层沉积物中全氟辛酸和全氟辛烷磺酸含量水平研究[J]. 农业环境科学学报, (04): 778-782.

钟明洁, 陈勇, 胡春. 2009. 水溶液中嗪草酮的光化学行为研究[J]. 环境科学学报, 29(7): 1470-1474.

周欣. 2011. 我国典型地区二噁英和多氯联苯在土壤中污染特征研究[D]. 沈阳: 东北大学.

周文敏, 傅德黔, 孙宗光. 1990. 水中优先控制污染物黑名单[J]. 中国环境监测, 6(4): 1-3.

《水和废水监测分析方法》编辑委员会. 1989. 水和废水监测分析方法[M]. 北京: 中国环境科学出版社.

Alexander M. 2000. Aging, bioavailability, and overestimation of risk from environmental pollutants[J]. Environmental Science and Technology, 34(20): 4259-4265.

Ali N. 2019. Polycyclic aromatic hydrocarbons (PAHs) in indoor air and dust samples of different Saudi microenvironments; health and carcinogenic risk assessment for the general population[J]. Science of the Total Environment, 696: 133995

An Y J. 2004. Toxicity of benzene, toluene, ethylbenzene, and xylene (BTEX) mixtures to *Sorghum bicolor* and *Cucumis sativus* [J]. Bulletin of Environmental Contamination and Toxicology, 72(5): 1006-1011.

Arthur C, Baker J, Bamford H. 2009. Proceedings of the international research workshop on the occurrence, effects and fate of microplastic marine debris[R]. NOAA Technical Memorandum.

Barboza L G A, Dick Vethaak A, Lavorante B R B O, et al. 2018. Marine microplastic debris: An emerging issue for food security, food safety and human health[J]. Marine Pollution Bulletin, 133: 336-348.

Benford D, De Boer, Carere A, et al. 2008. Opinion of the scientific panel on contaminants in the food chain on perfluorooctane sulfonate (PFOS) perfluorooctanoic acid (PFOA) and their salts[J]. The EFSA Journal, 653: 1-131.

Boffetta P, Jourenkova N, Gustavsson P. 1997. Cancer risk from occupational and environmental exposure to polycyclic aromatic hydrocarbons[J]. Cancer Causes & Control, 8: 444-472.

Borden R C, Black D C, McBlief K V. 2002. MTBE and aromatic hydrocarbons in North Carolina storm water runoff[J]. Environmental Pollution, 118: 141-152.

Boström C E, Gerde P, Hanberg A, et al. 2002. Cancer risk assessment, indicators, and guidelines for polycyclic aromatic hydrocarbons in the ambient air[J]. Environmental Health Perspectives, 110: 451-488.

Breivik K, Sweetman A, Pacyna L, et al. 2002. Towards a global historical emission inventory for selected PCB congeners—A mass balance approach 1. Global production and consumption[J]. Science of the Total Environment, 290: 181-198.

Buck R C, Franklin J, Berger U, et al. 2011. Perfluoroalkyl and polyfluoroalkyl substances in the environment: Terminology, classification, and origins[J]. Integrated Environmental Assessment and Management, 7(4): 513-541.

Carpenter E J, Anderson S J, Harvey G R, et al. 1972. Polystyrene spherules in coastal waters[J]. Science, 178(4062): 749-750.

Chen D, Kannan K, Tan H, et al. 2016. Bisphenol analogues other than BPA: Environmental occurrence, human exposure, and toxicity—A review[J]. Environmental Science & Technology, 50(11): 5438-5453.

Chen Q, Gao J, Yu H, et al. 2022. An emerging role of microplastics in the etiology of lung ground glass nodules[J]. Environmental Sciences Europe, 34: 25.

Chen S, Chang Q, Yin K, et al. 2017. Rapid analysis of bisphenol a and its analogues in food packaging products by paper spray ionization mass spectrometry[J]. Journal of Agricultural and Food Chemistry, 65(23): 4859-4865.

Couté N, Richardson J T. 2000. Catalytic steam reforming of chlorocarbons: Polychlorinated biphenyls (PCBs) [J]. Applied Catalysis B-Environmental, 26: 265-273.

Cornelissen G, Rigterink H, Vrind B, et al. 1997. Two-stage desorption kinetics and in situ partitioning of hexachlorobenzene and dichlorobenzenes in a contaminated sediment[J]. Chemosphere, 35(10): 2405-2416.

Cui S, Qi H, Liu Y L. 2013. Emission of unintentionally produced polychlorinated biphenyls (UP-PCBs) in China: Has this become the major source of PCBs in Chinese air?[J] Atmospheric Environment, 67: 73-79.

Du Q, Jia X S, Huang C. 2007. Chlorobenzenes in waterweeds from the Xijiang River (Guangdong section) of the Pearl River[J]. Journal of Environmental Sciences, 19: 1171-1177.

Ehlers L J, Luthy R G. 2003. Peer reviewed: Contaminant bioavailability in soil and sediment[J]. Environmental Science & Technology, 37 (15): 295-302.

Ene A, Bogdevich O, Sion A. 2012. Levels and distribution of organochlorine pesticides (OCPs) and polycyclic aromatic hydrocarbons (PAHs) in topsoils from SE Romania[J]. Science of the Total Environment, 439: 76-86.

E.U. 2005. Directive 2004/107/EC of the European parliament and of the council of 15 December 2004 relating to arsenic, cadmium, mercury, nickel and polycyclic aromatic hydrocarbons in ambient air[J]. Official Journal of the European Union, L23: 3-16.

Gao Y, Zeng Y, Shen Q, et al. 2009. Fractionation of polycyclic aromatic hydrocarbon residues in soils[J]. Journal of Hazardous Materials, 172 (2-3): 897-903.

Hatzinger P, Alexander M. 1997. Biodegradation of organic compounds sequestered in organic solids or in nanopores within silica particles[J]. Environmental Toxicology and Chemistry, 16(11): 2215-2221.

Hou D Y, Al Tabbaa, A O'Connor D, et al. 2023. Sustainable remediation and redevelopment of brownfield sites[J]. Nature Reviews Earth & Environment, 4: 271-286.

Jacobsen A, Halling-Sørensen B, Ingerslev F, et al. 2004. Simultaneous extraction of tetracycline, macrolide and sulfonamide antibiotics from agricultural soils using pressurised liquid extraction, followed by solid-phase extraction and liquid chromatography-tandem mass spectrometry[J]. Journal of Chromatography A, 1038(1-2): 157-170.

Ji K, Hong S, Kho Y, et al. 2013. Effects of bisphenol S exposure on endocrine functions and reproduction of zebrafish[J]. Environmental Science & Technology, 47(15): 8793-8800.

Keyte I J, Harrison R M, Lammel G. 2013. Chemical reactivity and long range transport potential of polycyclic aromatic hydrocarbons-A review[J]. Chemical Society Reviews, 42: 9333-9391.

Kile D E, Wershaw R L, Chiou C T. 1999. Correlation of soil and sediment organic matter polarity to aqueous sorption of nonionic compounds [J]. Environmental Science & Technology, 33(12): 2053-2056.

Kim K H, Jahan S A, Kabir E. 2013a. A review on human health perspective of air pollution with respect to allergies and asthma[J]. Environment International, 59: 41-52.

Kim K H, Jahan S A, Kabir E, et al. 2013b. A review of airbone polycyclic aromatic hydrocarbons (PAHs) and their human health effects[J]. Environment International, 60: 71-80.

Koelmans A A, Redondo-Hasselerharm P E, Nor N H M, et al. 2022. Risk assessment of microplastic particles[J]. Nature Review Materials, 7(2): 138-152.

Lebeuf M, Nunes T. 2005. PCBs and OCPs in sediment cores from the lower St. Lawrence Estuary, Canada: Evidence of fluvial inputs and time lag in delivery to coring sites[J]. Environmental Science & Technology, 39: 1470-1478.

Li H B, Li M Y, Zhao D. et al. 2020. Arsenic, lead, and cadmium bioaccessibility in contaminated soils: Measurements and validations[J]. Critical Reviews in Environmental Science and Technology, 50(13): 1303-1338.

Liao C, Liu F, Alomirah H, et al. 2012. Bisphenol S in urine from the United States and seven Asian countries: Occurrence and human exposures[J]. Environmental Science & Technology, 46(12): 6860-6866.

Lusher A L, Hurley R, Arp H P H, et al. 2021. Moving forward in microplastic research: A Norwegian perspective[J]. Environment International, 157: 106794.

Lyu J, Yang L, Zhang L, et al. 2020. Antibiotics in soil and water in China—A systematic review and source analysis[J]. Environmental Pollution, 266: 115147.

Macleod M, Mackay D. 1999. An assessment of the environmental fate and exposure of benzenes and the chlorobenzenes in Canada[J]. Chemosphere, 38: 1777-1796.

Mater L, Sperb R M, Madureira L A S, et al. 2006. Proposal of a sequential treatment methodology for the safe reuse of oil sludge contaminated soil[J]. Journal of Hazardous Materials, 136: 967-971.

Meijer L J J, van Emmerik T, van der Ent R, et al. 2021. More than 1000 rivers account for 80% of global riverine plastic emissions into the ocean[J]. Science Advances, 7(18): eaaz5803.

Mitrano D M, Wohlleben W. 2020. Microplastic regulation should be more precise to incentivize both innovation and environmental safety[J]. Nature Communications, 11(1): 5324-5324.

Nakajima T, Wang R S, Elovaara E, et al. 1997. Toluene metabolism by cDNA-expressed human hepatic cytochrome P450[J]. Biochemical Pharmacology, 53: 271-277.

Nam K, Chung N, Alexander M. 1998. Relationship between organic matter content of soil and the sequestration of phenanthrene[J]. Environmental Science & Technology, 32(23): 3785-3788.

O'Hagan D. 2008. Understanding organofluorine chemistry, an introduction to the C-F bond[J]. Chemistry Society Reviews, 37(2): 308-319.

Peng Y, Wang J, Wu C. 2019. Determination of endocrine disruption potential of bisphenol a alternatives in food contact materials using *in vitro* assays: State of the art and future challenges[J]. Journal of Agricultural Food Chemistry, 67(46): 12613-12625.

Rahman M F, Peldszus S, Anderson W B. 2014. Behaviour and fate of perfluoroalkyl and polyfluoroalkyl substances (PFASs) in drinking water treatment: A review[J]. Water Research, 50: 318-340.

Ramírez N, Cuadras A, Rovira E, et al. 2011. Risk assessment related to atmospheric polycyclic aromatic hydrocarbons in gas and particle phases near industrial sites[J]. Environmental Health Perspectives, 119: 1110-1116.

Rostami I, Juhasz A L. 2011. Assessment of persistent organic pollutant (POP) bioavailability and bioaccessibility for human health exposure assessment: A critical review[J]. Critical Reviews in Environmental Science and Technology, 41(7): 623-656.

Sarmah A K, Meyer M T, Boxall A B. 2006. A global perspective on the use, sales, exposure pathways, occurrence, fate and effects of veterinary antibiotics (VAs) in the environment[J]. Chemosphere, 65(5): 725-759.

Semple K T, Doick K J, Jones K C, et al. 2004. Defining bioavailability and bioaccessibility of contaminated soil and sediment is complicated[J]. Environmental Science & Technology, 38(12): 228-231.

Skutlarek D, Exner M, Färber H. 2006. Perfluorinated surfactants in surface and drinking water[J]. Environmental Science and Pollution Research, 13(5): 299-307.

So M K, Miyake Y, Yeung W Y, et al. 2007. Perfluorinated compounds in the Pearl River and Yangtze River of China[J]. Chemosphere, 68(11): 2085-2095.

Song Y, Wang F, Bian Y, et al. 2012. Chlorobenzenes and organochlorinated pesticides in vegetable soils from an industrial site, China[J]. Journal of Environmental Sciences, 24(3): 362-368.

Tarcau D, Cucu Man S, Boruvkova J, et al. 2013. Organochlorine pesticides in soil, moss and tree-bark from North-Eastern Romania[J]. Science of the Total Environment, 456: 317-324.

Tsigouri A, Tyrpenou A. 2000. Determination of organochlorine compounds (OCPs and PCBs) in fish oil and fish liver oil by capillary gas chromatography and electron capture detection[J]. Bulletin of Environmental Contamination and Toxicology, 65: 244-252.

USEPA. 2020. Superfund remedy report[OL]. 16th Edition. https://www.epa.gov/sites/default/files/2020-07/documents/100002509.pdf.

van den Berg, M, Birnbaum, L S, Bosveld, A T C, et al. 1998. Toxic equivalency factors (TEFs) for PCBs, PCDDs, PCDFs for humans and wildlife[J]. Environmental Health Perspectives, 106 : 775-792.

Walden T, Spence L. 1997. Risk based BTEX screening criteria for a groundwater irrigation scenario[J]. Human and Ecological Risk Assessment, 3: 699-722.

Wang C, Zhu L, Zhang C. 2015. A new speciation scheme of soil polycyclic aromatic hydrocarbons for risk assessment[J]. Journal of Soils and Sediments, 15(5): 1139-1149.

Wang J, Chen S, Tian M, et al. 2012. Inhalation cancer risk associated with exposure to complex polycyclic aromatic hydrocarbon mixtures in an electronic waste and urban area in South China[J]. Environmental Science & Technology, 46: 9745-9752.

Wang W, Ru S, Wang L, et al. 2020. Bisphenol S induces ectopic angiogenesis in embryos via VEGFR2 signaling, leading to lipid deposition in blood vessels of larval zebrafish[J]. Environmental Science & Technology, 54(11): 6822-6831.

Wang Z, Cousins I T, Scheringer M, et al. 2014. Global emission inventories for C_4-C_{14} perfluoroalkyl carboxylic acid (PFCA) homologues from 1951 to 2030, Part I: Production and emissions from quantifiable sources[J]. Environment International, 70: 62-75.

Wells P G., McCallum G P, Lam K, et al. 2010. Oxidative DNA damage and repair in teratogenesis and neurodevelopmental deficits[J]. Birth Defects Research Part C-Embryo Today-Reviews, 90: 103-109.

Willett K L, Ulrich E M, Hites R A. 1998. Differential toxicity and environmental fates of hexachlorocyclohexane isomers[J]. Environmental Science & Technology, 32: 2197-2207.

Wu X, Zhu L Z. 2016. Evaluating bioavailability of organic pollutants in soils by sequential ultrasonic extraction procedure[J]. Chemosphere, 156: 21-29.

Xing B, Pignatello J. 1997. Dual-mode sorption of low-polarity compounds in glassy poly (vinyl chloride) and soil organic matter[J]. Environmental Science & Technology, 31: 792-799.

Xing B, Pignatello J, Gigliotti B. 1996. Competitive sorption between atrazine and other organic compounds in soils and model sorbents[J]. Environmental Science & Technology, 30(8): 2432-2440.

Xing Y, Lu Y, Dawson R, et al. 2005. A spatial temporal assessment of pollution from PCBs in China[J]. Chemosphere, 60: 731-739.

Yan Z, Liu Y, Zhang T, et al. 2022. Analysis of microplastics in human feces reveals a correlation between fecal microplastics and inflammatory bowel disease status[J]. Environmental Science & Technology, 56(1): 414-421.

Yang S, Carlson K. 2004. Routine monitoring of antibiotics in water and wastewater with a radioimmunoassay technique[J]. Water Research, 38: 3155-3166.

Yang W, Hong P, Yang D, et al. 2021. Enhanced Fenton-like degradation of sulfadiazine by single atom iron materials fixed on nitrogen-doped porous carbon[J]. Journal of Colloid and Interface Science, 597: 56-65.

Zarus G M, Muianga C, Hunter C M, et al. 2021. A review of data for quantifying human exposures to micro and nanoplastics and potential health risks[J]. Science of the Total Environment, 756: 144010.

Zhang H Y, Wang Y W, Sun C, et al. 2014. Levels and distributions of hexachlorobutadiene and three chlorobenzenes in biosolids from wastewater treatment plants and in soils within and surrounding a chemical plant in China[J]. Environmental Science & Technology, 48: 1525-1531.

Zhang G, Li J, Cheng H, et al. 2007.Distribution of organochlorine pesticides in the Northern South China Sea: Implications for land outflow and air-sea exchange[J]. Environmental Science & Technology, 41: 3884-3890.

第二章 建设用地土壤污染风险评估

《中华人民共和国土壤污染防治法》（2018 年 8 月 31 日第十三届全国人民代表大会常务委员会第五次会议通过）第三条规定："土壤污染防治应当坚持预防为主、保护优先、分类管理、风险管控、污染担责、公众参与的原则。"我国土壤污染防治坚持分类管理和风险管控原则，是在汲取了国外几十年土壤污染治理与修复的经验和教训下，适应我国国情的最佳选择。

建设用地健康风险评估是我国土壤污染防治体系关键环节，向上承接建设用地土壤污染调查，在污染场地土壤污染状况调查基础上，根据地块规划，结合地块涉及敏感受体、污染物、建筑物等特征参数，定量评估人体健康风险，确定污染场地修复、管控目标和范围等基本要求；向下支撑后续地块土壤污染修复治理和风险管控。本章将系统介绍建设用地健康风险评估发展历程，阐述开展建设用地土壤污染风险评估的方法和技术要求，将生物有效性分析纳入土壤污染风险评估方法中。

第一节 建设用地健康风险评估发展历程

一、建设用地健康风险评估内涵

1983 年美国国家科学院（National Academy of Sciences, NAS）在《联邦政府的风险评价：管理程序》中定义健康风险评估为："健康风险评估是描述人类暴露于环境危害因素后，出现不良健康效应的特征。"它包括若干要素：以毒理学、流行病学、环境监测和临床资料为基础，决定潜在的不良健康效应的性质；在特定暴露条件下，对不良健康效应的类型和严重程度作出估计和外推；对不同暴露强度和时间条件下受影响的人群数量和特征给出判断；以及对所存在的公共卫生问题进行综合分析。健康风险评价的另一个特征，是在整个评价过程中每一步都存在着一定的不确定因素。美国材料与试验协会（American Society for Testing and Materials，ASTM）的 ASTM E-2081 导则定义风险评估是为了保护人群健康与环境安全而对场地释放污染物所实施的基于风险的矫正行为，该行为包含对污染物释放预测和评估的决策过程。

《联邦政府的风险评价：管理程序》将健康风险评价的主要内容概述为四个步骤：危害识别、剂量-反应评估、暴露评估和风险表征，该理论目前在各国已得到广泛认可和应用。风险评估是一种科学的、灵活的、因地制宜的、具有可操作性的技术方法，污染物跨介质迁移解析模型与暴露模型融合是风险评估技术的理论基础，通过掌握污染场地的污染物特征参数、场地特征参数、受体特征参数、建筑物特征参数，结合场地土地、地下水利用类型和生态环保目标，定性和定量化评估场地污染风险是否可以接受，同时计算基于场地污染特征和未来利用方式的修复目标，衡量该场地污染程度并决定污染修复终点。

目前，基于风险的环境评估体系已被美国、英国等众多发达国家广泛应用，也是我国土壤与地下水环境管理走向绿色可持续的必然发展方向。在环境健康领域，土壤污染风险（soil contamination risk）通常指污染土壤对人体健康和生态环境造成有害影响的可能性。我国根据土壤用途不同将土壤污染风险划分为农用地和建设用地两类分别管理，其中，建设用地土壤污染风险（soil contamination risk of land for construction）指建设用地上居住、工作人群长期暴露于土壤污染物中，因慢性毒性效应或致癌效应而对健康产生的不利影响（中华人民共和国生态环境部，2022）。我国建设用地健康风险评估（health risk assessment of land for construction）是指在土壤污染状况调查的基础上，分析场地土壤和地下水中污染物对人群的主要暴露途径，评估污染物对人体健康的致癌风险或危害水平（中华人民共和国生态环境部，2019）。

二、国内外健康风险评估发展历程

健康风险评估最早出现在 20 世纪 30 年代，当时主要采用毒物鉴定法进行定性分析。1940 年，健康风险评估概念最初由 Lewis C. Robbins 提出，20 世纪 60 年代，毒理学家们开始在低浓度暴露环境中研究健康风险评估（韩冰，2006；刘柳等，2013）。

20 世纪 70 年代，美国爆发的拉夫运河事件极大程度上促进了健康风险评估的发展，针对污染场地健康风险评估研究迈入高峰。在此基础上，美国环境保护署（United States Environmental Protection Agency，USEPA）制定和颁布了风险评价相关系列技术指南和手册，包括《致癌风险评价指南》《暴露风险评估指南》《超级基金污染场地健康风险评价手册》等（USEPA，1986，1988，2004）。1998 年，美国材料与试验协会（ASTM）提出了著名的场地风险评价模型 RBCA（Risk-Based Corrective Action），并于 2000 年发布《基于风险的矫正行动技术导则》（Standard Guide for Risk-Based Corrective Action，ASTM E2081）（ASTM，2000），该导则已被美国 40 多个州采纳实施。1996 年，USEPA 发布基于污染土壤健康风险评估方法确定土壤筛选值的技术导则《Soil Screening Guidance: User's Guide》，2001 年对技术导则进行补充和完善，制定《区域性土壤筛选值》（Regional Screening Levels，RSLs），建立了基于健康风险（不考虑生态风险）评估方法，确定住宅、工业、商业等用地条件下土壤筛选值的技术体系（USEPA，1996a，1996b，2001a，2010）。

继美国之后，英国、荷兰等欧洲国家的风险评估技术体系也开始相继建立。英国于 1992 年开始研究污染场地人体健康风险评估。2002 年，英国环境署（The United Kingdom Environment Agency，UKEA）发布了《污染土地暴露评估模型：技术基础和算法》《污染土地管理的模型评估方法》等系列技术文件（UKEA，2002），2008 年起对上述文件修订后发布了最新的《污染土地健康风险评估的技术方法》（UKEA，2008，2009a，2009b），并在此基础上开发了 CLEA（Contaminated Land Exposure Assessment）风险评估模型。英国建立了包括基于人体健康风险的土壤指导值（soil guideline values，SGVs）（UKEA，2009c）和基于生态风险的土壤筛选值（soil screening values，SSVs）（UKEA，2004）体系，SGVs 值是不可接受风险，SSVs 值对应重度风险，用以保护物种和重要的生态功能。

由于 SGVs 值较为严格,英国环境、食品及农村事业部(Department for Environment Food & Rural Affairs,DEFRA)于 2013 年委托英国污染场地实用组织(Contaminated Land Applications in Real Environments,CL: AIRE)制定了第四等级土壤筛选值(category 4 screening levels,C4SL)(CL: AIRE,2013)。1994 年,荷兰开始污染土壤健康风险评估研究,探索人群对土壤污染的暴露途径及模型评估方法,并用于保护人体健康的土壤筛选值的制定(Swartjes,2007)。荷兰开展风险评估的工具主要是 CSOIL 暴露评估模型和 VOLASOIL 模型(Otte et al.,2001;Waitzm et al.,1996),荷兰制定基于不同风险的土壤筛选目标值(target values)和干预值(intervention values),目标值基于保护 95% 的生态物种制定,干预值基于保护 50% 生态物种的生态干预值(ecological intervention values)和基于人体最大可接受风险计算的人体健康干预值(human intervention values,非致癌化合物设为 TDI,致癌化合物致癌风险为 10^{-4})中较小值制定。如果土壤污染调查环境介质中的污染物浓度小于目标值,则风险可接受;若介于目标值和干预值之间,可实施可持续的土地管理措施(sustainable land management),一般不采取修复措施;若污染物浓度超过干预值,则开展紧急性风险评估,决定是否采取修复等强制性措施(Carlon,2007;潘云雨等,2010)。

目前,美国已有 40 多年污染场地风险管理经验,以美国为首的欧美发达国家处于污染场地健康风险评估技术研究的领先地位,已系统建立了基于不同利用情景下污染场地的人体健康风险评估方法和体系,并广泛应用于实际污染场地风险管理工作中。

我国污染场地风险评估研究起步较晚,国内学者起初主要研究 RBCA、CLEA、CSOIL 等欧美发达国家常用的评估模型在我国的适用性,通过对国外风险评估流程及模型进行探讨,逐渐建立适应我国国情的污染场地风险评估体系(陈梦舫等,2011;吴以中等,2011;孙金华和马建华,2011)。2006 年,我国《污染场地风险评估技术导则》立项,2009 年中华人民共和国环境保护部发布导则征求意见稿,2014 年 2 月 19 日正式颁布《污染场地风险评估技术导则》(HJ 25.3—2014),并于 2014 年 7 月 1 日正式实施,2019 年为保障导则与《中华人民共和国土壤污染防治法》、《土壤污染防治行动计划》、《污染场地土壤环境管理办法(试行)》、《土壤环境质量　建设用地土壤污染风险管控标准(试行)》(GB 36600—2018)等文件的一致性和协调性,对导则中相关术语、风险评估推荐参数等内容进行更新和完善,于 2019 年 12 月 5 日正式发布和实施《建设用地土壤污染风险评估技术导则》(HJ 25.3—2019),该导则是目前我国开展建设用地污染场地土壤和地下水污染风险评估的主要依据(中华人民共和国生态环境部,2019)。

我国《建设用地土壤污染风险评估技术导则》主要参照美国环境保护署(USEPA)1996 年发布的《土壤筛选值导则》(USEPA,1996a)和美国材料与试验协会(ASTM)2000 年发布的《基于风险的纠偏标准指南》(ASTM,2000),适用于制定基于人体健康风险的建设用地土壤和地下水污染筛选值,该技术导则暂未包含污染物向场外迁移的情景以及基于保护水环境或生态环境的风险评估方法(陈梦舫等,2017)。近年来,我国部分省、直辖市也相继颁布了一些地方标准或技术导则用于指导各省市污染场地人体健康风险评估,包括北京市《建设用地土壤污染状况调查与风险评估技术导则》(DB11/T 656—2019)、浙江省《建设用地土壤污染风险评估技术导则》(DB33/T 892—2022)等,上述地方标准在《建设用地土壤污染风险评估技术导则》框架下，为衔接地方实际实施需要，主要对风险评估推荐参数作了调整，对风险评估程序和方法作了进一步细化。

基于人体健康风险评估，我国于 2018 年颁布实施了《土壤环境质量　建设用地土壤污染风险管控标准（试行）》（GB 36600—2018），制定了以保护人体健康为目标，在场地利用类型不同条件下（分为第一类用地、第二类用地），基于不同风险的建设用地土壤污染筛选值（risk screening values for soil contamination of land for construction，单一污染物致癌风险为 10^{-6} 和危害商为 1 两种条件下计算得到风险控制值的最小值）和建设用地土壤污染管控值（risk screening values for soil contamination of land for construction，单一污染物致癌风险为 10^{-5} 和危害商为 1 两种条件下计算得到风险控制值的最小值）。该标准在制定土壤污染筛选值和管控值时同时考虑土壤环境背景值、不同污染物理化性质和毒性、不同污染检测可行性等因素影响，最终确定适应我国现有国情的 85 种污染物在第一类用地和第二类用地情景下的土壤污染筛选值和管制值。若建设用地土壤污染物含量小于或等于筛选值，建设用地土壤污染风险一般情况下可以忽略；若污染物含量高于筛选值，则应当依据《建设用地土壤污染状况调查技术导则》（HJ 25.1）、《建设用地土壤污染风险管控和修复监测技术导则》（HJ 25.2）等标准及相关技术要求，开展详细调查；通过详细调查确定建设用地土壤中污染物含量等于或者低于风险管制值，应当依据《建设用地土壤污染风险评估技术导则》（HJ 25.3）等标准及相关技术要求，开展风险评估，确定风险水平，判断是否需要采取风险管控或修复措施；通过详细调查确定建设用地土壤中污染物含量高于风险管制值，对人体健康通常存在不可接受风险，应当采取风险管控或修复措施；建设用地若需采取修复措施，其修复目标应当依据《建设用地土壤污染风险评估技术导则》（HJ 25.3）、《建设用地土壤修复技术导则》（HJ 25.4）等标准及相关技术要求确定，且应当低于风险管制值（中华人民共和国生态环境部，2018）。

第二节　基于土壤污染物生物有效性风险评估

一、土壤污染物生物有效性风险评估方法

建设用地健康风险评估程序是一个多层次定性与定量相结合的评估体系，也是一个将污染物迁移及暴露模型相结合的综合体系，基于风险的建设用地（场地）管理的核心是以层次性风险评估为基础的风险决策流程（陈梦舫等，2017）。传统风险评估方法基于默认参数、简化模型和保守假设进行评估，不能准确地刻画健康风险，由此得到风险评估结果常常过于保守，而基于参数优化、模型更新及概率分析等手段的层次化风险评估方法得到的结果则更符合实际，更具灵活性和适用性（姜林等，2014b），能有效增加风险管理措施的科学性和可靠性。各国制定的风险评估一般分为多个层次，USEPA 于 1992年率先提出层次化风险评估方法，其工作程序和内容如图 2-1 所示。采用的参数和模型都为预设，层次越低，评估越保守且对人类和环境的保护程度越高，但不确定性因素也较多，环境标准相对较严，相应的修复成本较高；随着评估层次的深入，评估的复杂程度增加，需要调查的场地特征参数也增加，选择模型也更复杂，评估成本相应增加，但

不确定性下降，修复的费用可能会降低（袁贝等，2023）。

图 2-1　USEPA 风险评估流程图（USEPA，1992）

　　我国 HJ 25.1～HJ 25.3 系列导则主要采用第一、二层次风险评估框架。第一层次风险评估通过场地污染状况调查获得场地污染物种类、污染程度、污染范围、水文地质特征、场地暴露等场地特征参数，将各污染物含量与对应 GB 36600 标准规定的筛选值（GB 36600 未规定的，按照 HJ 25.3 规定的保守默认参数计算风险控制值作为筛选值）进行比较，来初步确定污染物是否具有风险和值得关注。第一阶段定量风险评估的目的在于筛选掉无风险或者低风险的污染物，而值得关注的污染物则进入第二层次定量风险评估。第二层次风险评估按照 HJ 25.3 规定的程序和方法开展，通过更新场地水文地质模型和暴露情景，应用场地特征参数和暴露参数，计算基于场地特征的风险控制值。我国某些水文地质或者污染较为复杂的场地可能进入第三层次风险评估，此阶段深入研究场地污染物在场地的污染成因、过程和机制，并与场地后续开发利用计划深入结合，通过校正 HJ 25.3 模型参数和算法，开展更为精细化的风险评估，科学计算基于场地特点的修复目标值，保证修复目标值在场地全生命周期管理中的可行性。

　　2021 年 12 月，我国生态环境部、自然资源部等七部委联合印发《"十四五"土壤、地下水和农村生态环境保护规划》（环土壤〔2021〕120 号），明确开展有关土壤污染物生态毒理、污染物在土壤中迁移转化规律、土壤污染风险评估涉及的模型和关键暴露参数等基础研究；将土壤中铅、砷等污染物生物有效性测试和验证方法研究纳入国家科技计划（专项基金等）。2022 年生态环境部发布《建设用地土壤污染修复目标值制定指南（试行）》（环办土壤函〔2022〕488 号），提出针对土壤中挥发性有机物等以呼吸吸入为主要暴露途径的污染物，可开展土壤气浓度或挥发通量测试，选择基于土壤气浓度或挥发通量的风险评估方法推导土壤修复目标值；针对土壤中重金属与半挥发性有机物等以经口摄入为主要暴露途径的污染物，可开展人体有效性测试，结合测试结果推导土壤修复目标值。2023 年 11 月，由江苏省环境工程技术有限公司组织制定的团体标准《建设用地土壤污染物的人体生物有效性分析与应用技术指南》（T/JSSES 33—2023）（附录 1）

等系列标准由江苏省环境科学学会正式发布，文件提供了建设用地土壤污染物的生物有效性分析与应用的原则、程序、测定、成本效益分析、风险评估及风险计算值等指导要求，明确了土壤污染物镉、铅、多氯联苯、全氟辛酸和全氟辛烷磺酸人体生物有效性测定方法，标志着我国已正式进入污染场地人体健康多层次风险评估阶段。

二、基于生物有效性分析在场地风险管理中的应用

生物有效性概念的引入可以减少人类和生态风险暴露评估中的不确定性，目前主要采用体外胃肠模拟实际暴露水平，以预测污染物在人体内的生物有效性。体外胃肠模拟方法主要包括唾液、胃相和肠相等生理模拟，通常认为污染物在口腔中停留时间相比于在胃肠中停留时间可忽略。体外模拟方法可以通过化学手段模拟与体内类似的环境以及消化时间。

目前，国内外对土壤重金属生物有效性研究较为完善，土壤中重金属环境效应的研究已经从重金属总量/形态指标转向重金属生物有效性指标。重金属在土壤中存在形态十分复杂，可以通过吸附、络合等作用在土壤中存在，特别是有些重金属离子大部分存在于土壤矿物晶格中，同时重金属还可以通过氧化还原作用在土壤中以多种价态存在，如图 2-2。重金属污染主要通过经口摄入、呼吸吸入土壤颗粒等暴露途径影响人体健康。土壤中重金属在不同场地条件下会表现出不同的形态和环境行为，土壤 pH、有机质含量等性质是土壤重金属形态转化的重要影响因素，pH 通过改变重金属的吸附位、存在形态及吸附表面稳定性等影响土壤重金属的环境行为；土壤有机质通过提高 pH、吸附固定重金属、参与离子交换反应等过程来改变土壤重金属的迁移性和有效性（Guan et al., 2011）。

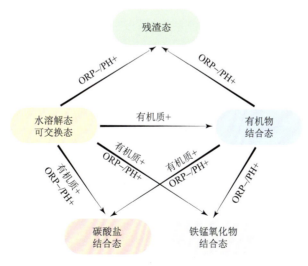

图 2-2　重金属形态转化及其影响因素示意图

对于特定重金属污染物，可以采用数学模型评估方法。以铅为例，铅的性质稳定，降解难度大，其毒性主要作用于人体的胎盘和神经，阻碍血细胞形成。铅通常通过肠道和呼吸道进入人体，再经主动运输和被动扩散两种方式由小肠和肺泡吸收进入血液，之

后一部分沉积于骨骼，另一部分随血液分布到全身各器官和组织，从而产生毒性作用。由于儿童对铅暴露环境特别敏感，通常采用儿童血铅浓度作为铅暴露水平的生物标志物。目前，被广泛认可和接受的铅的人体健康风险评估模型是 USEPA 开发的成人血铅（ALM）模型及儿童铅综合暴露吸收生物动力学（IEUBK）模型。IEUBK 模型由暴露、吸收、生物动力学及概率 4 部分组成。模型假设儿童血铅水平呈正态分布，在考虑铅在土壤中的相对生物有效性基础上，通过收集不同途径儿童铅暴露信息，相对准确地预测其暴露水平及超过临界浓度的概率。该模型可用于预测儿童（7 岁以下）暴露于含铅的土壤、灰尘、空气、食物、饮用水和其他污染源时的血铅浓度，预测儿童暴露在含一定量铅的环境中"铅中毒"的可能性，预测土壤、空气和水中的铅去除水平，以使儿童安全生活。血铅模型参数直接影响计算结果的准确性，血铅模型参数本土化是目前主流研究方向。

　　重金属的生物毒性与其在土壤中的赋存形态密切相关，不同价态的重金属毒性差异巨大，水溶态和交换态的土壤重金属污染具有更大的迁移性和生物可利用性（雷鸣等，2007；雷国龙等，2020）。目前，我国在测定土壤中重金属等污染物时，通常仅测量重金属离子的总量，并将其作为最终暴露浓度。然而，这种方法尚未充分考虑重金属的赋存形态、土壤性质等因素对实际污染的影响。实际上，当污染土壤颗粒进入人体后，重金属也并非会完全析出。此外，不同重金属在消化道中被人体吸收的量也存在一定的差异性，因此所得风险评估结果通常较为保守。Ruby 等（1999）研究发现，基于土壤中污染物总量评估重金属和半挥发有机物风险的结果过于保守。

　　经口摄入暴露途径是土壤中重金属影响人体健康的主要途径之一，随土壤经口摄入的重金属在经历了土壤基质、土壤溶液和生物体间迁移转化的环境生物有效性过程后进入血液循环系统，之后再随血液流动到达靶器官进而使其产生病变。在重金属进入人体胃肠的迁移过程中，土壤与重金属离子、重金属之间或重金属与胃液的相互作用会使得污染物无法被生物体获得，或者以沉淀等不可获得的形式存在，导致在胃液和肠液中能够溶解的重金属含量（有效量）降低。人体摄入土壤中重金属胃肠溶解量占总量的百分比就是生物有效性，即溶解在胃肠液中能被潜在吸收的部分，是土壤重金属人体健康风险评估中一个关键指标（姜林等，2014a）。而被胃肠消化吸收的重金属又经过代谢排泄才到达靶器官产生病变，则实际能对人体产生危害的重金属含量（有效量）将小于可给量。由于有效量要通过活体动物试验进行测试，周期长、成本高，还涉及伦理问题，而可给量主要通过体外胃肠模拟实验进行测试分析，具有成本低、周期短、易于控制等优点，是当前主流研究方向。Ruby 等（1996）和 Wragg 等（2011）开发了体外模拟人体胃肠消化过程的可给性测试方法。结合生物有效性和生物标志物分析重金属迁移转化、评估健康效应是当前的主要研究方向（袁贝等，2023）。

　　国际上用于测定有机污染物经口摄入的生物有效性体外模型主要有：生理基础提取法（physiologically based extraction test，PBET）（Wragg et al.，2011）、欧洲研究小组统一法（the unified barge method，UBM）（Oomen et al.，2002）、英国地理学会研究法（simplified bioaccessibility extraction test，SBET）（Tang et al.，2018）以及溶解度/生物有效性研究联合会方法（the solubility/bioavailability research consortium，SBRC）（USEPA，

2001b）等，具体方法以及国内外发布的有关基于人体生物有效性风险评估技术指南将在第三章至第五章中详细介绍。

通过结合危害识别、暴露评估、毒性评估，并基于风险表征的基础上，判断计算得到场地的风险值是否超过可接受风险水平。若风险评估结果未超过可接受风险水平，则结束风险评估工作；若场地风险评估结果超过可接受风险水平，则计算土壤、地下水中关注污染物的风险控制值；若调查结果表明，土壤中关注污染物可迁移进入地下水，则计算保护地下水的土壤风险控制值。根据计算结果，提出关注污染物的土壤和地下水风险控制值。

应用生物有效性进行风险评估时，需要相应地对基于非致癌效应的土壤风险控制值进行调整[式（2-1）]：

$$HC_s=AHQ\times RfD/(DI\times BA) \qquad (2-1)$$

式中，HC_s 为基于经口摄入土壤途径非致癌效应的土壤风险控制值（mg 污染物/kg 土壤）；AHQ 为可接受危害商，无量纲，取值为 1；RfD 为参考剂量[mg 污染物/（kg 体重·d）]；DI 为日均经口摄入土壤暴露量[kg 土壤/（kg 体重·d）]；BA 为生物有效性（%）。

应用生物有效性进行风险评估时，需要相应地对基于致癌效应的土壤风险控制值行调整 [式（2-2）]：

$$RC_s=ACR/(CSF\times DI\times BA) \qquad (2-2)$$

式中，RC_s 为基于经口摄入土壤途径致癌效应的土壤风险控制值（mg 污染物/kg 土壤）；ACR 为可接受致癌风险，无量纲，取值为 10^{-6}；CSF 为癌症斜率因子；DI 为日均经口摄入土壤暴露量[kg 土壤/（kg 体重·d）]；BA 为生物有效性（%）。

将基于污染物形态和生物有效性计算可接受风险水平条件下目标污染物的修复目标值及工程量，与传统风险评估方法所获相应结论进行定量比较，在绿色可持续理念框架指导下，系统分析污染场地调查评估与修复目标值及工程量，从而确定阶段开展生物有效性分析所产生的环境、经济效益。

参 考 文 献

陈梦舫, 韩璐, 罗飞. 2017. 污染场地土壤与地下水风险评估方法学[M]. 北京: 科学出版社.

陈梦舫, 骆永明, 宋静, 等. 2011. 中、英、美污染场地风险评估导则异同与启示[J]. 环境监测管理与技术, 23(3): 14-18.

韩冰. 2006. 地下水有机污染场地健康风险评价[D]. 北京: 中国地质大学（北京）.

姜林, 彭超, 钟茂生, 等. 2014a. 基于污染场地土壤中重金属人体可给性的健康风险评价[J]. 环境科学研究, 27(4): 406-414.

姜林, 钟茂生, 张丽娜, 等. 2014b. 基于风险的中国污染场地管理体系研究[J]. 环境污染与防治, 36(8): 1-10.

雷国龙, 付全凯, 姜林, 等. 2020. 基于土壤汞形态归趋的健康风险评估方法[J]. 环境科学研究, 33(3): 728-735.

雷鸣, 廖柏寒, 秦普丰. 2007. 土壤重金属化学形态的生物可利用性评价[J]. 生态环境, 16(5): 1551-1556.

刘柳, 张岚, 李琳, 等. 2013. 健康风险评估研究进展[J]. 首都公共卫生, 7(6): 264-268.

潘云雨, 宋静, 骆永明. 2010. 基于人体健康风险评估的冶炼行业污染场地风险管理与决策流程[J]. 环境监测管理与技术, 22(3): 55-61.

孙金华, 马建华. 2011. 污染场地健康风险评价述评[J]. 气象与环境科学, 34(4): 72-78.

吴以中, 唐小亮, 葛滢, 等. 2011. RBCA 和 Csoil 模型在挥发性有机物污染场地健康风险评价中的应用比较[J]. 农业环境科学学报, 30(12): 2458-2466.

袁贝, 杜平, 李艾阳, 等. 2023. 污染地块层次化风险评估发展历程与研究进展[J]. 环境科学研究, 36(1): 19-29.

中华人民共和国生态环境部. 2018. 土壤环境质量建设用地污染风险管控标准（试行）: GB 36600—2018 [S/OL].

中华人民共和国生态环境部. 2019. 建设用地土壤污染风险评估技术导则: HJ 25.3—2019[S/OL].

中华人民共和国生态环境部. 2022. 土壤环境词汇: HJ 1231—2022[S/OL].

ASTM. 2000. Standard Guide for Risk-Based Corrective Action for Protection of Ecological Resources[S].

Carlon C. 2007. Derivation methods of soil screening values in Europe: A review and evaluation of national procedures towards harmonization. Ispra: European Commission [S/OL]. Joint Research Centre, EUR 22805-EN. 306.

CL:AIRE. 2013. Development of category 4 screening levels for assessment of land affected by contamination. Final Report-SP1010[R]. Contaminated Land Application in a Real Environment.

Guan T X, He H B, Zhang X D, et al. 2011. The methodology of fractionation analysis and the factors affecting the species of heavy metals in soil[J]. Chinese Journal of Soil Science, 42(2): 503-512.

Ministerie van volkshursvesting. 2011. Rumtelyke orderning en milieubeheer (VROM)[EB/OL]. http://www rijksoverheid. nl/ministeries/vrom.

NAS. 1983. Risk assessment in the federal government: Managing the process [R]. Washington DC: National Academy Press.

Oomen R J F J, Doeswijk-Voragen C H L, Bush M S, et al. 2002. In muro fragmentation of the rhamnogalacturonan I backbone in potato (*Solanum tuberosum* L.) Results in a reduction and altered location of the galactan and arabinan side-chains and abnormal periderm development[J]. The Plant Journal, 30(4): 403-413.

Otte P F, Lijzen J P A, Otte J G, et al. 2001. Evaluation and revision of the CSOIL parameter set (RIVM report711701021)[J]. Netherlands: National Institute for Public Health and the Environment, 17-77.

Ruby M V, Davis A, Schoof R, et al. 1996. Estimation of lead and arsenic bioavailability using a physiologically based extraction test[J]. Environmental Science & Technology, 30(2): 422-430.

Ruby M V, Schoof R, Brattin W, et al. 1999. Advances in evaluating the oral bioavailability of inorganics in soil for use in human health risk assessment[J]. Environmental Science & Technology, 33(21): 3697-3705.

Soil Remediation Circular 2009 [EB/OL]. 2010. VROM, Duteh, http://international. vrom. n1/37765.

Swartjes F A. 2007. Insight into the variation in calculated human exposure to soil contaminants using seven different european models[J]. Integrated Environmental Assessment and Management, 3(3): 322-332.

Tang W, Xia Q, Shan B, et al. 2018. Relationship of bioaccessibility and fractionation of cadmium in long-term spiked soils for health risk assessment based on four in vitro gastrointestinal simulation models[J]. Science of the Total Environment, 631-632: 1582-1589.

UKEA. 2002. The contaminated land exposure assessment (CLEA) model: Technical basis and algorithms (CLR10)[EB/OL]. London: the Environment Agency.

UKEA. 2004. Soil screening values for use in UK ecological risk assessment[R]. London: The Environment Agency: R&D Technical Report.

UKEA. 2008. Compilation of data for priority organic pollutants for derivation of soil guideline values: SC050021/SR7[R]. London: the Environment Agency.

UKEA. 2009a. Human health toxicological assessment of contaminants in soil: SC050021/SR2[R]. London: The Environment Agency.

UKEA. 2009b. Updated technical background to the CLEA Model: SC050021/SR3[R]. London: The Environment Agency.

UKEA. 2009c. Using soil guideline values[EB/OL]. London: the Environment Agency.

USEPA. 1986. Guideline for carcinogen risk assessment [S]. Federal Register, 51(185): 33092-34003.

USEPA. 1988. Superfund exposure assessment MI: EPA/540/1-88/001[S/OL]. Washington, DC: USEPA.

USEPA. 1992. Guidelines for exposure assessment [S]. Washington, DC: USEPA.

USEPA. 1996a. Soil screening guidance. Users-guide: EPA540R-96-018[S/OL]. Washington, DC: USEPA.

USEPA. 1996b. Soil screening guidance: Technical background document, second edition (TBD): EPA/540/R-95/128[S/OL]. Washington DC: Office of Emergency and Remedial Response.

USEPA. 2001a. NATO committee on challenges to modern society: NATO/CCMS pilot study evolution of demonstrated and emerging technologies for the treatment and clean up of contaminated land and groundwater//Bardos R P,Sullivan T. Phase III 2000 special session decision support. NATO/CCMS Report No 245. EPA Report: 542-R-01-002[S/OL]. Washington, DC: USEPA.

USEPA. 2001b. Risk assessment guidance for superfund: Volume III-Part a, process for conducting probabilistic risk assessment [S]. Washington, DC: US Environmental Protection Agency.

USEPA. 2004. Risk assessment guidance for superfund volume I: Human health evaluation manual (Part E). [R/OL]. Washington, DC: USEPA, Final Report EPA/540/R/99/005.

USEPA. 2010. Regional screening level for chemical contaminants [EB/OL]. Washington, DC: USEPA.

Waitzm F W, Freijer J I, Kreule P, et al. 1996. The vola-soil risk assessment model based on CSOIL for soils contaminated with volatile compounds[R/OL]. Netherlands: National Institute for Public Health and the Environment, 49-109.

Wragg J, Cave M, Basta N, et al. 2011. An inter-laboratory trial of the unified BARGE bioaccessibility method for arsenic, cadmium and lead in soil[J]. Science of the Total Environment, 409(19): 4016-4030.

第三章　土壤重金属的人体生物有效性测试方法

受生物靶器官、重金属赋存形态、摄食的种类和状态、土壤基质及环境因素等影响，土壤中的重金属只有一部分的形态能作用于生物体内并发生相关生理反应后产生毒性，因此用土壤重金属总浓度进行风险评估可能会导致得到的风险偏高。为更加准确地评估土壤重金属对人体造成的健康风险，国内外对土壤中重金属的生物有效性进行了大量研究，并形成了体内实验与体外实验为代表的两种生物有效性测试方法。其中，活体动物体内实验是测定土壤中重金属生物有效性最直接和准确的方式，但难以大面积应用到污染场地重金属的生物有效性评价中。为克服体内实验的弊端，基于人体胃肠消化相关参数进行设计的体外方法备受关注，国外主要有生理提取实验（PBET）、德国标准化学会法（DIN）、体外胃肠模拟法（IVG）等。本章节将详细介绍土壤重金属的人体生物有效性体内和体外测试方法。

第一节　体 内 实 验

对于污染土壤中重金属生物有效性的测定，采用活体动物进行实验是最为有效的方法，能够直接反映生物体对土壤重金属的富集程度，测定结果较为准确。随着生物有效性概念的普及，部分国家逐渐接受生物有效性对人体暴露土壤重金属的影响，开展了一系列测定生物有效性的实验（表 3-1）。

表 3-1　污染土壤中重金属的生物有效性研究

元素	浓度/（mg/kg）	样品数	物种	生物靶器官	生物有效性/%	参考文献
Pb	1270～14200	19	猪	肝、肾、骨	6～105	Casteel 等（2006） Casteel 等（1997）
	1270～14200	11	猪	血液	1～90	Schroder 等（2004）
	1270～14200	19	猪	血液	1～105	Drexler 和 Brattin（2007）
	576～2248	12	鼠	血液	10～89	Smith 等（2011）
	1630～40214	16	猪	肾、肝、骨	6～100	Denys 等（2012）
	214～25329	12	鼠	血液	7～84	Li 等（2015a）
As	233～1460	5	猪	尿液	6.2～43	Rodriguez 等（1999）
	101～329	5	猴子	血液	11～25	Roberts 等（2002）
	42～1114	12	猪	血液	7～81	Juhasz 等（2007）
	125～1492	14	猴	尿液	5～28	Roberts 等（2007）
	182～4495	15	鼠	尿液	11～52	Bradham 等（2011） Bradham 等（2013）
	36～4172	12	鼠	血液	6.4～73	Li 等 （2015b）
Cd	11.2～267	7	鼠	肝、肾	7～115	Juhasz 等（2010）
	20～184	16	猪	肝、肾、骨	12～89	Denys 等（2012）

在人类临床药物动力学研究中,灵长类动物与人体的生物结构和生理反应高度相似,是比较常用的动物模型。对于灵长类动物,有研究表明其通过口腔暴露砷酸钠标准物质后的排泄物中砷含量与人类相差无几。因此,在研究土壤中重金属的相对生物有效性时,灵长类动物被认为是最理想的动物模型。但是,作为一项长期工作,使用猴子这类灵长类动物的成本过高,且有悖道德伦理,因此这一类模型不被建议使用。幼猪因与人类在体重、生物结构和消化代谢等方面具有较高的相似性,成为众多动物模型中相对理想的选择,从而被广泛用作测定重金属相对生物有效性的动物模型。同时,猪属于杂食性动物,对一些营养元素的需求与人类相似。所以,猪模型一度被认为是研究生物有效性的最佳模型。然而,从实际出发,考虑到猪的饲养周期较长且成本较高,其适用性与灵长类动物相比同样不高。

与猴子和幼猪等其他动物相比,小鼠在成本方面占据优势,更加经济,实验过程中容易操作,饲养成型的周期短,可以在实验室大规模地饲养以用于研究生物有效性。小鼠模型在生理结构和代谢水平方面与人体的相似度不如幼猪和猴子,但重金属在生物机体内的分布与人体是相似的。已有大量实验研究是使用小鼠作为生物模型进行生物有效性的测定,Bradham 等(2013)对小鼠进行 15 天的暴露,使用小鼠的尿液作为生物指标物,测定了污染土壤中砷的相对生物有效性。Li 等(2015)使用单次灌胃的方法,以小鼠的血液作为生物指标物,测定了污染土壤中铅的相对生物有效性。Juhasz 等(2011)使用小鼠模型进行长期暴露,以肝和肾作为生物指标测定了污染土壤中镉的相对生物有效性。Li 等(2016)使用小鼠模型测定了 38 个中国城市土壤中铅的生物有效性,这是目前为止用活体实验单次测定土壤个数最多的研究。采用小鼠模型进行生物有效性的测定具有经济性、可操作性等特征,适合后期大规模的推广与应用。

第二节 体 外 实 验

生物有效性的研究通常会选择动物模型进行体内实验(in vivo),但大部分动物模型的饲养周期较长,从而导致实验的时间、经济成本增加,有时还会受伦理问题的制约,社会舆论压力较大,因此,在数据的获取和分析过程中干扰因素比较多,这也限制了体内实验在生物有效性研究方面的大规模应用的潜力。在有关体内实验测定生物有效性的多重阻力之下,各国科学家们开始关注与生物有效性有一定关联的生物可给性,发明了多种更加简单、便捷的体外方法用来代替体内实验方法。体外方法最初建立是用来预测铁的吸收和食物中铁营养学方面的评估。随后这些体外方法被用来评估消化道途径铅的生物有效性,并证实了体外方法有可以关联体内实验结果的潜力。

通过不断完善体外方法代替体内方法,可有效提升体外模拟方法测定生物有效性的准确度。目前,国外用于模拟体内实验的方法有 UBM(unified bioaccessibility method)、IVG(in vitro gastrointestinal)、PBET(physiologically based extraction test)、SHIME(simulator of the human intestinal microbial ecosystem)、SBRC(solubility bioavailability research consortium)、DIN(Deutsches Institute für Normung)等多方法(表 3-2)。对于上述方法不能简单判断其好坏,每种方法都有其特定的理论基础和适用对象,方法的选

择取决于研究目的、研究对象、操作条件等因素。目前，SBRC、UBM、PBET、DIN、IVG 和 SHIME 等体外实验方法已被广泛应用于土壤中重金属生物有效性的研究。

表 3-2　部分用于土壤重金属体外模拟方法信息对照表

方法简称	体外方法全称	所属国家/地区
PBET	physiologically based extraction test	美国
SBRC	solubility bioavailability research consortium	欧洲
IVG	in vitro gastrointestinal	荷兰
UBM	unified bioaccessibility method	欧洲
DIN	Deutsches Institute für Normung	德国
SHIME	simulator of the human intestinal microbial ecosystem	比利时

一、生理提取实验（PBET）

PBET 方法是基于生理学的提取实验，以测定食物中铁的生物有效性的方法作为基础，最终由 Ruby 创建消化液的组成成分并完善适用的实验条件（Ruby et al.，1996，2002）。此方法在模拟胃相消化时，将胃蛋白酶和有机酸加入其中，在模拟肠相时，考虑到胃肠消化系统的连贯性，将胆汁和胰液素加入到胃液中，模拟从胃相消化液到肠相消化液的转化。将得到的生物有效性数据与动物模型活体实验获得的生物有效性数据比较后发现，模拟条件完善后的 PBET 方法能够比较准确地预测土壤中铅的生物有效性。

二、德国标准化学会法（DIN）

DIN 方法是由德国科学家发明建立的（Hack and Selenka，1996），与其他常见的体外方法相比，它考虑添加了模拟进食状态对生物有效性的影响，并在模拟液中添加了有机酸和无机盐，此方法不仅能用来测定土壤中重金属的生物有效性，也被德国官方规定为测定土壤中有机和无机污染物生物有效性的标准方法。

三、体外胃肠模拟法（IVG）

IVG 方法是 Rodriguez 提出的体外模拟方法（Rodriguez et al.，1999），该方法简化了胃液成分，在模拟过程中加入了生面团，并参考了人类胃蛋白酶相关文献，增加了胃蛋白酶浓度，缩短了肠液提取时间。此方法测得的土壤砷有效性数据与用动物模型体内实验得到的生物有效性结果拟合程度较高，相关性较好。

四、统一生物可给性测试方法（UBM）

UBM 方法是由欧洲生物可利用性研究小组于 2011 年提出的（Wragg et al.，2011），模拟液的成分更加复杂，且增加了唾液相，进一步考虑口腔阶段的相关生化指标作用效果，旨在建立一套结果更准确、普适性更强的土壤中重金属生物可利用性的研究方法。

五、人体肠道微生物生态系统模拟器（SHIME）

SHIME 方法将生物有效性的侧重点定位在肠相，对肠相模拟时分为升结肠、横结肠和降结肠 3 个部分进行研究，与上述其他方法不同的是它在肠相模拟阶段设计引入微生物对污染物生物有效性的作用（Molly et al., 1993）。

每一种体外方法在设计之时发明者们都结合了人体胃肠道消化系统中各器官作用场景及工作时间（表 3-3），在此基础理论之上明确各方法的适用范围。比如 PBET 和 IVG 法是基于人体生理原理设计的，美国等多数地区使用 SBRC 法是因为该方法得出的结果更适合用于风险评价中。事实上，全球范围内并没有规定针对哪种土壤重金属应该使用哪一种体外方法进行实验测定其生物有效性，体外方法的选择主要还是取决于研究对象和目的。

表 3-3　人体胃肠道消化系统相关参数

消化顺序	消化部位	消化停留时间	pH
1	口腔	10～120s	6.5
2	胃部	8～15min（空腹状态）	1～2
		0.5～3h（进食状态）	2～5
3	十二指肠	0.5～0.75h	4～4.5
	空肠	1.5～3h	5.5～7
	直肠	5～7h	7～7.5
4	结肠	15～60h	6～7.5

尽管体外方法都尽量模拟污染物通过口腔进入胃肠道后所遇到的环境，但不同方法间的差异性还是比较明显的。比如 SBET 和 SBRC 的胃相主要用甘氨酸缓冲液调节 pH 到 1.5 模拟人体胃部所遇到的酸性环境；而 UBM 的胃相在模拟酸性环境的同时还考虑到了无机盐所组成离子强度和胃部所存在带有活性的酶类；PBET 还在胃部加入了一定有机酸类。另外它们模拟的固液比、提取时间和不同相位的 pH 也有一定的差异性。尽管它们在提取参数上存在着一定的差异，但这些方法的结果与体内的结果都有很好的相关性。基于体内结果的验证，这些模型被认为可以用来代替体内方法来预测相对生物有效性。

不同的体外方法是根据不同的土壤类型进行体内验证的，比如 UBM 是基于欧洲典型污染的土壤，而 SBRC 则更多被应用于美国和澳大利亚。土壤的性质是影响重金属生物有效性的重要因素，基于不同土壤特性研发的体外方法可能存在不兼容的情况。研究表明，不同体外方法测定的砷的生物有效性存在显著差异。从胃相阶段的比较来看，SBRC 中砷的生物有效性最高，而 PBET 的胃相中砷的生物有效性最低。这主要是由于它们的 pH 值不同：胃相的 pH 值越低，溶解出的砷含量越高。而从胃到肠，除了 PBET 外，其生物有效性往往有明显的降低，这主要是因为 PBET 中存在的有机酸，抑制了铁和砷之间发生的共沉淀，并且抑制了砷在铁氧化物上的吸附。与体内的相对生物有效性进行对比发现，SBRC 胃相中得到的砷生物可利用性与砷的相对生物有效性的相关关系最好（R^2=0.87），而 IVG、PBET 和 DIN 方法得到的砷生物可利用性与砷的相对生物有效性的相关性相对较低（R^2=0.53～0.66）。由此可见，各种体外方法的普遍适用性还需要进一步的研究。

四种体外方法（SBRC、PBET、IVG、UBM）的模拟液成分和模拟条件见表 3-4。在选用体外模拟方法测定生物有效性的时候，由于各体外模拟方法的消化液组成成分、模拟时间、模拟液 pH、固液比的不同，最后测得的生物有效性结果也会有较大差异。pH 是影响生物有效性测定的重要参数之一，控制着对重金属的溶解程度。由于人体胃部消化条件的限定，消化液呈酸性，所以，各体外模拟方法在胃相模拟液的 pH 都控制在 1.2～2.5 的范围内。使用 UBM、SBRC、IVG 和 PBET 方法测定土壤砷的生物有效性时，其结果显示 pH 越低，则生物有效性越高；在测定镉的生物有效性时，体外方法测得的结果与 pH 成正相关。肠相的 pH 范围一般为 5.5～7.5，接近中性的 pH 条件也使得肠相中重金属的生物有效性会低于胃相中的生物有效性。

表 3-4　四种体外方法（SBRC、PBET、IVG、UBM）的模拟液成分和模拟条件

方法	模拟阶段	每升组成分	pH	固液比	提取时间/h
SBRC	胃液	30.03 g 甘氨酸	1.5	1∶100	1
	肠液	1.75 g 胆汁, 0.5 g 胰酶	7.0	1∶100	4
PBET	胃液	1.25 g 胃蛋白酶, 0.5 g 苹果酸钠, 0.5 g 柠檬酸三钠, 420 μL 乳酸, 500 μL 醋酸	2.5	1∶100	1
	肠液	1.75 g 胆汁, 0.5 g 胰酶	7.0	1∶100	4
IVG	胃液	10 g 胃蛋白酶, 8.77 g 氯化钠	1.8	1∶150	1
	肠液	3.5 g 胆汁, 0.35 g 胰酶	5.5	1∶150	1
UBM	S-唾液	0.896 g 氯化钾、0.888 g 磷酸二氢钠, 0.2 g 硫氰化钾, 0.57 g 硫酸钠, 0.298 g 氯化钠, 1.8 mL 氢氧化钠, 0.2 g 尿素, 1.45 g α蛋白酶, 0.05 g 黏蛋白, 0.015 g 尿酸	6.5	1∶15	1
	G-胃	0.824 g 氯化钾, 0.266 g 磷酸二氢钠, 2.752 g 氯化钠, 0.4 g 氯化钙, 0.306 g 氯化铵, 8.3 mL 盐酸, 0.085 g 尿素, 0.65 g 葡萄糖, 0.02 g 葡萄糖醛酸, 0.33 g 氨基葡萄糖盐酸, 3 g 黏蛋白, 1 g 牛血清白蛋白, 1 g 胃蛋白酶	1.1	1∶22.5	1
	D-肠	0.564 g 氯化钾, 7.012 g 氯化钠, 5.607 g 碳酸氢钠, 0.08 g 磷酸二氢钾, 0.05 g 氯化镁, 180 μL 盐酸, 0.1 g 尿素, 1 g 牛血清白蛋白, 0.2 g 氯化钙, 3 g 胰液素, 0.5 g 脂肪酶	7.4	1∶45	4
	B-胆汁	0.376 g 氯化钾, 5.26 g 氯化钠, 5.786 g 碳酸氢钠, 180 μL 盐酸, 0.25 g 尿素, 1.8 g 牛血清白蛋白, 0.222 g 氯化钙, 6 g 胆汁	8	1∶15	4

固液比也是影响生物有效性的重要因素之一，两者之间主要呈负相关关系。目前，体外测试中固液比通常被设定在 1∶2.5～1∶5000 范围内，但不同体外模拟方法之间固液比不同，得出的生物有效性结果也将不同，应根据研究对象而选择合适的固液比范围。

然而，有研究将不同体外方法的 pH 调节到同一水平后，测出的生物有效性仍然有较大差异，可以看出，不同方法的胃肠模拟液中的组成成分也是一项重要的影响因素。

一些有机酸、蛋白酶或者无机盐的存在，都会对模拟测试有影响。为不断完善模拟条件，使模拟液与人体生理条件更加相似，在模拟口腔阶段时，加入 α-蛋酶、黏液素、氯化钠等无机盐；模拟胃消化阶段时除了加入常见的胃蛋白酶、葡萄糖外，还添加了牛血清白蛋白以及一些无机盐等；模拟肠消化阶段时主要加入的是胆盐和胰酶以及一些必要的无机盐。添加的物质越多，越能最大程度地复原复杂的消化系统，以达到更好的模拟效果。

在整个消化过程中，通过口腔暴露的基质在口腔阶段的停留时间比较少，大约在 10～120 s 之间，如此短的时间之内，污染物质从基质中解吸出来并不容易，所以在口腔阶段的生物有效性比较小，这也是众多体外模拟方法未将口腔模拟考虑其中的主要原因。当前，体外模拟方法主要模拟的是胃肠消化阶段，在模拟期间，胃相和肠相的消化时间有所不同，且差别较大。在胃相的停留反应时间大约为 1～3 h，而在肠相阶段停留反应的时间大约为 1～6 h。研究结果表明在肠相消化阶段污染物的生物有效性随着消化反应的时间越久，其数值越大，最后趋于平稳状态，生物有效性不再出现明显变化。

第三节　重金属生物有效性的影响因素

影响重金属生物有效性测定的因素包括生物靶器官、重金属赋存形态、摄食种类和状态、土壤基质和环境因素等多方面。

一、生物靶器官

当测定重金属生物有效性时，血液、肝、肾、骨头和尿液都可以作为生物标志物。当血液作为生物标志物时，常使用单次剂量暴露的方式；而长期稳态暴露时，常选用肝、肾、骨头和尿液来作为生物标志物。元素不同，其生物标志物也有所差异。测定砷、锑时，常使用血液、肝、肾和尿液作为生物标志物；测定铅、镉时，常使用血液、肝、肾和骨头作为生物标志物。当以猪为模型，通过 15 天的长期暴露，采用肝、肾和骨头为生物标志物测定铅、锑、砷和镉的相对生物有效性时，发现基于不同生物标志物测定的相对生物有效性之间差异性不明显。当以小鼠和猪为模型，通过单次灌胃与多次喂食 2 种暴露方式，采用小鼠血液、尿液、肝、肾和猪的血液作为生物标志物测定砷的相对生物有效性时，结果表明基于小鼠血液得到的相对生物有效性为 2.8%～61%，低于长期稳态暴露下基于小鼠肝、肾和尿液得到的相对生物有效性（3.4%～61%、3.9%～74% 和 3.6%～64%），但是这种差异都为不显著水平。相关分析发现，基于小鼠的不同暴露方式和生物标志物测定的砷的相对生物有效性之间有很强的相关性（R^2=0.75～0.89）。同时通过小鼠和猪的血液模型测定的砷的相对生物有效性也有很高的相关性（R^2=0.83）。研究表明，对于砷来说，选择不同的生物标志物、暴露方式以及动物模型均对生物有效性的测定存在影响，且影响程度存在差异。这意味着不同动物模型、生物标志物和暴露方式都可能对生物有效性的稳定性有着直接的影响。

二、重金属赋存形态

铅在原始土壤中的存在形态主要为硫化铅、硫酸铅和碳酸铅等。在冶炼和采矿区，铅主要以铅的硫化物形式存在，并可能被其他的矿物所包裹。不同的铅矿物类型，由于其化学性质和粒度大小的差异，其在胃肠液中的溶解度差异也比较大。随着在土壤中的老化，铅也可以与土壤中的铁、铝或者锰氧化物发生共沉淀或者吸附到矿物的表面。酸性条件下形成的矿物（如铅硫化物），在胃肠液酸性环境中更加稳定，而在碱性环境中形成的碳酸铅或者氧化铅的稳定性差，有较高的生物有效性。铅磷矿物常常是比较稳定的，在胃肠液中的生物有效性最低。因此铅磷矿物是否形成常作为判断土壤修复成功与否的标准之一。砷的污染来源主要以冶炼和采矿为主，与铅一样，其存在形态主要以硫化物为主（臭葱石等）。硫化矿物在土壤中的老化可以使砷与土壤中的铁氧化物、锰氧化物或磷矿物相互作用降低其生物有效性。

三、摄食的种类和状态

为了维持营养状态，人类每天会摄入大量糖类和蛋白质，而通过口腔暴露摄入的污染土壤会与食物发生作用，故摄食状态会影响土壤中重金属生物有效性的研究。食物对胃相的 pH 存在影响，在空腹状态时，胃相的 pH 一般为 1.0～2.0，而在进食后饱腹状态时，胃相的 pH 升高到 4.0～5.0。食物可以通过影响消化阶段的 pH 来影响生物有效性，也可通过对基质的包裹或覆盖而产生影响。为了使得到的数据更具代表性，在进行体内实验时可以选择空腹和饱腹两种状态来讨论其对生物有效性的影响，而体外方法如 DIN 在实验中添加了奶粉来模拟进食状态，进而探讨食物对生物有效性的影响。

喂食纤维含量较低或体积较小的饲料的小鼠，与用标准啮齿动物食谱喂养的小鼠相比，As 的吸收率增加了 10%。体外实验也同样表明食物状态会影响土壤中重金属生物有效性。利用 IVG 体外模拟方法研究发现，食物（生面团）存在会影响土壤中 Pb 的生物有效性，并且进一步的研究表明了 Pb 的生物有效性降低主要与生面团中的植酸有关。

四、土壤基质

不同类型土壤的理化性质会对重金属的生物有效性有着不同程度的影响。对于多数重金属而言，随着土壤 pH 的降低，其在土壤溶液中的溶解度增加，土壤对其吸附能力减弱，从而提高了重金属的生物有效性。此外，土壤中的矿物质含量以及其他可能改变土壤性质、竞争吸附位点的污染行为，也会影响重金属的生物有效性。通过研究 As 的绝对生物有效性和相对生物有效性，发现与毒性研究中通用的纯可溶性盐相比，As 在土壤或灰尘中口服生物利用性要低得多。这主要是由于控制胃肠相中 As 溶解度的矿物质含量不同，且矿物质中不溶性基质（二氧化硅等）对 As 的包封作用也会影响其溶解度。同时土壤有机碳、氧化铁和氧化铝也是影响 As 和 Cd 生物有效性的关键参数。

有机质泛指沉积物中来源于生命的物质，如动植物残体、动物粪便、生物膜等。在化学分组中，可将有机质分为溶解性有机质、微生物生物炭、胡敏酸、富里酸和胡敏素。有机质（尤其细颗粒）对沉积物中重金属的溶解度和生物有效性有显著影响。在沉积物中，颗粒状有机质会与重金属结合，从而降低多种重金属的溶解性和毒性。一般认为，粒径小于 63 μm 的沉积物是重金属吸附和迁移的重要组成部分，这与其具有较大表面积和特殊地球化学组成有关。沉积物中重金属对底栖生物的毒性，在细颗粒有机质含量较高时（尤其是小于 63 μm）往往不明显，故基于小于 63 μm 沉积物组分来预测不同属性沉积物中 Cu 的亚致死阈值，被普遍认为是有效的。此外，已有研究结果还强调了沉积物中有机质在调节底栖生物群落、物种分布和生物量方面的作用，可能与生物进食习惯和沉积物中食物分布有关。

五、环境因素

土壤中重金属老化是指重金属进入土壤后，其生物有效性可能会随时间推移而逐渐降低的过程。研究结果显示，在强酸性（pH=4.5）土壤中，Cd 生物有效性在老化第 1 周急剧下降后接近稳定水平（胃相和肠相分别为 76.5%～76.9% 和 52.0%～52.6%）；在高 pH（>6.0）土壤中，Cd 生物有效性要低得多（胃相和肠相分别为 53.3%～72.7% 和 29.9%～43.4%），且需要 2 周老化才能达到稳定水平。体外和体内实验（猪模型）评估长达 12 个月的 As 标定土壤的相对生物有效性，结果显示土壤中 As 的老化过程导致红壤中 As 的相对生物有效性下降了 75% 以上，但在棕壤中没有显著影响。

氧化还原电位（oxidation-reduction potential，ORP）被认为是控制沉积物中重金属迁移转化的重要影响因素，会直接影响到重金属的稳定性和生物有效性。根据含氧量，沉积物氧化还原带通常可垂直分为 3 层，包括好氧层（氧还原）、亚氧层（硝酸盐和锰铁氧化物还原）和厌氧层（硫酸盐还原和甲烷生成）。沉积物 ORP 升高会促进硫化物氧化过程，加速有机质降解，从而使得沉积物中吸附/络合态重金属释放，进而改变重金属的生物有效性。沉积物中硫化物结合态重金属被认为是一种稳定的形态，基本没有生物有效性。但已有研究表明，随着沉积物中 ORP 上升，稳定的硫化物结合态 Cd 比例从 65% 下降到 30%，Cd 会转变为具有或潜在具有生物有效性的形态。也有研究发现沉积物 ORP 对水丝蚓体内铜和锌的生物累积有一定影响。

底栖生物种类或活动对生物有效性也有一定的影响。沉积物中的底栖生物（多毛纲、双壳纲、角足目等）及多种微生物，是目前常用的监测性生物。底栖生物的生活特性与沉积物环境密切相关，也会直接影响沉积物中重金属的生物有效性。一些底栖动物生活行为（摄食方式、生物扰动、摄食深度等）都会影响其对重金属暴露途径。对于沉积物或碎屑捕食者来说，重金属的暴露途径主要是摄食沉积物。例如：两足动物水羽龙，在觅食过程中会摄入大量沉积物，而重金属饮食暴露可能会对其产生毒性作用；一些双壳类生物，如樱蛤，可过滤水中沉积物、悬浮颗粒物等物质并吸入体内，使其中的重金属在消化道内留存；一些底栖双壳类动物也被认为是沉积食性动物，会通过摄食途径在体内累积重金属。沉积物中微生物作用分解有机质的过程，会改变重金属形态，影响其生物有效性。已有研究发现，微生物分解不稳定有机质，促使沉积物中 Cu 生成铜硫化物，可降低 Cu 的生物有效性。

第四节　体内与体外方法相关性

虽然体外方法已被提出可作为体内相对生物有效性测定的替代方法，但体内外相关性（in vitro-in vivo correlation, IVIVC）并不高。考虑到体外方法测试时存在测量误差，使用线性回归模型对 IVIVC 进行评价优于幂模型和指数模型（USEPA，2007）。评价体外方法的适用性，具体需要根据以下标准：①体外生物有效性数据与体内结果的线性关系系数 $R^2 > 0.6$；②线性拟合曲线的斜率为 0.8~1.2，截距与 0 应无显著区别；③体外方法实验室内部数据可重复性 RSD<10%（Wragg et al.，2011）。

以重金属铅为例，研究人员对 IVIVC 进行了各种验证研究（表 3-5）。Ruby 等（1996）使用 PBET 方法测量了七个采矿和工业区的铅生物有效性含量 BA，并进行了相关性研究。后来，Hettiarachchi 等（2003）利用 PBET 方法（体内大鼠模型）对 Pb 的 IVIVC 进行了研究，PBET 的胃相（G 相）和肠相（I 相）均可预测 Pb 的相对生物有效性。Schroder 等（2004）使用 IVG 方法测量了 Pb 的 BA，并使用体内猪模型测量了 Pb 的相对生物有效性（relative bioavail ability，RBA），结果发现 IVIVC：Pb RBA=0.39Pb BA（G 相）+2.97，$R^2=0.86$。Oomen 等（2006）使用 RIVM 方法和体内猪模型研究了 IVIVC，发现基于 G 相和 I 相的 IVIVC 相似。

表 3-5　基于模型动物的体内外相关性验证

土壤来源	体内模型/目标	体外模型	是否考虑口腔	胃相的固液比	胃相	肠相	体内外相关性
住宅区土壤	猪/血液	UBM	10s, pH6.5, 手摇	1:37.5	1h, pH1.2	4h, pH 6.3	G: $y=0.78x$, $R^2=0.61$ I: $y=0.76x$, $R^2=0.57$
矿产，冶炼	猪/血液	UBM	10s, pH6.5, 手摇	1:37.5	1h, pH1.2	4h, pH 6.3	G: $y=1.86x+1.1$, $R^2=0.93$ I: $y=1.09x+1.1$, $R^2=0.89$
土壤	鼠/血液	SBRC	无	1:100	1h, pH1.5	4h, pH 6.5	I: $y=1.06x-7.0^2$, $R^2=0.88$
中国城市土壤	鼠/血液	SBRC	无	1:100	1h, pH1.5	—	G: $y=0.83x+2.28$, $R^2=0.61$
焚化炉/城市土壤	猪/血液	SBRC	无	1:100	1h, pH1.5	4h, pH 6.5	I: $y=0.58x+1.98$, $R^2=0.53$
美国 EPA 区域Ⅷ	猪/血液	PBET	无	1:111	1h, pH1.5	—	G: $y=0.9x-8.21$. $R^2=0.63$, $p<0.001$
采矿/住宅土壤	鼠/血液	PBET	无	1:100	1h, pH1.5	4h, pH 7.0	G: $y=1.4x+3.2$, $R^2=0.93$
Joplin 土壤	鼠/血液	PBET	无	1:100	1h, pH2.0	4h, pH 6.5	G: $y=0.82x+11$, $R^2=0.95$ I: $y=1.87x+12$, $R^2=0.77$
美国 EPA 区域Ⅷ（$n=18$）	猪/血液	IVG	无	1:150	1h, pH1.8	4h, pH 5.5	G: $y=0.39x+2.97$, $R^2=0.86$
中国 15 个城市灰尘	鼠/血液	SBRC	无	1:100	1h, pH1.5	4h, pH 7.0	G: $y=0.61x+3.15$, $R^2=0.68$ I: $y=1.72x+42$, $R^2=0.15$
中国 15 个城市灰尘	鼠/血液	IVG	无	1:150	1h, pH1.8	1h, pH 5.5	G: $y=0.48x+14.3$, $R^2=0.56$ I: $y=0.57x+51.6$, $R^2=0.01$

续表

土壤来源	体内模型/目标	体外模型	是否考虑口腔	胃相的固液比	胃相	肠相	体内外相关性
中国15个城市灰尘	鼠/血液	DIN	无	1:50	2h, pH2.0	6h, pH7.0	G: $y=0.67x+17.4$, $R^2=0.85$ I: $y=6.9x+36.9$, $R^2=0.38$
中国15个城市灰尘	鼠/血液	PBET	无	1:100	1h, pH2.5	4h, pH 7.0	G: $y=0.69x+20.2$, $R^2=0.52$ I: $y=1.60x+35$, $R^2=0.35$
中国的农业、采矿和冶炼厂土壤	鼠/血液	UBM	10s, pH6.5, 手摇	1:37.5（胃相）	1h, pH1.2	4h, pH 6.3	G: $y=0.80x+9.99$, $R^2=0.67$ I: $y=1.26x+47.8$, $R^2=0.01$
中国的农业、采矿和冶炼厂土壤	鼠/血液	SBRC	无	1:100	1h, pH1.5	4h, pH 7.0	G: $y=0.40x+14.0$, $R^2=0.43$ I: $y=2.54x+26.3$, $R^2=0.21$
中国的农业、采矿和冶炼厂土壤	鼠/血液	IVG	无	1:150	1h, pH1.8	1h, pH 5.5	G: $y=0.77x+6.36$, $R^2=0.55$ I: $y=4.17x+22.7$, $R^2=0.24$
中国的农业、采矿和冶炼厂土壤	鼠/血液	PBET	无	1:100	1h, pH2.5	4h, pH 7.0	G: $y=0.87x+18.9$, $R^2=0.38$ I: $y=2.38x+29.6$, $R^2=0.20$

　　IVIVC 可能会有所不同（R^2），这取决于所应用的体外和体内模型，以及土壤性质、重金属浓度等，还可能与土壤中其他重金属（如铁和钙）存在竞争吸附而产生差异。如上文所述，表 3-5 所示 UBM、PBET、SBRC 和 IVG 被用来预测铅的 RBA。对于用于预测不同污染源土壤中铅 RBA 的同一体外模型，IVIVC 得到了不同的斜率和 R^2。即使对不同来源的重金属污染土壤采用相同的体外和体内模型，IVIVC 的斜率和 R^2 也不同。例如，将 SBRC 模型和小鼠体内模型分别用于粉尘、矿山、冶炼厂和农田土壤，其 IVIVC 的 R^2 分别为 0.61、0.40、0.68、0.43（Li et al., 2014；Li et al., 2015b）。此外，对于同一来源土壤，基于相同体内模型（猪）和不同体外模型（IVG 和 RIVM）的 IVIVC 导致了不同的斜率和 R^2 值（Schroder et al., 2004；Oomen et al., 2006）。

　　虽然肠道是解吸重金属的主要场所，但 Oomen 等（2003）在对人工人体消化液中的铅含量进行详细调查后得出结论，肠相中的游离 Pb^{2+} 量可以忽略不计，土壤颗粒中的大部分 Pb 处于动态平衡状态，可溶性铅以铅-磷酸盐和铅-胆络合物的形式存在。影响消化液中铅含量的因素主要为与非消化性颗粒物的沉淀作用以及与相溶颗粒物的吸附作用（Deshommes and Prevost, 2012）。因此，I 相中 pH 升高会直接降低铅的 BA。RBALP（relative bioaccessibility leaching procedure，即相对生物有效性浸出程序）不需要小肠相。如表 3-5 所示，在 13 项研究中，有 11 项同时使用了胃相和肠相。在同时使用胃相和肠相来产生 IVIVC 的研究中，胃相产生的 IVIVC 的斜率普遍优于肠相产生的 IVIVC 的斜率，这表明胃相比肠相的 IVIVC 更可靠。

　　利用体外模型预测重金属的 RBA 仍然存在挑战，原因是物种间外推法产生了各种不确定性。尽管类似于表 3-5 中总结的，已有许多研究验证了体内和体外模型之间的相关性，但仍存在许多不确定因素，因为胃阶段 IVIVC 的斜率在 0.39～1.86 之间，肠阶段 IVIVC 的斜率在 0.57～2.54 之间。即使是同一来源的土壤，基于相同的体内模型（猪）和不同的体外模型（IVG 和 RIVM），斜率和 R^2 值往往也会不同（Schroder et al., 2004；

Oomen et al.，2006）。进一步通过胃相的 Pb BA 值验证 IVIVC，一些 IVIVC 还通过胃相和肠相的 Pb BA 验证，还有一些 IVIVC 仅通过肠相的相对 Pb BA 值验证（Juhasz et al.，2009；Smith et al.，2011）。此外，Denys 等（2012）使用胃相和肠相的相对铅 BA 值来表示铅 RBA，并发现了显著的相关性（胃相：$y=1.86x+1.10$，$R^2=0.93$，$p<0.01$；肠相：$y=1.09x+1.01$，$R^2=0.89$，$p<0.01$）。所有这些不确定性在很大程度上是由各种土壤类型和体外测定方法间的差异造成的。正是由于每种体外方法的设计并不总是一成不变的，所以在缺乏统一、标准的文件指导时，研究者不能简单断言哪一种方法适合哪种土壤重金属。实际上，每一种方法都有它自身的理论基础和应用范围，如 PBET 法、IVG 法是基于人体生理原理设计的，而 SBET 法更多关注的是风险评价结果。因此，目前对所使用体外实验方法类型和设计的选择主要取决于研究者的研究目的和意图。本书基于体外实验的初始设计或最常用设计，在表 3-6 中对各种体外方法的适用场景进行了归纳和总结。

表 3-6　体外实验方法的适用比较

方法	适用常见的重金属	基质	应用性
PBET	Pb、As、Cd、Pt	土壤	与动物实验有很好的相关性。崔岩山等（2008）用该方法评估磷酸盐和铁对铅和砷固定
SBRC	Pb、As	土壤	Juhasz 等（2007）采用 4 种体外实验评估了 As 在污染土壤中的生物有效性，只有 SBRC 方法得到的生物可给性与人体生物有效性间存在显著线性相关关系
DIN	Pb、As、Cd	土壤	用于土壤样品中有机物和金属生物有效性测定，对砷的提取具有较好的相关性
IVG	Pb、As、Cd	土壤	对于土壤中砷和镉的生物有效性与动物实验相关性较好
UBM	Pb、As、Pd	土壤	李烨玲（2018）利用 UBM 法评价靶场土壤中的 Pb 的生物有效性
SBET	As、Zn、Cr、Co	土壤	用于重金属污染土壤的风险评价。Juhasz 等（2011）研究两种土壤对砷的提取影响

　　土壤中的重金属污染呈现出区域性特征，而土壤环境本身就是复杂而多样的，即使在同一地区，土壤也可能具有多种不同的物理和化学性质。目前针对重金属生物有效性的研究方法各有局限，并且国际上流行的几种体外消化方法所涉及的模拟消化器官、消化液成分和消化过程参数各不相同，得到的生物有效性值也有很大差异，导致预测值缺乏可信度。因此，未来需要：①拓展重金属研究的范围，积累更丰富的土壤环境中重金属生物有效性的基础数据，以提高不同研究结果的可比性和通用性；②进一步研究土壤重金属生物有效性的影响因素，系统分析各种影响因素之间的相互作用，为后续研究提供更多的参考依据。

参 考 文 献

崔岩山, 陈晓晨, 朱永官. 2008. 利用 3 种 in vitro 方法比较研究污染土壤中铅、砷生物可给性[J]. 农业环境科学学报, 27(2): 414-419.

李烨玲. 2018. 靶场土壤中铅的环境行为及生物有效性研究[D]. 合肥: 中国科学技术大学.

Bradham K D, Diamond G L, Scheckel K G, et al. 2013. Mouse assay for determination of arsenic bioavailability in contaminated soils[J]. Journal of Toxicology and Environmental Health, Part A, 76(13): 815-826.

Bradham K D, Scheckel K G, Nelson C M, et al. 2011. Relative bioavailability and bioaccessibility and speciation of arsenic in contaminated soils[J]. Environmental Health Perspectives, 119(11): 1629-1634.

Casteel S W, Cowart R P, Weis C P, et al. 1997. Bioavailability of lead to juvenile swine dosed with soil from the Smuggler Mountain NPL site of Aspen, Colorado[J]. Fundamental and Applied Toxicology, 36(2): 177-187.

Casteel S W, Weis C P, Henningsen G M, et al. 2006. Estimation of relative bioavailability of lead in soil and soil-like materials using young Swine[J]. Environmental Health Perspectives, 114(8): 1162-1171.

Denys S, Caboche J, Tack K, et al. 2012. In vivo validation of the unified BARGE method to assess the bioaccessibility of arsenic, antimony, cadmium, and lead in soils[J]. Environmental Science & Technology, 46 (11): 6252-6260.

Deshommes E, Prévost M. 2012. Pb particles from tap water: Bioaccessibility and contribution to child exposure[J]. Environmental Science & Technology, 46 (11): 6269-6277.

Drexler J W, Brattin W J. 2007. An in vitro procedure for estimation of lead relative bioavailability: With validation[J]. Human and Ecological Risk Assessment: An International Journal, 13 (2): 383-401.

Hack A, Selenka F. 1996. Mobilization of PAH and PCB from contaminated soil using a digestive tract model[J]. Toxicology Letters, 88 (1/3): 199-210.

Hettiarachchi G M, Pierzynski, G M, Oehme F W, et al. 2003. Treatment of contaminated soil with phosphorus and manganese oxide reduces lead absorption by sprague-dawley rats[J]. Journal of Environmental Quality, 32 (4): 1335-1345.

Juhasz A L, Smith E, Weber J, et al. 2007. Comparison of in vivo and in vitro methodologies for the assessment of arsenic bioavailability in contaminated soils[J]. Chemosphere, 69(6): 961-966.

Juhasz A L, Weber J, Smith E, et al. 2009. Evaluation of SBRC-Gastric and SBRC-Intestinal methods for the prediction of in vivo relative lead bioavailability in contaminated soils[J]. Environmental Science & Technology, 43(12): 4503-4509.

Juhasz A L, Weber J, Smith E. 2011. Predicting arsenic relative bioavailability in contaminated soils using meta analysis and relative bioavailability-bioaccessibility regression models[J]. Environmental Science & Technology, 45(24): 10676-10683.

Juhasz A L, Weber J, Naidu R, et al. 2010. Determination of cadmium relative bioavailability in contaminated soils and its prediction using in vitro methodologies[J]. Environmental Science & Technology, 44: 5240-5247.

Li H B, Cui X Y, Li K, et al. 2014. Assessment of in vitro lead bioaccessibility in house dust and its relationship to in vivo lead relative bioavailability[J]. Environmental Science & Technology, 48 (15): 8548-8555.

Li H B, Zhao D, Li J, et al. 2016. Using the SBRC assay to predict lead relative bioavailability in urban soils: Contaminant source and correlation model[J]. Environmental Science & Technology, 50 (10): 4989-4996.

Li J, Li K, Cave M, et al. 2015a. Lead bioaccessibility in 12 contaminated soils from China: Correlation to lead relative bioavailability and lead in different fractions[J]. Journal of Hazardous Materials, 295: 55-62.

Li S, Li J, Li H, et al. 2015b. Arsenic bioaccessibility in contaminated soils: Coupling in vitro assays with sequential and HNO₃ extraction[J]. Journal of Hazardous Materials, 295: 145-152.

Molly K, Vande Woestyne M, Verstraete W. 1993. Development of a 5-step multi-chamber reactor as a simulation of the human intestinal microbial ecosystem[J]. Applied Microbiology and Biotechnology, 39: 254-258.

Oomen A G, Brandon E F, Swartjes, F A, et al. 2006. How can information on oral bioavailability improve human health risk assessment for lead-contaminated soils? Implementation and scientific basis[J]. Epidemiology, 17 (S6): S40.

Oomen A G, Tolls J, Sips A J A M, et al. 2003. Lead speciation in artificial human digestive fluid[J]. Archives of Environmental Contamination and Toxicology, 44 (1): 107-115.

Roberts S M, Weimar W R, Vinson J R T, et al. 2002. Measurement of arsenic bioavailability in soil using a primate model[J]. Toxicological Sciences, 67(2): 303-310.

Roberts S M, Munson J W, Lowney Y W, et al. 2007. Relative oral bioavailability of arsenic from contaminated soils measured in the cynomolgus monkey[J]. Toxicological sciences, 95(1): 281-288.

Rodriguez R R, Basta N T, Casteel S W, et al. 1999. An in vitro gastrointestinal method to estimate bioavailable arsenic in contaminated soils and solid media[J]. Environmental Science & Technology, 33(4): 642-649.

Ruby M V, Davis A, Schoof R, et al. 1996. Estimation of lead and arsenic bioavailability using a physiologically based extraction test[J]. Environmental Science & Technology, 30(2): 422-430.

Ruby M V, Fehling K A, Paustenbach D J, et al. 2002. Oral bioaccessibility of dioxins/furans at low concentrations (50-350 ppt toxicity equivalent) in soil[J]. Environmental Science & Technology, 36: 4905-4911.

Schroder J L, Basta N T, Casteel S W, et al. 2004. Validation of the in vitro gastrointestinal (IVG) method to estimate relative bioavailable lead in contaminated soils[J]. Journal of Environmental Quality, 33 (2): 513-521.

Smith E, Kempson I M, Juhasz A L, et al. 2011. In vivo-in vitro and XANES spectroscopy assessments of lead bioavailability in contaminated periurban soils[J]. Environmental Science & Technology, 45 (14): 6145-6152.

USEPA. 2007. Estimation of relative bioavailability of lead in soil and soil-like materials using in vivo and in vitro methods: OSWER 9285.7-77[R].

Wragg J, Cave M, Basta N, et al. 2011. An inter-laboratory trial of the unified BARGE bioaccessibility method for arsenic, cadmium and lead in soil[J]. Science of the Total Environment, 409(19): 4016-4030.

第四章　土壤有机物的人体生物有效性测试方法

土壤有机物生物效应的产生依赖于其有效态含量，而有机污染物的形态变化较为简单，主要以其母体化合物或代谢产物的形式存在。在实际应用中，有机污染物的生物有效性主要依赖于土壤基质、生物种类和污染物本身结构间的相互作用。与土壤重金属的人体生物有效性测试方法相类似，土壤有机物的人体生物有效性测试方法通常也包括体内实验和体外模拟两种方法，其中体外方法部分同重金属人体生物有效性测试方法类似，除生理提取实验（PBET）、德国标准化学会法（DIN）、人体肠道微生物生态系统模拟器（SHIME）外，还包括荷兰国家公共卫生与环境研究所（RIVM）方法、人体模拟试验（FOREhST）、Tenax 提取法等。但由于有机污染物种类繁多，分子量范围广，空间构型多变，目前针对有机污染物的人体生物有效性测试方法尚不完善，实际应用相对成熟的主要是以多环芳烃为代表的半挥发性有机物。江苏省环境科学学会发布的《建设用地土壤污染物多氯联苯人体生物有效性测定　吸附材料法》（附录 2）、《建设用地土壤污染物全氟辛酸和全氟辛烷磺酸人体生物有效的测定　胃肠模拟法》（附录 3）在一定程度上弥补了国内有关有机污染物生物有效性测试方法的空白，但有机氯农药及其他建设用地中常见有机物的生物有效性测试方法仍有待探索与完善。本章节将详细介绍土壤有机物的人体生物有效性经口/消化道体内实验和体外模拟方法。

第一节　体　内　实　验

使用动物模型的体内实验可以帮助确定受污染土壤中有机污染物的生物有效性，例如通过静脉注射和口服冲洗或并入日常饲料向动物施用实验材料，并监测暴露期后的生物有效性终点。生物有效性终点包括测定血液、器官、脂肪组织、粪便、尿液代谢物、DNA 加合物和酶（如细胞色素 P450 单氧化酶）中的有机污染物的浓度。

表 4-1 提供了生物有效性测试终点的详细信息。对于许多有机污染物，由于化合物从血液快速分布到目标器官和脂肪组织，量化血液污染物浓度是有问题的。一些持久性有机污染物（persistent organic pollutants, POPs）在进入全身循环后可能会被快速代谢，导致在检测血液样本中的母体化合物时出现分析问题，这需要监测尿液排泄产物作为生物有效性测定的终点（Van Schooten et al., 1997）。1-羟基芘通常用作替代转化产物，以确定 PAHs 暴露（Tsai et al., 2004）。然而，这可能导致对其他多环芳烃（如苯并[a]芘）生物有效性的高估，因为苯并[a]芘的溶解度显著低于芘，这会影响其在胃肠道中的溶解。

表 4-1　不同生物学终点在测定有机污染物在体内生物有效性的优缺点

生物学终点	优点	缺点
血液	测量生物有效性分数（体循环浓度），可以计算出消除时间	小动物模型取样频率有限制。若进行有机污染物检测，则需要大剂量给药
尿液	采样方式较为丰富	尿液中浓度偏低及检测问题
粪便	采样方式较为丰富	该检测结果为生物不可利用部分，涉及样品回收问题
脂肪组织	组织量较多	仅对某些疏水性有机污染物可用
靶器官	某些有机物会特异性富集在特定器官上	部分器官不适用于持久性有机污染物
DNA 加合物形成	致癌性有机污染物的生物标志物	方法昂贵且耗时。与生物有效性的相关性未知，加合物的形成不是特定于单个化合物
P450 单氧化酶诱导	与有机污染物的代谢和药代动力学研究相关	很难检测。与生物有效性的相关性未知

　　有机污染物的生物有效性也可以通过测量粪便中的污染物浓度来确定（粪便中的浓度代表给药剂量的不可吸收或不可生物利用部分），或通过测量目标器官或脂肪组织中的有机污染物浓度来确定。Wittsiepe 等（2007）证明，二噁英主要积聚在肝脏组织中，脂肪组织和其他器官中的浓度较低。相比之下，非代谢性 PAHs 主要在脂肪组织中积累。酶诱导（P450 单氧化酶）和 DNA 加合物也被用作有机污染物生物有效性的终点，然而，这两种终点不适用于单独的有机化合物，因为它们耗时，且未得到明确验证。

　　用于有机污染物体内实验的模型动物通常限于啮齿动物（小鼠、大鼠）和猪。由于灵长类动物与人类关系密切，它们是生物有效性研究的首选，但因其成本太高而令人望而却步（Rees et al., 2009）。幼猪通常被认为是儿童胃肠道吸收污染物的良好生理模型（Weis and Lavelle, 1991）。啮齿类动物是生物有效性研究中最常用的脊椎动物物种，因为它们具有可用性强、体积大、成本低且易于处理等特点。然而，用于评估有机污染物生物有效性的终点将受到动物模型的影响，例如，只有一个血液样本适合于小鼠实验，而猪和灵长类动物的研究可用于重复的血液样本。

　　许多研究以纯化合物形式给药以确定有机污染物的吸收。在这些研究中，将有机污染物与合适的载体（如油、合成饲料）混合，用于静脉或胃内给药，并随时间确定生物有效性终点。给药方式取决于测量的是相对生物有效性还是绝对生物有效性。在这些研究中，有机污染物的生物有效性取决于所使用的动物模型、评估的生物有效性终点、有机污染物的剂量和输送载体。例如，Ramesh 等（2004）研究了经口摄入的 PAHs 生物有效性数据，结果显示口服苯并[a]芘的生物有效性在 5.5%～102%之间变化，当使用不同的动物模型和递送载体时，生物有效性数据有所不同（表 4-2）。从上述研究中获得的生物有效性数据对于确定参考有机污染物的剂量响应非常重要。

表 4-2　经口摄入有机污染物的生物有效性（以苯并[a]芘为例）

模型动物	剂量/（mg/kg）	剂量载体	吸收/生物有效性/%
鼠（F-344）	0.37～3.7	花生油	91
鼠（F-344）	0.002	炭烤汉堡	89

续表

模型动物	剂量/（mg/kg）	剂量载体	吸收/生物有效性/%
鼠（F-344）	100	花生油	40
鼠（SD）	2~60	20%乳化剂和80%等渗葡萄糖溶液	>90
鼠（Wistar）	1000	合成饮食	89
仓鼠	0.16~5.5	玉米油+合成饮食	97
羊	10~20μCi+1 mg	甲苯和荧光烯糠粃	54~67
山羊	2.5×106 Bq	熟菜油	5.5
猪	50μCi	牛奶	33

Wittsiepe 等（2007）对二噁英污染的土壤也进行了体内生物有效性评估，在连续 28 天每天喂食猪受污染的土壤或土壤提取物后，通过测定猪血液、肝脏、大脑、肌肉和脂肪组织中二噁英的浓度来评估二噁英的生物有效性。与在饲料中添加二噁英土壤提取物相比，添加受二噁英污染的土壤绝对生物有效性显著降低。2,3,7,8-氯代同系物对土壤的绝对生物有效性为 0.6%~22%，而在饲料中添加土壤提取物时为 3%~60%。当计算相对生物有效性时，2,3,7,8-氯代同系物的值为 2%~42%。Budinsky 等（2008）使用另一种生物有效性终点（EROD 诱导）确定，两种不同来源的土壤二噁英的相对生物有效性分别为 20%和 25%。当将猪（EROD 诱导）生物有效性值与大鼠模型（Sprague-Dawley 大鼠和 EROD 诱导）得出的值进行比较时，使用大鼠模型测量的相对二噁英生物有效性高 1.8~2.4 倍。生物有效性方案的可变性（例如猪食用面团包裹的土壤，将土壤加入富含脂肪的大鼠饲料中）和二噁英胃肠道吸收的物种差异可能是生物有效性测定差异的原因。

第二节　体外实验

体内实验是分析生物有效性的首选方法，因为它们可以直接确定有机污染物在不同基质中的生物有效性。然而，对于大规模测试来说，它们既昂贵又不切实际。简单且廉价的体外模拟人体胃肠道消化过程的方法已逐渐作为预测有机污染物生物有效性的替代方法（Dean and Ma, 2007）。体外检测的基本原理是，建立消化液提取的污染物量与摄入受污染基质后可能吸收的污染物量间的相关关系。尽管体外检测是一种有吸引力的替代方法，但其用于精细化持久性有机污染物暴露的应用仍处于发展阶段。目前已有几种体外方法用于持久性有机污染物的生物有效性测量，表 4-3 列出了各方法的详细信息。

表 4-3　部分用于有机物体外模拟方法信息对照表

方法简称	体外方法全称	所属国家/开发者
PBET	physiologically based extraction test	美国
CE-PBET	colon-extended physiologically based extraction test	美国
DIN	Deutsches Institut für Normung	德国

续表

方法简称	体外方法全称	所属国家/开发者
SHIME	simulator of human intestinal microbial ecosystem of infants	比利时
RIVM	Rijksinstituut voor Volksgezondheid en Milieu	荷兰
FOREhST	fed organic estimation human simulation test	Mark R Cave

　　PBET 起初作为一种重金属生物有效性的测定方法，只包含胃相和肠相两个阶段。POPs 方面的研究最初由 Ruby 等（1996）利用 PBET 确定土壤中低浓度 PCDD/Fs 的生物可获得性，相较于重金属方面的应用，在胃相和肠相的物质组成方面无明显变化。DIN 方法与 PBET 方法类似，该方法用于 PAHs 的研究相对较少，与 PBET 等方法不同的是，该方法仅模拟胃相和肠相，但肠相的消化时间（6 小时）相对 PBET（4 小时）更长。SHIME 反应器与其他体外模型不同，因为它包括胃和十二指肠中酶作用的整个胃肠道，以及来自人类结肠的微生物群落的结肠模拟器，并通过计算机程序的控制更完整地模拟了胃肠全过程。SHIME 不仅增加了结肠相的无机盐和有机成分，还引入了结肠微生物菌群，因此更能有效地评估结肠微生物菌群对 POPs 的影响。RIVM 方法是针对喂养和禁食状态开发的，包括三个阶段，即唾液、胃和肠道阶段，相较于 PBET 和 DIN 方法，增加了唾液相的模拟。FOREhST 是一种对 UBM 法扩展产生的生物有效性测试方法，该方法相较于 UBM 不同的是加入 HIPP 有机奶油粥和额外的食糜成分，同时将 UBM 改为饲喂状态。表 4-4 介绍了以上方法的具体信息及其基础模拟液成分和条件。

表 4-4　六种体外方法（PBET、CE-PBET、DIN、SHIME、RIVM、FOREhST）的模拟液成分和模拟条件

方法	模拟阶段	每升组成分	pH	土/液比	提取时间/h
PBET	胃液	0.5 g 苹果酸钠、0.5 g 柠檬酸钠、0.42 mL 乳酸、0.5 mL 冰醋酸、0.125 g 胃蛋白酶	2.5	1∶100	1.0
	肠液	0.178 g 胆盐、0.5 g 胰酶	7.0	1∶100	4.0
CE-PBET	胃液	0.5 g 苹果酸钠、0.5 g 柠檬酸三钠、0.42 mL 乳酸、0.5 mL 冰醋酸、1.25 g 胃蛋白酶	2.5	1∶100	1.0
	肠液	0.178 g 胆盐、0.5 g 胰酶	6.5	1∶100	4.0
	结肠液	4.0 g 黏蛋白、4.5 g NaCl、4.5 g KCl、1.5 g NaHCO$_3$、1.25 g 6H$_2$O·Na$_2$SO$_4$、800 mg 盐酸半胱氨酸、500 mg K$_3$PO$_4$、0.19 g CaCl$_2$、0.5 g K$_2$HPO$_4$、50 mg 血红素、5.0 mg 7H$_2$O·FeSO$_4$、0.4 g 胆盐	7.0	1∶100	8.0
DIN	胃液	0.1 g 胃蛋白酶、0.3 g 黏蛋白、0.29 g NaCl、0.7 g KCl、0.027 g KH$_2$PO$_4$	2.5	—	2.0
	肠液	0.45 g 胆盐、0.45 g 胰液素、0.15 g 胰蛋白酶、0.15 g 尿素、0.15 g KCl、0.25 g CaCl$_2$、0.001 g MgCl$_2$	7.0	1∶150	6.0

续表

方法	模拟阶段	每升组成成分	pH	土/液比	提取时间/h
SHIME	胃液	3.0 g NaCl、5.0 g KHCO₃、0.5 g 阿拉伯半乳聚糖、0.5 g 木聚糖、2.0 g 马铃薯淀粉、0.2 g 葡萄糖、1.5 g 酵母提取物、0.5 g 蛋白胨、2.0 g 黏蛋白、0.25 g 半胱氨酸	1.5	1∶40	2.0
	肠液	12.5 g NaHCO₃、6.0 g 牛胆汁、0.9 g 胰酶	6.5	1∶40	3.5
RIVM	唾液	1.79 g 氯化钾、1.78 g 磷酸二氢钠、0.4 g 硫氰化钾、1.14 g 硫酸钠、0.60 g 氯化钠、0.4 g 尿素、0.58 g α 蛋白酶、0.05 g 胃黏膜素、0.03 g 尿酸	6.8	1∶12	1/12
	胃液	1.65 g 氯化钾、0.53 g 磷酸二氢钠、5.5 g 氯化钠、0.8 g 氯化钙、0.61 g 氯化铵、5.72 g 盐酸、0.17 g 尿素、1.30 g 葡萄糖、0.04 g 葡萄糖醛酸、0.66 g 氨基葡萄糖盐酸、6 g 胃黏膜素、2 g 牛血清白蛋白、5 g 胃蛋白酶	1.0	1∶24	2
	肠液	十二指肠液：14.02 g 氯化钠、1.13 g 氯化钾、0.16 g 磷酸二氢钾、6.78 g 碳酸氢钠、0.40 g 氯化钙、0.10 g 氯化镁、0.16 g 盐酸、0.2 g 尿素、2 g 牛血清白蛋白、18 g 胰酶、3 g 脂肪酶	8.0	1∶36	4
		胆汁：10.52 g 氯化钠、0.75 g 氯化钾、11.75 g 碳酸氢钠、0.8 g 氯化钙、0.13 g 盐酸、0.5 g 尿素、3.6 g 牛血清白蛋白、60 g 猪胆盐			
FOREhST	唾液	896 mg KCl、888 mg NaH₂PO₄、200 mg KSCN、570 mg Na₂SO₄、298 mg NaCl、2.8 mL 1.0 mol/L NaOH、200 mg 尿素、280 mg 淀粉酶、25 mg 黏蛋白、15 mg 尿酸	6.8	—	2
	胃液	2752 mg NaCl、266 mg NaH₂PO₄、824 mg KCl、400 mg CaCl₂、306 mg NH₄Cl、6.5 ml 37% HCl、650 mg 葡萄糖、20 mg 葡萄糖醛酸、85 mg 尿素、330 mg 盐酸氨基葡萄糖、1000 mg 牛血清白蛋白、9000 mg 黏蛋白、2500 mg 胃蛋白酶	1.3	—	2
	肠液	7012 mg NaCl、5607 mg NaHCO₃、80 mg KH₂PO₄、564 mg KCl、50 mg MgCl₂、200 mg CaCl₂、180μL 37% HCl、100 mg 尿素、1000 mg 牛血清白蛋白、9000 mg 胰酶、1500 mg 脂肪酶	8.1	—	2

一、生理提取实验（PBET）

有机污染物的 PBET 测定法是在金属污染土壤测定法的基础上进行改进的。胃液 pH 为 2.5 代表禁食状态，其次是中性肠液，存在胆盐、胰酶。胃、肠期潜伏期分别为 1 h 和 4 h，是典型的消化道停留时间。PBET 已用于评估多环芳烃和多溴二苯醚在不同基质（包括土壤、室内灰尘和食物）中的生物有效性（Tang et al., 2006）。例如，Khan 等（2008）使用 PBET 估算了 8 种废水灌溉土壤中多环芳烃的生物有效性，结果显示肠相的 PAHs 生物有效性为 27%～53%，高于胃相（20%～46%）。

由于食物通过结肠的时间几乎占人体消化道运输时间的 80%，而结肠中富含碳水化合物的水介质，可能有助于从基质中解吸有机污染物，因此提出在 PBET 中包含结肠成分以更好地代表胃肠道。结肠扩展 PBET（CE-PBET）是通过在 PBET 中添加结肠萃取相而开发的（Tilston et al., 2011），并已用于测量土壤和室内灰尘中多环芳烃和多溴二苯醚的生物有效性。CE-PBET 对 20 种污染土壤 BaP 的生物有效性较 PBET 提高了 4.4 倍（2.5%～18%）。多环芳烃生物有效性的增强，除了结肠腔室中富含碳水化合物的介质外，还与提取时间延长所导致的多环芳烃溶解度的升高有关（Tilston et al., 2011）。然而，模拟结肠期的微生物效应仍然是 CE-PBET 面临的挑战。Abdallah 等（2012）在生物有效性评估之前对 CE-PBET 中的结肠溶液进行高压灭菌，在与受污染的土壤培养 8 小时后，在结肠培养基中观察到显著的微生物污染（即由硫还原细菌引起的黑色和硫黄气味）。如果只考虑母体化合物，这可能会为后续持久性有机污染物分析带来不确定性。此外，微生物可能对不同的对映异构体具有不同的代谢能力，使得生物有效性不同。因此，在考虑微生物效应的同时，测量亲本和微生物代谢产物值得在未来的研究中进一步被重视。

二、德国标准化学会法（DIN）

DIN 方法是一种为解决有机污染生物有效性而建立的体外方法，该方法最初是由德国波鸿鲁尔大学 Hack 开发，目前已经成为德国测定土壤中有机物和无机物生物有效性的标准方法（DIN 19738-2004）。该方法的模拟液中可以添加全脂奶粉，以模拟食物对污染物行为的影响，该方法建立初衷是解决有机污染物在胃相和肠相的生物有效性。

与 PBET 类似，DIN 方法仅模拟胃相和肠相，但是在肠相的消化时间为 6 h（PBET 肠相为 4 h）。DIN 方法测得 PAHs 和 PCBs 的生物有效性范围为 5.0%～40.0%，然而当添加了牛奶后，生物有效性提高到了 40.0%～85.0%。Zhang 等（2017）利用 5 种体外方法（DIN、PBET、FOREhST、UBM 和 IVD）测定污染土壤（<250 μm）中 PAHs 的生物有效性，DIN 方法测得的生物有效性最高，为 0.12%～5.47%（BaP 毒性当量），高于 PBET 的 0.07%～1.98%、FOREhST 的 0.34%～1.53%、UBM 的 0.05%～1.11% 和 IVD 的 0.001%～0.49%。范任君（2021）选择 DIN 法与 Tenax、C18 膜、有机硅胶、聚乙烯膜、聚甲醛树脂 5 种吸附材料耦合，测定场地土壤中 7 种 PAHs（包括苯并[a]蒽、䓛、苯并[b]荧蒽、苯并[k]荧蒽、苯并[a]芘、茚并[1,2,3-cd]芘、二苯并[a,h]蒽）的生物有效性，耦合了有机硅胶的 DIN 方法测得的 PAHs 生物有效性相较于用未添加有机硅胶的 DIN 方法提升了 2～5 倍。但是，就当前研究进展而言，DIN 方法测定 PAHs 生物有效性尚未得到广泛推广。

三、人体肠道微生物生态系统模拟器（SHIME）

SHIME 是由 Molly 等（1993）开发的一种自动多级反应器。这个计算机控制的动态模型由 5 个区室组成，该反应器后来发展为 SHIME 试验，用于测量多环芳烃的生物有效性，包括胃、肠和结肠阶段（Van de Wiele et al., 2004）。

SHIME 法已被用于测定金属如 As、Pb 和 Hg 的生物有效性。最近，该方法也被用于评估土壤、食物和室内灰尘中多环芳烃和多溴二苯醚的生物有效性。例如,通过 SHIME 法测定室内粉尘(0.13~3.9 mg/g)中多溴二苯醚的生物有效性为 14%~66%,与粉尘中有机质含量呈显著负相关(7.1%~47%)。在将多溴二苯醚生物有效性纳入风险评估后,成年人通过吸入粉尘摄入多溴二苯醚的日摄入量减少了 0.4~21 ng/d,表明基于总浓度的粉尘中多溴二苯醚相关风险测定过高。

SHIME 检测的一个正向发展是考虑到肠相有机污染物的潜在微生物降解,因为它包括来自人类结肠的微生物群落。Van de Wiele 等(2004)认为多环芳烃在结肠腔室的微生物转化产生雌激素代谢产物,如 1-羟基芘和 7-羟基苯并[a]芘。母体化合物的代谢物会导致生物有效性测量的不确定性,例如,在测定过程中某些有机污染物降解时,如果仅测量母体化合物,则有机污染物的生物有效性可能会被低估。因此,由于肠道细菌在有机污染物转化中发挥重要作用,在体外方法肠相中添加微生物成分非常重要。此外,量化母体和转化产物对于精确测定生物有效性必不可少。然而,SHIME 检测因为其操作和维护相对复杂,大规模应用可能面临困难,尤其是结肠微生物群落产生的气味问题需要解决。

四、荷兰国家公共卫生与环境研究所法(RIVM)

RIVM 是由荷兰国家公共卫生及环境研究院开发的一种生物有效性体外测定方法。该方法是针对喂养和禁食状态开发的,包括三个阶段,即唾液、胃和肠道阶段。已有研究将该方法应用于测量土壤中多环芳烃的生物有效性。研究在 4 种土壤中分别添加浓度为 200 mg/kg 和 400 mg/kg 的菲,并使用 RIVM 法进行快速状态提取,基于大鼠血液模型,得出多环芳烃的生物有效性与体内结果相关(R^2=0.53)。然而,由于样品数量较少(即 4 种土壤),相关性可能不成立。土壤中添加了菲,这并不代表实际的污染土壤。此外,使用血液分析作为生物学终点的多环芳烃生物有效性评估可能会忽略与肝门静脉循环和代谢产物产生相关的问题。

RIVM 试验的饲料是基于将土豆泥和混合鸡肉添加到快速状态来开发的,这可以模拟儿童的营养需要。利用这种方法,Grøn 等(2007)在丹麦 4 种土壤中测量了多环芳烃的生物有效性,其中含有 0.22~5.4 mg/kg 苯并[a]芘和 0.08~0.99 mg/kg 二苯并[a,h]蒽。多环芳烃的生物有效性因多环芳烃来源和土壤性质的不同而不同。例如,苯并[a]芘和二苯并[a,h]蒽生物有效性在焦油污染的土壤中较低(5.7%和 12%),而在公路交通污染的土壤中较高(38%和 40%)。一般来说,RIVM 法可能由于可供参考的文献有限而未得到广泛应用。

五、Tenax 提取法

Tenax(商品名)是一种多孔的高分子聚合物,即聚 2,6-二苯基对苯醚,其不但对有机物具有良好的吸附与解吸能力,同时能够耐受高温(375℃),因而是一种非常优越的吸附剂。因其对疏水性有机污染物的提取量与生物累积量间存在较好的相关性,故可用作表征生物有效性。

Tenax 对吸附物的吸附主要是由于 π 电子和醚键氧原子上的孤对电子与被吸附物分

子的相互作用（张学进和王德辉，1984）。其提取原理是基于生物体只能利用水溶性有机物，通过提取暴露生物内快速解吸的那部分有机物来预测该有机物的生物有效性；Tenax 的作用在于能够快速地吸附生物体内解吸下来的污染物，再通过对 Tenax 的淋洗洗脱而获得目标污染物，并可建立吸附量与暴露生物体内目标污染物浓度的定量关系，进而模拟生物体对污染物的吸收利用率。Tenax 与环境介质混合的一段时间内，通过吸附溶解于水相中的污染物，促使不同状态的污染物从介质上以不同的速率不断解吸至水相，直至污染物在 Tenax、水相和环境介质三相之间达到平衡。Liang 等（2010）利用 Tenax 对天津人工染毒土壤中 PBDEs 进行 6 h 的萃取结果与蚯蚓暴露实验结果进行对比，发现两者之间有明显的正相关（R^2=0.96），表明 6 h 的 Tenax 提取可以很好地表征土壤中 PBDEs 对蚯蚓的生物有效性，并可以用于快速预测土壤中 PBDEs 同系物对蚯蚓的生物-土壤富集因子（BSAF 值），从而为 PBDEs 污染的环境评价提供依据。Yang 等（2010）研究了 Tenax 法对江苏启东农田土壤中 DDTs 表征生物有效性的评价，结果表明，6 h 的 Tenax 提取浓度与土壤中 DDTs 总浓度存在明显正相关（R^2=0.91），与 DDTs 的快解析部分的相关系数也达到了 0.74～0.82，同时得出，6 h 的 Tenax 提取浓度约为 DDTs 快解析部分浓度的一半，这与 Cornelissn 等（2001）研究结果相似，并且，6 h 的 Tenax 提取量与胡萝卜根部 DDTs 的累积量之间的相关系数为 0.61～0.91，再次验证了 Tenax 提取方法的可行性。

六、人体模拟试验（FOREhST）

FOREhST（fed organic estimation human simulation Test）是一种基于 Tenax 改进的体外方法，用于评估土壤中多环芳烃等有机污染物的生物可给性。它通过模拟人体的消化过程来评估污染物从土壤基质中释放并被人体吸收的程度。FOREhST 方法与 RIVM 和 BARGE 方法的区别在于其特定的设计和应用。FOREhST 方法特别考虑了食物摄入对污染物生物可给性的影响，并通过模拟人体的喂食状态来增强污染物的解吸。FOREhST 方法可能更适合评估特定污染物在复杂基质中的生物可给性。

体外测定多环芳烃生物有效性的方法主要应用于土壤（表 4-5），最近还应用于室内灰尘和食物。

表 4-5　多环芳烃和多溴二苯醚在污染土壤的生物有效性评价

方法	材料来源	浓度/（mg/kg）	生物有效性/%
PBET	加油站、路边、学校、大学/居民区	0.11～28（共 16 种 PAHs）	3.9～55（胃相） 9.2～61（肠相）
PBET	废水和清洁土壤	1.3～4.9（共 16 种 PAHs）	20～46（胃相） 27～53（肠相）
PBET	20 种中国土壤	0.083～8.8（共 16 种 PAHs）	4.9～22（胃相） 15～63（肠相）

续表

方法	材料来源	浓度/（mg/kg）	生物有效性/%
CE-PBET	OECD 标准人造土	1024	74~95（有结肠消化） 63~87（无结肠消化）
DIN	1 g 土壤	—	7~95
DIN	1 g 土壤	—	32~83
SHIME	临近工业区	49	0.44（胃相） 0.13（肠相）
SHIME	18 种加拿大棕地土	整土<0.6	1~10（胃相） 1.2~21（肠相）
SHIME	废弃煤气厂	10~300	13~59
RIVM	4 种土壤	200 和 400	17.7~69.8 53~88.8
RIVM	4 种丹麦土壤	0.22~5.4（苯并[a]芘）	5~15
FOREhST	煤气厂 11 种土壤	10~300	12~61
FOREhST	焦油工作点	9.0~1404	>60
FOREhST	杂酚油-污染土	1070	<4

第三节　方法和影响因素

有机污染物的生物有效性主要包括两个过程，一个是有机污染物在土壤中的行为，另一个是生物对有机污染物的吸收。事实上，这是土壤基质、污染物和生物的相互作用，三种状态的变化对有机污染物的生物有效性有着深远的影响。

一、土壤基质

吸附和吸收是影响土壤污染物生物有效性的最重要因素，而污染物在土壤中的吸附和吸收主要取决于土壤中的有机质和矿物质。有机质含量高的土壤会吸收大量的疏水性有机物，而矿物质含量高的土壤对离子有机污染物具有很强的吸附能力，从而降低污染物的生物有效性。大多数有机污染物是非极性的，可以通过多种吸附机制与土壤有机物质结合，包括范德瓦耳斯力、疏水键、氢键、电荷转移、分子间力和配体交换（Ukalska-Laruga and Smreczak, 2020），从而降低其迁移率、浸出率和生物有效性。但实际上，土壤有机质含有不同的成分，其中腐殖质是一种重要的成分，包括叶酸、腐殖酸和胡敏素。玻璃态的胡敏素具有高度的结构凝结和较强的孔隙刚性，因此有机污染物一旦进入就很难释放。橡胶腐殖酸可以与有机污染物快速相互作用，但结合强度较弱，很容易被释放（Lueking et al., 2000）。有机物的冷凝程度越高，污染物的解吸滞后程度越大，解吸速率越慢，生物有效性越低。此外，有机污染物与溶解有机物（DOM）的结合可以促进其在土壤溶液中的溶解和迁移，从而提高生物有效性。这些 DOM 包括低分子量物质（如游离氨基酸和糖）和各种大分子成分（如酶、氨基糖、多酚和可溶性腐殖酸等）（吴鑫和杨红，2003）。这在不同性质的土壤对 PAHs 的吸附作用研究中得到了验证（林舒，2009），其中土壤中可提取的 PAHs 与可溶性有机碳（DOC）呈正相关。然而，关于 DOC 对有机污染物生物有效性的影响尚无一致的结论，一些 DOC 和细菌之间的竞争可能会导致细菌生物有效性降低，例如，溶解或颗粒状有机物可能会降低 PAHs 的降解率（Ressler et al., 1999）。

土壤黏土矿物对有机污染物的亲和力只有当有机质含量足够低（在 6%～8%以下）时才可能存在显著的贡献。多环芳烃的生物降解性随着有机质和黏土含量的增加而降低，但在高黏粒含量而低有机质土壤中，生物降解性依旧很高，表明有机质在黏粒的吸附过程中起重要作用。矿物质的存在一定程度上减弱了有机质对污染物的吸附能力。

二、生物种类

不同的生物对同一种污染物有不同的吸收机制和能力，它们的反应也截然不同。对于动物来说，生活方式直接影响污染物的暴露。即使是具有不同生存策略的相同生物，其对有机污染物的吸收也存在很大差异。对于植物来说，亲脂性有机化合物相对容易分布到植物根脂质中。此外，不同植物的污染物吸收能力的差异还取决于根部渗出物，包括小分子的糖、醇和酸，它们可以作为生物表面活性剂来改变基质的界面张力或增强污染物的溶解度和迁移能力，从而影响生物有效性。根系分泌物发挥作用的另一种方式是改变细菌细胞表面的疏水性，促进微生物活性和生化转化，并降解有机污染物（Schnoor et al., 1995）。

三、有机污染物的结构

有机污染物种类繁多，分子量范围广，包括链和环、饱和键和不饱和键，以及许多具有特定位置、反应特征和独特空间结构的官能团。结构决定的性质是影响其生物有效性的重要因素，包括水溶性、亲脂性、解离常数、分子量和空间构型。由于生物膜的主要成分是非极性脂质，它们往往更容易吸附亲脂性物质。大量研究表明，有机污染物的生物有效性与其疏水性有关。一方面，有机污染物的疏水性越高，就越容易与植物根中重要的特异性脂酶结合并被吸收，从而可能会增加污染物的生物有效性；另一方面，有机污染物疏水性的增加也增强了土壤有机质对污染物的吸附能力，从而也可能降低污染物的生物有效性。污染物在不同的生物体中积累的程度不同，对于可解离的有机污染物，分子状态往往更容易被生物吸收。在一定的 pH 条件下，pK_a 值会影响解离程度。由于细胞膜带负电，阳离子污染物更容易被植物根系吸收，而阴离子污染物被细胞膜排斥，难以跨越。

有机化合物的分子量、结构和空间构型也是影响生物有效性的重要因素。多氯联苯是由不同数量的氯原子取代联苯上的氢原子形成，分子体积和分子极化率影响它们在生物体中的富集。生物膜上大分子量多氯联苯的处理过程可能受到限制，从而导致更长的时间达到平衡。多环芳烃（PAHs）是由两个或多个具有密集 π 电子的苯环加厚的碳氢化合物形成，空间结构越复杂，微生物酶活性位点越难进入 PAHs 分子进行反应。

第四节　体内与体外相关性研究

在人类健康风险评估中，生物可给性和生物有效性是两个常用的吸收因子。从理论上讲，生物可给性应当大于生物有效性。虽然将体内生物有效性推广到人体时存在一定的不确定性，但如果通过体外方法测量的基质中污染物的生物可给性与在动物体内测量的生物有效性一致，那么将生物有效性纳入健康风险评估可能更为合适。因此，为了更准确地评估污染物的人类健康风险，并了解体外方法测量的生物可给性是否可以引入健康风险评估，有必要将生物可给性与动物实验获得的生物有效性进行比较。为了验证用于生物可给性测量的体外方法，通常评估生物可给性和生物有效性之间的经口缓控释剂的体内外相关性（IVIVC）。如果开发出统一的体外方法并通过生物有效性进行评估，那么可能会被作为一种标准方法用作管理决策。

一般采用同基质中的同种污染物的生物可给性与生物有效性间的线性相关分析来评价 IVIVC。当生物可给性和生物有效性相关性大于 0.8（斜率约为 1）且截距接近 0 时，表明体外方法在特定基质中对这种有机污染物的体现度较为准确。就目前研究而言，利用 Ruby 等（1996）改进的 PBET 方法测定 Pb 的生物可给性和生物有效性结果相对一致。尽管已有部分调查进行了体外方法的生物可给性与体内测定的生物有效性间相关关系的研究（表 4-6），但针对疏水性有机污染物的研究相对较少。一方面，有机污染物的生物有效性研究晚于重金属的生物有效性研究，数据较少；另一方面，相较于重金属，对于那些容易代谢的有机物质，如多环芳烃，有机化合物的体内外相关性研究更加困难，因为需要追踪化学物质的所有代谢物。

表 4-6　基于 PBET 和 CE-PBET 方法测定的疏水性有机污染物生物有效性和相关的 IVIVC

方法	化学品	样品	生物有效性	IVIVC
PBET	PAHs	北京公共区域土壤	3.9%～54.9%（胃相） 9.2%～60.5%（肠相）	无
PBET+Tenax	PAHs	污染土壤	3.7%～6.92%到 16.3%～31.0%	无
PBET	DDTs	土壤	<4%	雌性小鼠肝脏 RBA：（8.3±1.1）%～（24.3±1.1）%，无显著相关性
PBET+Tenax	DDTs	土壤	使用 Tenax 时 27%～56%	无
PBET+Tenax	PCBs	土壤	使用 Tenax 时 3%～63.1%	无
PBET	PBDEs	电子垃圾土壤	1%～6%	小鼠 RBA：1.7%～38.1%
CE-PBET+ Tenax	拟除虫菊酯	土壤	联苯菊酯：18.2%～35.7%（平均 26.6%）	无

对于 PBET 法，许多疏水性有机污染物的生物可给性和生物有效性之间没有观察到明显的相关性。Smith 等（2012）研究发现使用雌性小鼠的 DDTs 的生物有效性较低

（<4%），但其 RBA 较高[肝脏中的（8.3±1.1）%～（24.3±1.1）%]，两者之间没有显著相关性。同样，Juhasz 等（2016）观察到土壤（<250 μm）中 DDTs 的生物可给性较低（1.6%～3.8%），尽管 $R^2 = 0.89$（斜率在 0.8～1.2 之间，$R > 0.8$），但是 IVIVC 的斜率差异超过了 15。这些研究表明，PBET 方法在通过生物可给性预测生物有效性方面的效果并不是太好。但并不是所有有机污染物利用 PBET 法预测都缺乏相关性，例如在对十溴联苯醚（BDE-209）的预测中，PBET 法的预测效果则展现了一定的相关性。总的来讲，由于 PBET 的方法是衍生于重金属的研究，用于有机污染物的研究中，若不进行改进，疏水性有机污染物的 IVIVC 通常较低。

RIVM 方法在疏水性有机污染物中的应用并不广泛，因此关于 IVIVC 研究的数量也较有限。Smith 等（2008）使用 RIVM 方法测定标准加标土壤多环芳烃的生物可给性，并观察到萘、苊、苊烯、蒽、菲、芴和二苯并[a,h]蒽的生物可给性为 60%～85%，与一些大鼠的体内数据具有一定的可比性。目前有研究支持 RIVM 方法适合于评价土壤中多环芳烃的生物可给性，但是也存在一定量的研究在使用 RIVM 方法评价生物可给性时并未发现和生物有效性的良好相关性，至少不存在显著的相关性。同时 RIVM 方法制备的过程较为复杂，进一步限制了该方法的应用，由此目前对于 IVIVC 的使用信息也相对较少，学界也考虑到 RIVM 在实际应用中的弊端，逐渐改用基于 RIVM 改进的 FOREhST 方法。

FOREhST 方法模拟饲料消化条件，类似于饱腹状态下的 RIVM 方法（fed-RIVM）。然而，由于在活体试验中饲料呈现出动态的消化特性，因此采用 FOREhST 方法来估计疏水性有机污染物的生物有效性时，结果远低于体内实验数据。同样，Juhasz 等（2014）测试了 7 种 PAHs 在土壤中的生物可给性，远低于小鼠的 RBA[（84.0±1.3）%]。但是 James 等（2011）研究了污染土壤中多环芳烃的生物可给性，利用 FOREhST 方法得到的结果为 13%～29%，与猪模拟的 RBA 存在显著的相关性。

对于 SHIME、IVG、DIN、UBM 等其他体外胃肠方法，也有少量针对 IVIVC 检测有机污染物的体内验证实验。PBET、DIN、UBM、IVG 和调整过的 SHIME 等五种体外方法对多溴二苯醚在标准参考物质（SRM）如 SRM-2585（通常为污染土壤或沉积物样本）和土壤中的生物有效性进行测定，体外结果与在雌性 C57BL/6 小鼠中测定的多溴二苯醚生物有效性的比较中，只有调整过的 SHIME 对于 BDE47、BDE99、BDE100 和 BDE153 等同源物的测定与体内检测结果具有较高的相关性（$R^2 > 0.73$，斜率=0.83～1.16）。在 PFOA 的检测中，UBM 方法的体外与体内结果相关性较高，方法更为可靠，而 PBET 和 IVG 则在体内和体外 PFOA 的检测中显示出较大的偏差，不具有很好的相关性。关于结肠-PBET（CE-PBET）方法，尽管在实验中广泛应用，但是科研工作者很少进行体内实验的验证，需进一步评估。

尽管文献中目前已开发出多种体外方法测定有机污染物的生物有效性，且上述提到一些体外体内方法相关性的论述，但不同于重金属生物有效性研究，目前仍有部分有机污染物体外方法未经过体内实验的验证，目前更为常用的体外有机污染物生物有效性的测试方法为 PBET、FOREhST 和 SHIME。本书为方便读者根据需求选取合适的模型，对上述提到的体外测试方法在表 4-7 中进行了进一步的总结。

表 4-7　常用有机污染物体外模拟方法特点及应用

模拟方法	模拟消化阶段	特点	已应用污染物	已应用介质
PBET	胃 小肠	最经典的模拟胃肠阶段的模拟方法	多环芳烃、多氯联类、多溴联苯醚类、全氟辛酸、滴滴涕、邻苯二甲酸酯类、多氯代苯并二噁英/呋喃	食物 灰尘 土壤
CE-PBET	胃 小肠	胃肠阶段基础上增加结肠阶段	多环芳烃、溴代阻燃剂类、滴滴涕、六溴环十二烷、有机磷阻燃剂、三氯乙基磷酸酯	食物 灰尘 土壤
FOREhST	口腔 胃 小肠	增加口腔阶段；婴儿配方；胃肠中有尿素	多环芳烃、滴滴涕	食物 灰尘 土壤
DIN	胃 小肠	只有胃肠相；肠相时间长	多环芳烃、多氯苯类	土壤
SHIME	胃 小肠 大肠	肠相添加微生物	多环芳烃、多溴联苯醚类	食物 灰尘 土壤
RIVM	口腔 胃 小肠	增加口腔阶段；口腔阶段保留时间最长	多氯联苯类、林丹、多环芳烃	土壤 食物 婴幼儿奶粉

目前，在研究方法方面，体外胃肠道模拟实验确定生物有效性是预测持久性有机污染物生物有效性的一种广泛方法。然而，目前世界上还没有对体外方法统一规定的标准，不同方法得出的结果也大相径庭，缺乏体内数据的验证。此外，大多数优化的体外方法仍无法真实模拟人体胃肠道环境，如忽略口腔的消化过程、胃肠道微生物对污染物的影响、肠道上皮细胞的吸收以及污染物的肠道代谢过程等。因此，今后有必要综合考虑介质的消化和动态吸收过程，以及模拟污染物在血液和重要组织器官中的富集过程，使体外模拟环境更接近人体的生理特点，从而实现更准确的风险评估。

大多数相关研究侧重于持久性有机污染物在同一种食物或灰尘中的生物有效性，这无法代表丰富的日常饮食和不同人群的暴露情景，因此有必要考虑混合介质对污染物释放的影响。此外，灰尘、粉尘或土壤的粒径和质地会影响持久性有机污染物的分布，而大多数研究并没有将灰尘粒径纳入暴露风险评估系统，这可能导致低估或高估暴露风险。虽然有少数研究在进行持久性有机污染物人体暴露评估和健康风险定性时对生物有效性进行了校正，但有限的研究难以考虑不同基质或人群在生物有效性方面的差异。与食物相比，持久性有机污染物在灰尘中的生物有效性的风险评估较少。由于年龄（如婴儿和成年人）、膳食结构（如素食者和鱼类爱好者）和灰尘/食物接触贡献（如职业接触和普通人群）的不同，不同人群的污染物生物有效性可能存在差异。因此，未来有必要进一步利用特定介质和特定人群的生物有效性来校准污染物风险评估结果，为合理搭配膳食、降低不同暴露人群的污染物暴露风险提供理论依据。

对持久性有机污染物的生物有效性研究最为广泛的是多环芳烃，主要集中在土壤中多环芳烃的生物有效性研究，而对其他污染物如多氯联苯、多溴联苯醚、滴滴涕、全氟辛烷磺酸等在口接触介质（食物、灰尘、土壤）中的生物有效性研究相对有限。环境中经常存在持久性有机污染物的衍生物，也出现了各种新的替代品，但对持久性有机污染物衍生物和替代品的生物有效性研究仍有较大差距。

参 考 文 献

范任君. 2021. 模拟胃肠液耦合吸附材料法测定场地多环芳烃生物可获得性研究[D]. 南京: 南京大学.

林舒. 2009. 不同性质土壤中 PAHs 老化行为及不同提取剂提取效率的研究[D]. 西安: 长安大学.

吴鑫, 杨红. 2003. 可溶性有机物对土壤中主要有机污染物环境行为的影响[J]. 生态环境, 12(1): 81-85.

张学进, 王德辉. 1984. Tenax-GC 大气有机物浓缩采样柱[J]. 中国环境科学, 4(2): 73-76.

Abdallah M A E, Tilston E, Harrad S, et al. 2012. In vitro assessment of the bioaccessibility of brominated flame retardants in indoor dust using a colon extended model of the human gastrointestinal tract[J]. Journal of Environmental Monitoring, 14(12): 3276-3283.

Budinsky R A, Rowlands J C, Casteel S, et al. 2008. A pilot study of oral bioavailability of dioxins and furans from contaminated soils: Impact of differential hepatic enzyme activity and species differences[J]. Chemosphere, 70(10): 1774-1786.

Cornelissen G, Rigterink H, ten Hulscher D E, et al. 2001. A simple Tenax® extraction method to determine the availability of sediment-sorbed organic compounds[J]. Environmental Toxicology and Chemistry, 20(4): 706-711.

Dean J R, Ma R. 2007. Approaches to assess the oral bioaccessibility of persistent organic pollutants: A critical review[J]. Chemosphere, 68(8): 1399-1407.

Grøn C, Oomen A, Weyand E, et al. 2007. Bioaccessibility of PAH from Danish soils[J]. Journal of Environmental Science and Health, Part A Toxic/Hazardous Substances and Environmental Engineering, 42(9): 1233-1239.

James K, Peters R E, Laird B D, et al. 2011. Human exposure assessment: A case study of 8 PAH contaminated soils using in vitro digestors and the juvenile swine model[J]. Environmental Science & Technology, 45(10): 4586-4593.

Juhasz A L, Weber J, Stevenson G, et al. 2014. In vivo measurement, in vitro estimation and fugacity prediction of PAH bioavailability in post-remediated creosote-contaminated soil[J]. Science of the Total Environment, 473-474: 147-154.

Juhasz A L, Herde P, Smith E. 2016. Oral relative bioavailability of Dichlorodiphenyltrichloroethane (DDT) in contaminated soil and its prediction using in vitro strategies for exposure refinement[J]. Environmental Research, 150: 482-488.

Khan S, Cao Q, Lin A J, et al. 2008. Concentrations and bioaccessibility of polycyclic aromatic hydrocarbons in wastewater-irrigated soil using in vitro gastrointestinal test[J]. Environmental Science and Pollution Research International, 15(4): 344-353.

Lueking A D, Huang W, Soderstrom-Schwarz S, et al. 2000. Relationship of soil organic matter characteristics to organic contaminant sequestration and bioavailability[J]. Journal of Environmental Quality, 29(1): 317-323.

Liang X W, Zhu S Z, Chen P, et al. 2010. Bioaccumulation and bioavailability of polybrominated diphynel ethers (PBDEs) in soil[J]. Environmental Pollution, 158(7): 2387-2392.

Molly K, Vande Woestyne M, Verstraete W. 1993. Development of a 5-step multi-chamber reactor as a simulation of the human intestinal microbial ecosystem[J]. Applied Microbiology and Biotechnology, 39(2): 254-258.

Ruby M V, Davis A, Schoof R, et al. 1996. Estimation of lead and arsenic bioavailability using a physiologically based extraction test[J]. Environmental Science & Technology, 30(2): 422-430.

Ressler B P, Kneifel H, Winter J. 1999. Bioavailability of polycyclic aromatic hydrocarbons and formation of humic acid-like residues during bacterial PAH degradation[J]. Applied Microbiology and Biotechnology, 53(1): 85-91.

Ramesh A, Walker S A, Hood D B, et al. 2004. Bioavailability and risk assessment of orally ingested polycyclic aromatic hydrocarbons[J]. International Journal of Toxicology, 23(5): 301-333.

Rees M, Sansom L, Rofe A, et al. 2009. Principles and application of an in vivo swine assay for the determination of arsenic bioavailability in contaminated matrices[J]. Environmental Geochemistry and Health, 31(1): 167-177.

Schnoor J L, Licht L A, McCutcheon S C, et al. 1995. Phytoremediation of organic and nutrient contaminants[J]. Environmental Science & Technology, 29(7): 318A-323A.

Smith R P, Roberstson A M, Watchel C J. 2008. Measurement of polycyclic aromatic hydrocarbon (PAH) bioaccessibility and their use in the assessment of human health risk[J]. Geoscience in South-West England, 12(1): 27-31.

Smith E, Weber J, Rofe A, et al. 2012. Assessment of DDT relative bioavailability and bioaccessibility in historically contaminated soils using an in vivo mouse model and fed and unfed batch in vitro assays[J]. Environmental Science & Technology, 46(5): 2928-2934.

Tsai P J, Shih T S, Chen H L, et al. 2004. Urinary 1-hydroxypyrene as an indicator for assessing the exposures of booth attendants of a highway toll station to polycyclic aromatic hydrocarbons[J]. Environmental Science & Technology, 38(1): 56-61.

Tang X Y, Tang L, Zhu Y G, et al. 2006. Assessment of the bioaccessibility of polycyclic aromatic hydrocarbons in soils from Beijing using an in vitro test[J]. Environmental Pollution, 140(2): 279-285.

Tilston E L, Gibson G R, Collins C D. 2011. Colon extended physiologically based extraction test (CE-PBET) increases bioaccessibility of soil-bound PAH[J]. Environmental Science & Technology, 45(12): 5301-5308.

Ukalska-Jaruga A, Smreczak B. 2020. The impact of organic matter on polycyclic aromatic hydrocarbon (PAH) availability and persistence in soils[J]. Molecules, 25(11): E2470.

Van Schooten F J, Moonen E J, van der Wal L, et al. 1997. Determination of polycyclic aromatic hydrocarbons (PAH) and their metabolites in blood, feces, and urine of rats orally exposed to PAH contaminated soils[J]. Archives of Environmental Contamination & Toxicology, 33(3): 317-322.

Van de Wiele T R, Verstraete W, Siciliano S D. 2004. Polycyclic aromatic hydrocarbon release from a soil matrix in the in vitro gastrointestinal tract[J]. Journal of Environmental Quality, 33(4): 1343-1353.

Weis C P, LaVelle J M. 1991. Characteristics to consider when choosing an animal model for the study of lead bioavailability[J]. Chemical Speciation and Bioavailability, 3: 113-119.

Wittsiepe J, Erlenkämper B, Welge P, et al. 2007. Bioavailability of PCDD/F from contaminated soil in young Goettingen minipigs[J]. Chemosphere, 67(9): 355-364.

Yang X L, Wang F, Gu C G, et al. 2010. Tenax TA extraction to assess the bioavailability of DDTs in cotton field soils[J]. Journal of Hazardous Materials, 179(1/3): 676-683.

Zhang S J, Li C, Li Y Z, et al. 2017. Bioaccessibility of PAHs in contaminated soils: comparison of five in vitro methods with Tenax as a sorption sink[J]. Science of The Total Environment, 601/602: 968-974.

第五章　国内外基于生物有效性的土壤污染健康风险评估的标准化

近年来，欧美国家在土壤污染物生物有效性及污染场地风险评估研究方面取得了显著进展，陆续发布了系统化、完善的土壤污染物生物有效性测试方法和健康风险评估技术导则。这些导则不仅推动了生物有效性在土壤污染风险评估中的应用，也促进了其标准化、普及化和制度化。

国内发布的正式土壤污染风险评估标准规范中，尚未形成一套系统化的基于生物有效性的风险评估方法。其中，在生态环境部推荐性文件《建设用地土壤污染修复目标值制定指南（试行）》、北京市地方标准《建设用地土壤污染状况调查与风险评估技术导则》（DB11/T 656—2019）以及团体标准《建设用地土壤污染物的人体生物有效性分析与应用技术指南》（T/JSSES 33—3023）中，明确将基于生物有效性的风险评估方法作为确定土壤修复目标的一种方式。此外，生态环境部等七部门于 2021 年 12 月联合印发的《"十四五"土壤、地下水和农村生态环境保护规划》，特别强调了土壤中铅、砷等污染物生物有效性测试和验证方法研究的重要性，并将其列为"十四五"期间的科技计划（专项、基金等），为推动土壤污染风险评估方法的系统化和标准化提供了重要支撑。这不仅体现了我国政府管理部门对土壤污染物生物有效性研究的重视，也凸显了其在健康风险评估工作中的关键作用。

第一节　美　　国

一、指南设立背景

美国国会于 1980 年 12 月 11 日颁布了《综合环境响应、补偿和责任法》（CERCLA），通常被称为超级基金法案，主要针对污染场地的评估和修复工作。随后超级基金法案制定了旨在修复受污染场地的指导文件《超级基金风险评估指南》（RAGS），以此明确责任归属，预防未来污染的发生。2007 年，超级基金法案颁布了《关于评估经口摄入土壤中金属的生物有效性以用于人体健康风险评估指南》，该指南评估了如何将生物利用度调整纳入风险评估的现有体系，旨在向相关从业人员提供经口摄入金属生物有效性的测定方法，并用于评估特定点位土壤的金属生物有效性，进而开展人体健康风险评估。2021 年，在"附件 A：生物有效性评价和采样方法的常见问题"中，超级基金法案进一步强调了评估土壤中砷或铅的相对生物有效性的重要性，认为其有助于增强人们对人类健康风险评估和相关风险管理决策结果的信心。美国已发布的相关政策法规与标准规范等文件见表 5-1。

表 5-1　美国发布的相关政策法规和技术指南

序号	发布机构（国家/地区）	文件名称	主要内容	发布时间
1	USEPA	《风险评估超级基金指南卷一：人体健康评价手册》（Risk Assessment Guidance for Superfund Volume I: Human Health Evaluation Manual（Part A））	明确了污染场地风险评估的流程，在暴露评估中定义了不同的暴露场景，并推荐了默认的经口生物有效性	1989 年
2	USEPA	《关于评估经口摄入土壤中金属的生物有效性以用于人体健康风险评估指南》（Guidance for Evaluating the Oral Bioavailability of Metals in Soils for Use in Human Health Risk Assessment）（OSWER 9285.7-80）	明确了生物有效性的定义，并给出了生物有效性测试方法指南和土壤中铅的默认生物有效性值，规定了用于人体健康风险评估中经口摄入的土壤金属生物有效性数据收集和利用的推荐决策框架	2007 年
3	USEPA	《土壤中砷默认相对生物有效性值的建议》（Recommendations for Default Value for Relative Bioavailability of Arsenic in Soil）	对不同地区及形态的土壤样品进行了生物有效性实验，根据统计结果给出了土壤中砷的默认生物有效性值 0.6	2012 年
4	USEPA	《土壤中铅和砷的体外生物有效性测定标准操作程序》（Standard Operating Procedure for anIn Vitro Bioaccessibility Assay for Lead and Arsenic in Soil）	更新了土壤中铅和砷的体外生物有效性测定分析程序，给出了根据体外生物有效性推导得到的铅和砷的相对生物有效性模型	2017 年
5	USEPA	"附件 A：生物有效性评价和采样方法的常见问题"（ATTACHMENT A: Frequently Asked Questions on Bioavailability Sampling and Assessment）	提出了评估土壤中砷或铅的相对生物有效性有利于支持健康风险评估结果和风险管理决策	2021 年

二、健康风险评估流程

1989 年，在 RAGS A 第一卷中（USEPA，1989），将风险评估归纳为 4 个步骤：数据收集和评估、暴露评估、毒性评估和风险表征总结（图 5-1）。

第一步为数据收集和评估。这一阶段的核心任务是收集和分析与人类健康相关的现场数据，识别可能存在于现场的污染物，这些污染物将成为风险评估的重点。

第二步开始进行暴露评估。暴露评估的目的在于了解实际或潜在的人类暴露程度，包括暴露的频率、持续时间以及潜在的暴露途径。在暴露评估中，需要针对当前和未来的土地利用情况，获取合理的最大暴露估计。当前暴露估计用于判断现场现有条件下是否存在健康威胁，而未来暴露估计则帮助决策者预见潜在的未来暴露风险，并定性估计其可能性。暴露评估的过程包括分析污染物的释放情况，识别可能的暴露人群，确定所有潜在的暴露途径，估计暴露程度，并根据环境监测数据和化学建模预测结果，评估特定途径的暴露点浓度和污染物摄入量。

第三步进行毒性评估。重点关注与化学品接触可能引起的不良反应类型，分析暴露程度与不良反应之间的关系，并考虑相关的不确定性因素，例如特定化学物质对人类致癌性的潜在影响。现场发现的污染物毒性评估通常包括危害识别和剂量-反应评估两个步骤。

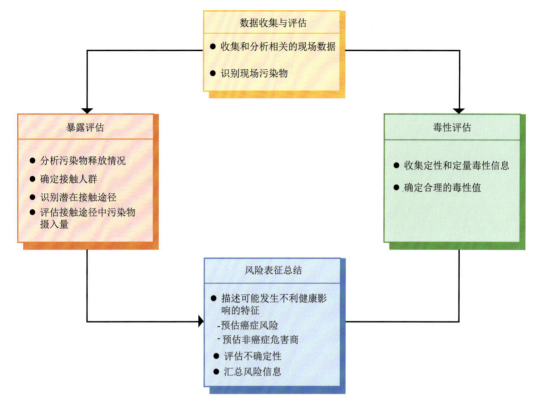

图 5-1　美国健康风险评估流程的 4 个步骤

最终，进行风险表征总结。结合暴露和毒性评估的结果，通过定量和定性的方式综合归纳风险评估的结论，为风险管理提供科学依据。

三、基于生物有效性应用的技术要求

在 RAGS A 第一卷中，将暴露途径划分为经口摄入和皮肤接触两大类，并推荐了默认的经口生物有效性值，即假定化学品在土壤、饮食和水中有一致的生物有效性（即 1.0）。在有特定数据支持的情况下，可以对这些默认的暴露和毒性因素进行调整，以反映不同接触介质的吸收效率差异。绝对生物有效性（ABA）、相对生物有效性（RBA）和体外生物有效性（IVBA）的定义如下。

绝对生物有效性（ABA）：指从胃肠道吸收并进入血液和组织的污染物剂量的比例。

相对生物有效性（RBA）：指在经口毒性研究中，目标介质中污染物的 ABA 与用于给测试生物体给药的介质中相同污染物的 ABA 之比。

体外生物有效性（IVBA）：指土壤样品中可溶于胃样提取介质中的污染物总量的比例。

2007 年，超级基金颁布了《关于评估经口摄入土壤中金属的生物有效性以用于人体健康风险评估指南》，对生物有效性的定义进行了重要更新。该指南强调了在评估化学物质的毒性时，其在胃肠道的吸收程度是一个关键因素。由于通常所用的经口摄入参考剂

量（RfDs）和癌症斜率因子（CSFs）是基于摄入剂量而非吸收剂量，因此在场地风险评估中考虑不同接触介质的吸收差异至关重要。这一点对于金属尤为重要，因为金属可能以多种形式存在，并且不同形态的金属在吸收程度上可能存在显著差异（USEPA，1991）。例如，与通过饮用水或食物摄入的金属相比，污染土壤中的金属吸收程度可能大不相同。如果某种金属的 RfDs 或 CSFs 是基于在水或食物中的暴露研究得出的，而不考虑土壤中金属的实际生物有效性，那么评估的风险可能会被高估或低估。该指南还提供了具体的指导意见，包括：

（1）确定何时需要收集土壤中金属的经口摄入生物有效性场地特征信息，以便用于人类健康风险评估的建议程序。

（2）记录数据收集、分析和验证方法的推荐流程，这些方法应能支持场地特征经口摄入生物有效性的准确估计。

（3）USEPA 用于评估特定生物有效性方法是否适用于监管风险评估目的的通用标准。

2017 年，《土壤中铅和砷的体外生物有效性测定标准操作程序》颁布，对此前推荐的体外测定方法进行了更新，建议采用 SW-846 法或 EPA 1340 法作为测定土壤中砷和铅生物有效性的标准方法。这些方法通过模拟人体胃液环境，测量土壤中金属的溶解率，从而评估土壤和类似土壤材料（如沉积物、矿物）中铅和砷对人体的生物有效性。该方法的适用条件为总铅浓度超过 50000 mg/kg 或总砷浓度超过 13000 mg/kg 的土壤。计算公式如下：

体外生物有效性（IVBA）的计算公式如下：

$$IVBA（\%）= \frac{C_{ext} \cdot V_{ext} \cdot 100}{Soil_{conc} \cdot Soil_{mass}} \tag{5-1}$$

式中，C_{ext} 为体外模拟提取液中污染物的浓度（铅或砷）（mg/L）；V_{ext} 为萃取液体积（L）；$Soil_{conc}$ 为被测土壤样品中的污染物浓度（铅或砷）（mg/kg）；$Soil_{mass}$ 为被测土壤样品的质量（kg）。

目前美国环境保护署采用的计算铅（USEPA，2007b）和砷（Diamond et al.，2016；USEPA，2017）的相对生物有效性（RBA）的模型为

$$RBA_{铅} = 0.88 \cdot IVBA - 0.028 \tag{5-2}$$

$$RBA_{砷} = 0.79 \cdot IVBA + 0.03 \tag{5-3}$$

上述模型将体外测定的 IVBA 值转换为估计的相对生物有效性，以更准确地评估人体对土壤中金属的实际吸收程度。这对于风险评估和管理决策至关重要，因为它提供了更精确的风险估计，进而有助于制定更有效的土壤修复和风险缓解措施。

（一）铅的默认生物有效性

在缺乏具体场地数据的情况下，通常假定化学品在土壤、饮食和水中的生物有效性是相等的，即相对生物有效性（RBA）为 1.0，这种做法提供了一个保守的起点，以确保在风险评估中考虑到化学品的潜在暴露。然而，在某些情况下，基于充分的科学数据，

可以为特定化学品或介质设定不同的默认吸收因子。美国环境保护署（USEPA）根据国家数据确定这些默认值，旨在提高风险评估的准确性。例如，对于铅这一化学物质，USEPA 已经为儿童和成人分别制定了特定的介质默认吸收因子。

儿童铅暴露的生物动力学模型（IEUBK 模型）预测了儿童因接触土壤、灰尘、空气、饮用水和食物等不同来源的铅而产生的平均血铅水平。该模型假设在低摄入量下，儿童通过土壤和灰尘摄入的铅的绝对生物有效性为 30%，其对应的相对生物有效性（RBA）为 60%。此外，IEUBK 模型允许结合具体场地数据进行调整。对于成人铅方法（ALM）被用来评估成人群体的铅暴露风险，并且成人通过土壤摄入的铅的相对生物有效性被设定为 60%。

USEPA 还根据生物有效性或其他指示特定介质中浓度-反应关系的因素，为特定暴露介质推导出特定的参考剂量（RfDs）。这意味着即使存在足够的数据支持特定的介质吸收因子，收集场地特征数据仍然可能很重要。因为影响土壤中金属生物有效性的因素可能因场地而异，包括金属的物理化学形态和与土壤颗粒结合的特性。在特定场地的生物有效性评估可能揭示了默认值无法反映的场地特定因素，如化学性质、颗粒大小或基质效应。因此，如果认为进行生物有效性评估能够为场地风险特征提供有价值的改善，那么应该进行这种评估，而不是单纯依赖默认值。这有助于确保风险评估更好地反映实际的人类健康风险，并为风险管理和修复决策提供更加准确的科学依据。

（二）用于测试重金属生物有效性土壤样品采样方法

2015 年，USEPA 颁布了《体外样品采集指南：土壤中铅（Pb）的生物有效性测定》，这项指南为使用体外测试方法（即 SBRC，也称为 EPA 1340 方法）测量土壤中铅的体外生物有效性提供了详细的采样和分析指导。以下是该指南中的一些关键规定内容。

1. 数据收集考虑因素

在进行样品采集之前，需要考虑场地的潜在土壤暴露途径和现有的场地数据，以确保采样策略的科学性和合理性。

2. 样本数量

IVBA（即体外生物有效性）的样本收集和分析数量应基于研究的数据质量目标。在估计所需样本数量时，应考虑以下因素：

（1）污染物类型：适用生物有效性测定的特定污染物。

（2）场地特征：场地的规模、水文地质等特征。

（3）生物有效性的变化范围：预测的生物有效性可能的变化幅度以及风险评估中可以接受的生物有效性估计的不确定性范围。

3. 采样深度

采样深度可以选择表层土壤（0～0.5 m 深）或更深的土壤层，具体取决于暴露途径和污染物的分布。

4. 样品制备

样品制备过程中，应使用 4.72 mm 或 2.0 mm 的筛网对土壤样品进行过筛处理，以确保样品的均匀性和测试的准确性。

5. 样品量

对于 SW-846 方法，建议至少使用 2 g 的土壤样品进行单次铅生物有效性测定。而对于 EPA 1340 方法，规定使用 1 g 干燥并过筛的土壤样品进行测定。

（三）砷的默认生物有效性值

2012 年发表的《土壤中砷默认相对生物有效值的建议》提供了在特定地点缺乏可靠数据时对砷的生物有效性进行评估的指导。该文件指出，在没有特定场地数据的情况下，应默认假设砷在土壤、水等暴露介质中的生物有效性与用于推导暴露评估标准的介质中的生物有效性相同，即假定相对生物有效性（RBA）为 1.0。

为了制定一个更准确的砷的默认相对生物有效性值，美国环境保护署（USEPA）对所有可用的相对生物有效性数据进行了汇总分析。通过分析，USEPA 得到了 103 个砷的相对生物有效性估计值。分析结果显示，相对生物有效性超过 0.6 的情况并不常见，只有不到 5%的估计值超过了 0.6。基于这一统计结果，USEPA 建议采用 95%置信区间的上限值 0.6 作为砷的默认相对生物有效性值。

这个建议的默认值反映了对现有数据的深入分析，并提供了一个保守的估计，以确保在缺乏具体场地数据时，风险评估能够考虑到砷的潜在生物有效性。使用这个默认值有助于在风险管理决策中采取预防措施，以保护公众健康免受土壤中砷污染的影响。同时，该文件也鼓励在可能的情况下收集和使用特定场地的数据，以便更精确地评估砷的生物有效性。

（四）生物有效性应用于场地风险评估

在环境健康风险评估中，使用场地特征数据来替代默认暴露和毒性因素是提高评估准确性的关键步骤。RAGS A 部分的规定强调了在缺乏具体场地数据时，默认暴露参数作为一般性建议的重要性，同时也指出了在有足够数据支持的情况下，可以根据场地特征信息对这些默认值进行调整的必要性（USEPA，1989）。

场地关注的暴露介质中金属的绝对生物有效性可能与用于推导参考剂量（RfDs）或癌症斜率因子（CSFs）的暴露介质中的生物有效性不同。这意味着，如果简单地假设所关注介质的相对生物有效性为 1.0，可能会导致对场地风险的估计不准确，或高估或低估实际风险。

相比于使用动物实验来计算生物有效性，使用体外生物有效性（IVBA）是成本较低且操作性更强的替代评估方案。然而，当使用 IVBA 评估未知土壤类型的 RBA 时，必须考虑到土壤类型的化学和物理特性可能与用于开发和评估 IVBA 方法的土壤不同。当有可靠的场地特征 RBA 值时，可以对暴露评估进行调整，使用式（5-4）和式（5-5）计算危害商（HQ）和致癌风险（CR）：

危害商（HQ）的调整公式为

$$HQ = \frac{DI \cdot RBA}{RfD} \tag{5-4}$$

癌症风险（CR）的调整公式为

$$CR = (DI \cdot RBA) \cdot CSF \tag{5-5}$$

式中，DI 为每日经口摄入剂量[mg/（kg·d）]；RfD 为参考剂量；HQ 为危害商；RBA 为相对生物有效性；CSF 是致癌斜率因子；CR 是致癌风险。

污染场地风险评估中使用生物有效性测试的决策流程图如图 5-2 所示。决策框架建议使用场地特征数据来改善风险评估，随着相关数据库的扩展，对特定地点数据收集的需求可能会减少。

第 1 步，USEPA 的指南推荐使用默认生物有效性值来估计当前和未来潜在的人类健康风险。如前所述，在大多数情况下，默认的相对生物有效性因子为 1.0，对于某些特殊化学物质，如铅，则存在特定的介质默认值。如果使用默认生物有效性假设预测的风险低于关注水平，并且没有理由怀疑默认值的准确性，则可能不需要进一步调查特定场地的生物有效性。相反，如果预测的风险高于筛选值，则收集特定场地的生物有效性数据可能对细化风险评估和确定修复范围具有重要价值。

第 2 步的核心是确认美国环境保护署（USEPA）是否已经认定了一种或多种经过验证的方法，用于估计场地中特定金属的生物有效性。这一步骤至关重要，因为它确保了风险评估的准确性和可靠性。以下是该步骤的详细说明。

（1）评估现有方法：首先，需要评估 USEPA 是否已经规定了适用于场地金属生物有效性评估的经过验证的方法。这些方法可能已经被一些组织按照毒理学测试方法的验证规范进行了标准化。

（2）监管验证方法的适用性：USEPA 通常认为，用于监管目的的验证方法也适用于生物有效性的评估。这意味着，如果某个方法已经被 USEPA 或其他监管机构验证，它很可能可以直接用于场地特定金属的生物有效性评估。

（3）缺乏验证方法的情况：如果当前没有确定的经过 USEPA 验证的方法适用于场地的具体情况，那么在没有开发和验证合适方法之前，不建议进一步追求场地特征值。这表明在缺乏合适方法的情况下，应谨慎对待场地特征值的获取。

（4）鼓励原始研究：尽管在没有现成验证方法的情况下不推荐追求场地特征值，但同时鼓励在资源允许的情况下，进行替代性生物有效性方法的原始研究和开发。这有助于填补知识空白，并可能为未来的评估提供新的工具。

（5）风险评估的整合：如果确定没有合适的验证方法，且资源有限，风险评估可能需要依赖其他可用数据或使用默认值。然而，这应当在评估报告中明确记录，并讨论其对风险评估结果的潜在影响。

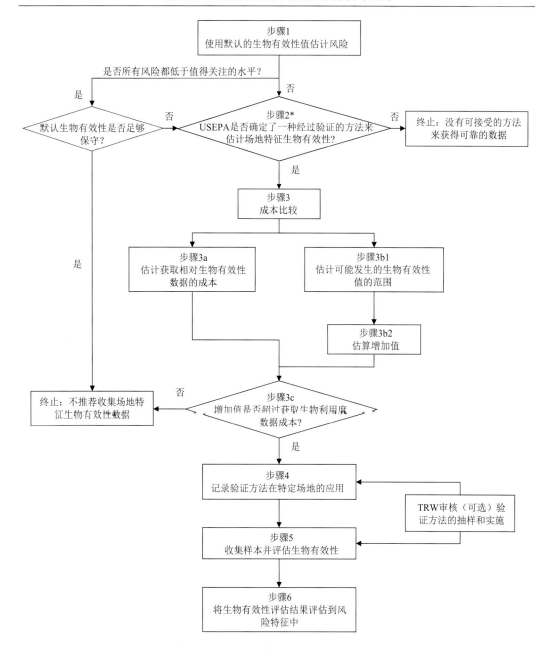

图 5-2　污染场地风险评估中使用生物有效性测试的决策流程图

第 3 步在评估场地特定金属生物有效性的过程中至关重要,它聚焦于成本效益分析,确保资源的合理分配和科学决策。以下是该步骤的详细解析。

1)步骤 3a:估算成本

首先要收集有关获得可靠场地特征生物有效性数据所需的成本(包括时间和费用)的信息。这应包括计划和收集适当的现场样本进行分析所需的工作量,使用已验证的方法执行生物有效性测量的时间和费用,以及总结、评估并将结果应用于风险评估过程所需的工作量。

2）步骤 3 b1：估算生物有效性值的范围

（1）信息收集：从所考虑的地点或其他类似地点收集信息，以判断土壤中金属的生物有效性是否有可能与默认值存在实质性差异。

相关数据类型为①类似地点的生物有效性值：使用经过验证的方法在其他地点获得的数据，这些地点应与当前评估地点相似。②金属化学形态数据：来自现场测试或土壤污染源分析的数据，这些数据有助于了解金属的化学状态。③土壤类型数据：包括有机组分、含量和性质、矿物组成以及金属-土壤颗粒的物理特征（如颗粒大小、化学相、金属可萃取性）。

（2）科学文献评估：从现有的科学文献中获取与特定金属相关的数据，以支持生物有效性的评估。

（3）专业判断：基于其他地点的观察结果和专业判断，估计当前地点可能的生物有效性值范围。

（4）合理界限设定：提供场地金属的绝对或相对生物有效性的合理界限，这些界限将作为后续成本效益分析的基础。

3）步骤 3 b2：成本和潜在效益估计

（1）成本节约分析：如果场地特征生物有效性值较低，可能会节约成本。使用合理范围的生物有效性值来估计当前和未来人类健康风险。

（2）风险范围比较：使用默认生物有效性假设确定的关注水平与基于较低假设值确定的范围进行比较。

（3）潜在节省成本计算：计算因降低关注水平而减少的修复成本，将受关注区域的差异乘以每单位面积的估计修复成本。

（4）置信度和风险沟通：收集场地特征生物有效性数据可以提高风险评估的置信度，并增强风险沟通的效果。

4）步骤 3c：比较测试成本与可节约的费用

将获取数据的估计成本（时间和费用）与可能实现的新增效益进行比较，并根据成本比较得出决策。小型场地中，在较小的关注区域内，获取数据的成本可能与基于默认假设的清理成本相当或更低；而在大型场地中，即使生物有效性数据的收集只导致小幅降低关注水平，也可能实现显著的成本节省。而在没有节省成本的情况下，继续进行生物有效性研究仍可能值得增加费用（例如，为了提高估计的可信度，并为风险沟通提供额外的信息）。同样重要的是，要考虑是否可以在足够的时间框架内完成额外的数据收集活动。根据所需信息的类型，数据收集可能需要几周到几个月的时间。不确定性分析：①无法收集数据的情况。如果由于资源或进度限制无法收集额外数据，应在风险评估的不确定性部分讨论生物有效性值的合理范围及其潜在影响。②继续评估的决策。如果成本比较和可行性评估支持收集和分析额外的数据，评估过程应继续进行。

第 4 步则是说明并记录选定的生物有效性测试法在特定场地的应用，确保方法的合理性和适用性。以下是该步骤的详细说明：

1）第 1 部分：基本原理记录

数据依赖性说明：详细描述所选方法的数据如何支持预测场地关注受体的生物有效性，无论是相对还是绝对。

数据质量目标：阐述所选方法如何满足数据质量目标，包括准确性、精确性、可靠性和有效性。

方法学验证：描述所选方法已经通过的验证过程，证明其科学有效性和适用性。

评价结果总结：总结评价研究的结果，展示这些结果如何支持使用所选方法进行场地特征生物有效性的评估。

方法适用性论证：解释为什么所选方法适合当前场地的特定条件和需求。

局限性记录：诚实记录所选方法在预期应用中的局限性，包括任何潜在的偏差、不确定性或限制条件。

替代方法比较：如果存在，比较所选方法与替代方法的优缺点，包括它们在类似场地或条件下的表现。

2）第 2 部分：数据转换方法记录

转换方法说明：描述将测定结果转化为生物有效性值的方法，包括任何数学公式、比例或算法。

数据统计学转换：如果使用了统计学方法（如回归模型）进行数据转换，应详细说明所采用的统计模型、其理论基础以及如何应用于数据转换。

3）第 3 部分. 样本选择和获取说明

样本选择目标：明确样本选择的目的是得出一个生物有效性调整系数，该系数适用于场地的风险评估。

场地异质性考量：评估场地内生物有效性的可能异质性，考虑土壤特征、金属浓度、金属形式等因素。

样本代表性：说明如何确保所选样本代表场地或场地内特定区域的生物有效性。

单一样品与复合样品：在生物有效性相对均匀的场地，说明使用单个样品（通常是复合样品）来估计 RBA 的理由。

子区域样本：在生物有效性可能变化的场地，描述如何从每个潜在关注的子区域收集代表性样品。

样本大小和位置：说明样本大小和位置选择的依据，确保样本能够反映区域内和区域间的可变性。

样本收集方法：描述样本收集的具体方法，包括采样点的确定、采样深度、采样技术和样本处理。

样本分析计划：说明样本将如何被分析，以及分析方法如何与风险评估的目标和需求相匹配。

可变性估计：解释如何评估和记录样本间的可变性，以及如何将这些信息整合到生物有效性评估中。

数据整合方法：描述如何将不同样本的生物有效性数据整合，以得出整个场地或特定区域的生物有效性调整系数。

第 5 步是生物有效性评估过程中的实际操作阶段，涉及土壤样本的收集、测试和结果分析。以下是该步骤的关键要素。

收集土壤样品并使用所选方法测试这些样品中的生物有效性。样本收集、实验室程序、数据处理和存档应符合机构关于数据质量目标和保障的指南。还应编写一份关于所使用的方法和评估结果的报告，包括全面的讨论，并尽可能对生物有效性评估结果的可信度进行量化。

如果使用验证过的体外方法来估计生物有效性，建议遵循方法中规定的方案，从体外数据推断得到体内数据。也就是说，不存在先验假设，即所有经过验证的体外方法都必须产生与体内值相同的结果。对于未经验证的方法，可以假设存在一个数学方程，使体外结果（作为输入）产生体内数据的估计值（作为输出）。

一般来说，将体外结果与体内结果联系起来的数学方程将产生体内生物有效性值的预期值。然而，由于 RBA 的真实样本间变异性和/或体外生物有效性或 RBA 的测试误差，可以预期实际 RBA 值在该平均值附近存在一定范围的不确定性或变异性。因此，真实的体内生物有效性值可能低于或高于由体外值预测的最佳估计值。在将上述结果应用于风险评估时，风险评估人员和风险管理人员应行使自己的判断，以决定是使用平均值、95%置信区间值还是最大值。

在第 6 步中，应将场地特定生物有效性评估的结果纳入场地风险特征中。该方法与美国环境保护署其他风险评估值是一致的。USEPA 指南建议，在一般情况下，建议首选可靠的特定区域参数值，而不是可能不能代表特定区域情况的默认值。风险描述的不确定性评估部分应讨论特定场地生物有效性估计值的置信度基础、估计值局限性以及上述值的时间变异性（即目前测试结果是否有可能随着时间的推移而改变）。不确定度评估还应至少提供对特定区域生物有效性估计的不确定度的定性评估，但最好是定量评估，以及这种不确定度对风险表征的潜在影响。

（五）管理决策支撑

USEPA 成立的"生物有效性委员会"是一个专门机构（USEPA，2021），旨在处理生物有效性评估的复杂性，并提供必要的专业技术支持。以下是该委员会的关键角色和职责：

（1）专业技术支持：提供深入的科学判断和专业知识，以支持生物有效性评估。

（2）委员会构成：由 USEPA 内部在生物有效性和场地风险评估方面具有专业知识的工作人员组成。

（3）联络和信息中心：作为指导文件建议方法的主要联络点，提供信息和指导。

（4）审查和决策：根据需要召开会议，审查特定申请，参与决策过程。

（5）区域援助：向 USEPA 各区域办公室提供技术援助和支持。

（6）发布指南：在必要时制定和发布额外的指南，以指导生物有效性评估的实施。

（7）方法评估：在实施新的测试生物有效性方法时，委员会根据表 5-2 来评估新的生物有效性测试方法，判断它们是否适合健康风险评估的要求。

表 5-2   不同级别风险评估的过程和标准

风险评估级别	评估类型	评估过程与目标	注释
第 1 级	将采集的现场数据与针对不同环境价值的通用已发布筛选标准进行对照分析。在特定情况下，可能还需要借助环境领域的专家意见	与适宜的通用筛选标准对照。在修复成本可接受且技术可行的情况下，筛选值可作为修复目标。在实现目标值之前，可能需进行持续监测	特殊情况： - 一种或多种污染物超出通用标准。 - 缺乏已发布标准。 - 重大不确定性影响调查可靠性，如通用场地模型不适用于特定场地。 如果存在上述情况，通常需要进行第 2 级风险评估
第 2 级	依据现场的具体情况开展调查和评估工作，这包括对可能遭受环境影响的潜在暴露人群进行风险评估。在此过程中，可以应用那些专为现场特定条件设计的通用筛选标准（即基于现场特定风险的评估标准）	比较特定地点的风险评估结果与通用标准，并结合场地模型，确定可接受的风险修复目标值。在达到该目标值前，可能需实施长期监测	- 可采用生物有效性作为评估标准
第 3 级	对特定风险驱动因素进行深入分析，通常需收集额外数据以判断受体是否影响，可能还需应用更复杂的建模技术。此外，风险评估标准往往需要细化，以便与场地数据进行有效比较	在评估污染物对动植物等的额外影响时，常采用质量通量和排放量的概念以及基于浓度的标准，以助于评估影响和修复方案的效果	在前瞻性评估中，通过比较受体可能接触的剂量与无显著健康影响的剂量，来评估与污染物相关的风险。可采用反向建模，从无明显健康影响的剂量出发，推算现场可接受的污染物浓度，这些浓度可作为修复目标值

表 5-2 为 USEPA 用于确定特定生物有效性方法是否符合监管风险评估要求的审查标准。美国环境保护署在评估新开发或修订的生物有效性测试方法是否适用于风险评估时，会依据以上标准进行考量，一般来说，一种测试方法只有在经过充分的评估、记录和独立审查之后，才可以被接受为监管用途。这些标准会根据测试方法及其推荐用途的不同而有所调整。

（1）科学性与监管性：评估测试方法的科学性和监管机制，明确其推荐用途的详细说明。

（2）测试终点与理想结果的关联性：分析测试方法的终点指标与预期理想结果之间的对应关系。

（3）测试方法的详尽描述：包括所需材料、测试过程和步骤的详细说明，同时评估测试的内部变异性，以及在实验室内部和不同实验室间的可重复性，特别是生物变异性对测试结果可重复性的影响。

（4）化学品或试剂的代表性：使用的化学品或试剂应能够代表测试方法所适用的污染物类型。

（5）有效性评估的数据支持：应具备充分的数据，支持测试方法的有效性评估，并按照实验室规范进行报告。

（6）权威性认可：测试方法及其结果需要获得权威机构和专家的认可。

第二节　国际标准组织

一、指南设立背景

2018 年，国际标准组织（ISO）发布了《基于土壤中金属的人类生物可给性/生物有效性估计程序的人类暴露风险评估指南》。该指南旨在针对污染场地风险评估中人类摄入土壤和土壤物质的暴露评估程序，推荐了一种基于生理学的测试程序，以计算来自受污染土壤中金属的人类生物有效性，为污染场地风险评估提供了标准化的方法。

二、健康风险评估流程

国际标准组织（ISO）提出，在健康风险评估或暴露评估中，生物有效性的计算是一个不可或缺的环节。健康风险评估包括 4 个要素：风险识别、剂量-反应评估、暴露评估以及在此基础上进行的风险表征。风险识别，确定影响人类健康的污染物及其风险源；剂量-反应评估，探讨污染物剂量与健康效应之间的关系；暴露评估，旨在估算人类暴露于污染物的强度、频率和持续时间，这一过程包括污染物来源的识别、暴露途径的确定、相关受体或目标群体的界定，并在此基础上进一步开展暴露分析和风险表征。

暴露途径的深入分析对于评估人类健康的潜在影响至关重要，在直接暴露不明显的情况下，还需评估可能的间接暴露途径及其重要性。

人们可能通过多种途径接触到受污染的土壤，包括摄入（如通过饮用水源或食用未清洗的蔬菜等）、皮肤接触，以及吸入含有土壤微粒的室内灰尘。在该指南中，重点关注经口摄入，这被认为是人类暴露于土壤污染物的主要途径之一。

三、基于生物有效性应用的技术要求

国际标准组织（ISO）在生物有效性评估中采用了一种模拟人类胃肠消化过程的方法，通过合成胃肠液对土壤及其他类似环境介质（如沉积物、室内灰尘、采矿废弃物等）进行顺序提取，以确定经口摄入的生物有效性。这种方法模拟了人类胃肠道的理化条件，通过筛分提取土壤中的物质，所得提取物代表了人体胃肠道中可能存在的有害元素浓度，为化学特性分析提供了依据。该指南推荐了一个模拟金属元素在口腔、胃和小肠这三个消化道主要隔室中的释放过程的方法。该检测方法已在实验室对砷、镉和铅等元素进行了验证，并经过体内实验以评估这些元素的生物有效性。

相关计算胃和胃肠液中生物有效性浓度以及土壤中生物有效性浓度的公式如下：

$$BA_G = V_G \cdot C_e \cdot d / m \tag{5-6}$$

$$BA_{GI} = V_{GI} \cdot C_e \cdot d / m \tag{5-7}$$

$$BAF_G = 100 \times \frac{BA_G}{T_e} \tag{5-8}$$

$$BAF_{GI} = 100 \times \frac{BA_{GI}}{T_e} \tag{5-9}$$

式中，BA_G 为土壤中胃液的生物可达浓度（mg/kg）；BA_{GI} 为土壤中胃肠液生物可达浓度（mg/kg）；V_G 是在胃液提取中使用的液体量，包括任何 pH 调整后的量（mL）；V_{GI} 是指在胃肠液提取中使用的液体量，包括任何 pH 调整后的量（mL）；C_e 为稀释萃取液中污染物 e 的测量浓度（mg/kg）；d 为分析前对提取液施加的稀释度；m 是提取时所用的土壤质量（g）；T_e 为污染物 e 在土壤中的总浓度（mg/kg）；BAF_G 是胃液生物有效百分比（%）；BAF_{GI} 是胃肠液生物有效百分比（%）。

因此，结果以每千克固体基质中生物可达污染物的毫克数表示。它们可表示为生物可达污染物浓度的百分比，计算结果如式（5-10）所示，即：

$$生物有效性百分比（\%）= \frac{生物有效的金属浓度\left(\dfrac{mg}{kg}\right)}{样品中总金属浓度\left(\dfrac{mg}{kg}\right)} \times 100 \quad （5\text{-}10）$$

在确定土壤样品中污染物总量时，常采用两种核心分析手段：一是通过王水或其他适当的混合酸对土壤样品进行化学消化，另一种则是应用 X 射线荧光光谱（XRF）技术进行无损测定。在计算生物有效性百分比的过程中，需仔细考量不同测定方法对分析结果的具体影响，确保评估的准确性和可靠性。

（一）方法原理

国际标准组织（ISO）提出的生物有效性测定方法，通过两种不同的混合溶液来评估相对生物有效性，这一评估需满足一系列条件：首先，评估应能通过相对生物有效性的估计合理推断金属的相对生物有效性；其次，测试必须基于对影响生物有效性生理条件的模拟；最后，需要确保试验结果与体内动物模型之间存在合理的相关性，并且该模型应具有相关性和有效性，且有充分的数据支持。

然而，必须注意，体内模型并不总能提供生物有效性的精确估计。在人体中，这可能受到动物与人类在摄取和代谢方面的差异，以及化合物测量基质（如粪便、血液、器官）不同的影响。

此外，还需指出，不是所有相关金属都有完备的体内数据。ISO 推荐的方法是一种顺序浸出试验，使用合成胃肠液来模拟经口条件下的生物有效性，并据此计算生物有效性，该方法已在国际不同实验室中对砷、镉和铅进行了验证，并通过体内实验进一步确认。

（二）土壤中金属形态对生物有效性的影响

土壤中金属元素的生物有效性受其不同形态的显著影响，这主要反映在以下三个方面：首先，金属在土壤中以多种浓度和物理化学形态自然存在；其次，金属能从固态形式转化为溶液中的离子态；最后，这些化学形态具有相互转换的能力，且转换过程与土壤的具体条件和历史紧密相连。因此，在评估土壤中金属的生物有效性时，必须充分考量各种地球化学因素。

不同金属因物理化学特性的差异，其降低生物有效性的机制也各自不同。以铜为例，图 5-3 揭示了铜在土壤中的相态和化学形式分布。铜的三种固态形式"纯金属铜、硫化铜（CuS）和通过离子交换作用结合的铜离子"在生物有效性上有所差异。同时，溶解态铜的三种形式"自由铜离子、无机配位体中的铜离子以及与腐殖质或有机酸结合的有机配位体中的铜"，其生物有效性也可能因胃肠道中配位体的稳定性差异而不同。

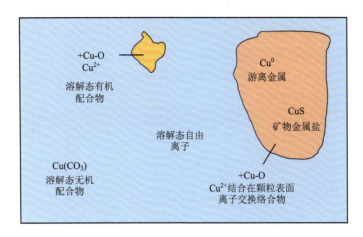

图 5-3　金属（铜）在土壤中的分布示意图

此外，有学者观察到 As（Ⅴ）和 Cr（Ⅵ）在土壤中会经历老化过程，随着时间的推移，这可能会改变它们的生物有效性。在地质时间尺度上，某些含重金属的矿物展现出对风化和溶解的强烈抵抗力。但是，面对人类消化道中的侵蚀性化学环境，这些矿物仍有可能溶解。这一发现提示我们，在评估土壤中金属的生物有效性时，不仅要考虑当前的化学形态，还需关注它们随时间产生的稳定性和潜在变化。

（三）样品处理与测试

为确保生物有效性测试的准确性，所有土壤样品首先在不超过 40℃ 的鼓风烘箱中干燥，避免高温对样品成分的影响。干燥后，样品经筛选至 250 μm 以下的粒度。精确称取 0.6 g 的干燥样品，分别放入标记清晰的离心管中。样品均分成两组，每组两份，分别标记为"胃液提取"和"胃肠液提取"，模拟人体内的消化过程。在提取实验前，所有样品需在室温下妥善保存。每批实验包含 10 个测试样品，并按照标准操作加入 1 个空白样品和 2 个参考物质样品，确保结果的准确和可比。每批次共计 22 个样品，包括实验样品、空白、参考物质以及随机平行样品，以增强实验结果的可靠性。

（四）生物有效性应用于场地风险评估

在实际决定是否使用体外方法来计算生物有效性时，ISO 指南认为需考虑以下因素：
（1）是否已经通过常规方法（即将总浓度与相关质量标准比较）确定了该场地存在风险？如果没有确定风险，可以合理预测，即使考虑生物有效性，也不会改变这一结论。
（2）如果已经确定存在风险，现有数据是否表明所讨论的金属在土壤中的生物有效性可能较低？这可能涉及考虑污染源类型和土壤类型信息。土壤摄入是否为主要接触途径？如果不是，关于土壤中污染物的经口生物有效性的研究可能不具有实际意义。

（3）针对特定场地的风险评估结果是否对生物有效性的潜在变化足够敏感？

（4）该场地的补救决定是否会因考虑生物有效性而受影响？或者，与预期的补救成本变化相比，收集足够新数据的成本是否过高？

（5）是否存在一种已经得到充分验证的方法，适用于处理相关污染物和环境问题？

如果上述问题均能得到肯定回答，体外实验则可用于计算生物有效性。同时，应依据对污染物分布特性的理解，来确定采样方法、位置以及样品的代表性范围。

相对生物有效性是将污染土壤中获得的数据与基于相同方法进行的毒性评估数据进行比较得到的比值，该毒性评估是风险评估中土壤质量标准的依据。据此，相对生物有效性或相对吸收分数（RAF）可以与土壤中金属的总浓度相乘，从而得出生物有效性土壤浓度。在土壤摄入风险评估中，应采用这一浓度而非总浓度进行评估。

第三节　澳　大　利　亚

一、指南设立背景

澳大利亚的环境人体健康风险评估工作主要聚焦于以下几个关键领域：首先，依照各州环境保护法认定污染场地；其次，对可能受到化学污染的地区进行健康风险的深入调查；最后，包括矿业部在内的审批机构对工业企业的监管审批。

2012 年，澳大利亚国家环境保护委员会制定了《环境健康风险评估——评估环境危害对人类健康风险的指南》，确立了一套在全国范围内通用的评估方法，用以评估环境危害对人类健康的风险，并制定相应的人类健康与环境保护标准。

2013 年，澳大利亚国家环境保护委员会进一步发布了《国家环境保护细则（场地污染评估）》，在其中明确指出了生物有效性在风险评估中应用的重要性，并推荐了适用于不同污染物的检测方法，以确保评估工作的科学性和准确性。

二、健康风险评估流程

在指南中，将风险评估归纳为 5 个步骤：问题识别、数据收集和分析、暴露评估、毒性评估和风险表征总结。风险评估被划分为 3 个级别：

第 1 级——基于通用浓度的筛选标准；

第 2 级——基于特定地点浓度和风险的标准；

第 3 级——若特定情况下适用于特定地点的暴露情景，并且与相关监管机构达成一致，可以考虑采用国际标准。

在进行第 2 级和第 3 级的风险评估时，通常需要运用特定地点的风险标准。这些标准是根据风险评估的结果来制定的，目的是建立与人类或生态受体可接受风险相对应的浓度（第 2 级）或其他可接受的条件（第 3 级）。当出现以下情况时，通常需要将风险评估升级到第 2 级或第 3 级：一是，一种或多种污染物的浓度超过了一般筛选标准；

二是，没有适当的筛选标准（或者该物质是一种新发现的污染物）；三是，第 1 级标准所依据的假设不适用于该场所，或者可以证明生物有效性低于第 1 级标准制定时所假设的水平。

鉴于不同污染物的特性，第 1 级修复目标值对于某些污染物而言可能偏于保守。诸如吸附作用、污染物的老化过程、土壤特性、污染物的化学形态、pH 等因子，均可能对生物有效性产生降低作用。接受较低生物有效性评估结果的前提是，必须有恰当的实验室检测方法和充分的科学文献数据作为支持。以砷为例，尽管其默认的经口生物有效性被假定为 0.7，但在实际应用中，砷的生物有效性可能显著低于此默认值。

在确立特定场地的风险评估标准时，必须与负责监管和执行修复工作的机构或专家进行充分讨论，并获取相应的批准。尽管明确可接受的风险水平对于修复工程至关重要，但修复目标的设定也是一个涉及社会政治考量的问题，需要广泛地与所有利益相关方进行沟通协商。这些相关方不仅包括可能受到环境风险影响的社区居民，还包括负责环境风险管理与改善的专业人员。

如果按照第 1 层标准进行修复的成本过于高昂，基于技术和成本考量，可能会考虑进行更深入的第 2 层或第 3 层评估。特别是当第 1 层和第 2 层的标准并不适用于某些特定场地特征时，例如暴露途径、受体特性、污染物属性的差异，此时进行第 3 层的评估就显得尤为重要。这一层次的评估可能包含更为复杂和耗时的调查，需要收集和分析大量数据，以确保为基于风险的决策提供全面的信息，并妥善处理不确定性。举例来说，如果评估过程中识别出特定陆生动物可能遭受污染影响，就可能需要执行专项的毒性测试或研究，以确定生态系统受影响的范围和严重性。此外，还需要直接对可能受影响的动植物进行采样，分析其污染物摄取水平，并评估是否超出了食品安全标准。

在确定进行何种等级的风险评估后，指南通过参考美国环境保护署的健康风险评估步骤，开展数据收集和分析、暴露评估、毒性评估和风险表征。风险评估流程具体见图 5-4。

三、基于生物有效性应用的技术要求

（一）生物有效性的测试与计算

经口摄入是化学品进入体内的主要途径。经口生物有效性可以通过实验来确定，这包括在模拟生物条件的体外系统中进行生物有效性估计，以及在体内（动物）模型中进行生物有效性估计。吸收过程会影响所有环境介质中化学品的生物有效性。影响生物有效性的因素包括地表土壤的质量分布、土壤基质中化学物质的质量、土壤特性（如颗粒大小、湿度）、土壤结合化学剂的特性以及环境条件等。皮肤接触是另一种暴露途径，其影响因素可能包括皮肤的特性、土壤在皮肤上的停留时间等。这两种暴露途径共同构成了生物有效性。

在进行土壤中铅的生物有效性评估时，所采用的人类健康风险模型基于两个关键假设：首先，假定土壤中铅的生物有效性达到 100%，即土壤中的铅可以完全与人体接触；其次，假定人体内可溶性铅的吸收率为 0.5，意味着有半数的可溶性铅能够被吸收进入血

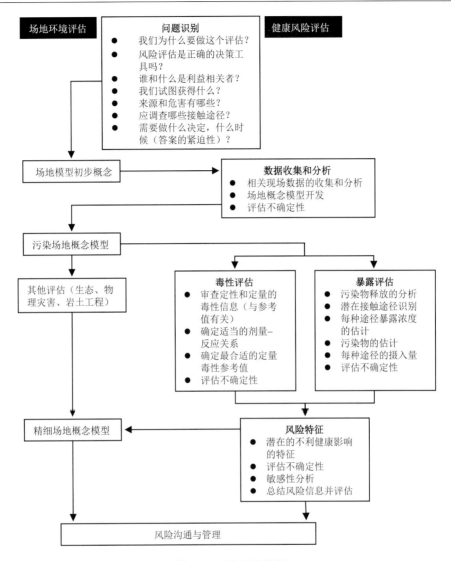

图 5-4　风险评估流程

液。基于这些假设，土壤中铅的默认相对生物有效性被设定为 0.5，而土壤中砷的默认相对生物有效性则为 0.7～1.0。针对特定场地的具体情况，可以对铅和砷的生物有效性值进行适当调整，以便更准确地评估其对人体健康的潜在影响。

有关测试方法，指南推荐了 RBALP、SBRC 和 IVG 等方法用于砷和铅的相对生物有效性的测定。对于其他污染物，目前尚未有统一的推荐方法。在选择体外测定方法时，应根据污染物的特性，并评估方法的可用性、有效性和局限性，确保生物有效性应用的科学性和精准性。

（二）生物有效性应用于场地风险评估

在进行人类风险评估时，需要考虑与场地的未来用途和环境设置相关的所有暴露途径，包括经口、吸入、皮肤接触等。根据与该场地相关的已确定的源-途径-受体联系，以及目标受体可接受的风险水平，可以计算出土壤（或地下水）中污染物的可接受浓度。该指南认为，对于铅和砷这两种污染物，可以使用生物有效性的数据和概念来开展风险评估。同时，在进行生物有效性测试时，应在监管机构的指导下进行。对于砷和铅以外的污染物，在开展生物有效性测试前，需要先接受外部权威机构及专家的审查，以确保使用生物有效性测试的科学依据。

第四节　加　拿　大

一、指南设立背景

2017年，加拿大卫生部颁布了《详细定量风险评估指南》以及《加拿大联邦污染场地风险评估土壤和类土壤介质中物质经口生物有效性的人体健康风险评估补充指南》，为加拿大人体健康风险评估的决策和步骤提供了明确框架。这些指南详细阐述了如何将经口生物有效性数据纳入受污染土壤或类似土壤介质（包括室内积尘、沉积物、采矿尾矿或矿渣等）的人类健康风险评估过程。指南指出，在风险评估过程中采用特定场地的生物有效性数据，而非通用的默认值，不仅有助于更精确地制定特定地点的修复目标值，而且能够确保对人类健康的全面保护。

二、健康风险评估流程

加拿大颁布的场地风险评估流程如图5-5所示。与USEPA类似，具体包括问题表述、暴露评估、毒性评估和风险表征。在进行风险评估之前，根据加拿大环境部长理事会（CCME）《人体健康土壤质量指南》或其他适当人体健康筛选水平对土壤中的污染物进行筛选，作为环境现场调查的一部分。如果土壤浓度低于适当的筛选水平，则无须进行人体健康风险分析；如果超过筛选水平，场地所有者可决定继续修复至指导值，或者使用基于风险的方法评估、修复或者管理场地。生物有效性可在人体健康风险评估中用于支持风险分析。

此外，指南提出生物有效性研究并非适用于每个特定场地或地点的所有污染物，生物有效性的准确性受到地块特征的影响，例如污染物及其暴露途径、现有场地数据、时间、成本等。土壤和其他类似土壤介质中化学物质的经口生物有效性主要取决于以下4个因素：①粒径和土壤或类土壤介质的特性（例如有机碳和黏土含量）；②化学物质的形式和性质以及它们与土壤颗粒的相互作用；③人类接触土壤的途径（例儿童用手接触嘴巴）；④胃肠道中不同物质的关键吸收过程。

该指南推荐的人类健康风险评估流程如下：

（1）建立场地模型并确定所有需要评估的污染物和潜在暴露途径。

（2）评估生物有效性是否适合该场所？

（3）生物有效性的调整是否会影响决策？

（4）是否有合适的体外方法可用于估计特定地点的RBA？

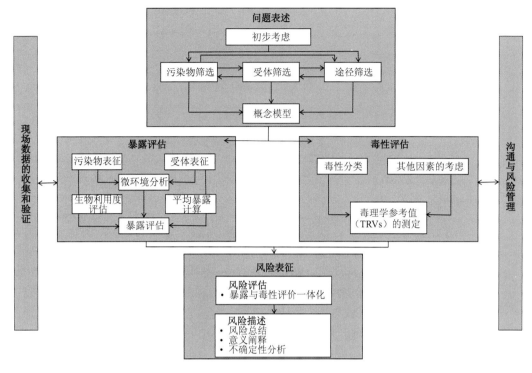

图 5-5 风险评估流程

（5）如果没有合适的体外测试方法或默认 RBA 值，体内研究是否可行？

（6）寻求利益相关者的意见，并与适用的政府机构就抽样和方法实施进行协商。

（7）进行 RBA 值研究和评估。

（8）毒性评估。

（9）将 RBA 值纳入暴露评估。

（10）计算风险并完成风险特征描述。

当有可靠的场地特征 RBA 值后，可将其用于计算危害商（HQ）和癌症风险（CR），具体公式详见本章第一节美国部分。

三、生物有效性测试与计算

（一）基于体外实验的准备

在进行生物有效性实验前，首先需要了解实验中使用的筛分场地土壤和类土壤介质的特征，这有助于解释特定场地的研究。其次，需要重点关注的土壤物理和化学参数包括：pH、含水率、总有机碳（TOC）、阳离子交换量（CEC）、粒度分布，以及影响阳离子态金属和非极性有机物迁移转化的关键阴离子组分。同时，通过调查现场土壤中的常规参数，我们可以深入了解相对生物有效性（RBA）的变化。应使用风化场地土壤进行测试，因为风化土壤最能代表在受污染场地发现的老化化合物的行为。

在样品采集和处理时，存在一些普遍适用于评估 RBA 的所有方法的样品制备要求。

例如，应对土壤样品进行筛分，以去除太大而不易黏附在皮肤上并随后被摄入的颗粒。使用 60 目筛（250 μm）去除较大的颗粒，因为小于 250 μm 的部分已被证明会黏附在皮肤上，并且比大块土壤更能代表通过经口接触摄入的土壤部分。此外，土壤样品在用于研究之前不应进行研磨等处理。

（二）不同污染物的形态与生物有效性体外测试

砷：在土壤中，三价和五价无机砷化合物占据主导地位，它们以溶解度差异极大的离散矿物相和可吸附到土壤成分的离子形式存在。所有无机砷化合物，无论其价态如何，均通过相同的机制诱导毒性作用。因此，在评估生物有效性时，可以同时考虑所有形式的无机砷。矿物学分析能够提供有用的证据来支持数据解释。

铬：土壤中铬以三价和六价氧化态存在，两者的毒性参考值存在显著差异。三价氢氧化铬的溶解度较低，是土壤中最常见的天然铬形式；而六价铬则主要由人为因素造成。若存在六价铬的可能性，建议对铬的氧化态进行表征。当土壤中同时存在这两种形态时，六价铬的生物有效性通常大于三价铬。因此，在推导铬的相对生物有效性时，必须先确定土壤中铬的存在形式。

汞：土壤中汞通常以无机形式存在，可以是汞元素、一价或二价汞的化合物。元素汞与汞的其他无机化合物具有不同的毒性参考值，因此形态研究至关重要。在评估沉积物时，还需考虑甲基汞存在的可能性。

铅：无机铅在土壤中以多种矿物形式存在，所有无机形式均具有相同的毒性终点（USEPA, 2007b）。因此，在评估生物有效性时，可以将所有形式一起考虑。然而，由于铅相的溶解度和生物有效性存在显著差异，详细的矿物学分析能够为 RBA 数据解释提供有力支持。

镉：镉在土壤中以离散矿物相存在，并以离子形式吸附于土壤成分上。所有无机形式的镉在摄入后均通过相同的机制产生慢性毒性作用。因此，在评估生物有效性时，可以一并考虑所有形式。尽管镉相的溶解度存在显著差异，但土壤镉的生物有效性通常较高。

镍：镍在土壤中吸附于土壤成分上，并以离散矿物相的形式存在，其溶解度从难溶到易溶不等。鉴于镍形态的毒性、溶解度和生物有效性各不相同，因此详细的矿物学分析对于评估土壤镍的 RBA 尤为关键。

有机化学品的体外测试尚未达到金属体外测试的成熟程度。目前已有对多环芳烃、多氯联苯、二噁英和林丹的体外生物有效性测试。有机化学品的体外测试方法旨在模拟人类胃肠道系统，通常使用代表胆汁盐胶束的脂质和蛋白质。有关致癌性多环芳烃的经口生物有效性的研究发现，土壤中的有机碳含量与生物有效性呈负相关，但生物有效性结果变化很大，具体取决于所使用的体外生物有效性测试方法和测试的底物。实验结果表明，有机污染物的体内测试和体外测试之间的相关性并不强，因此在进行任何有机化学品体外测试之前，应先进行严格的技术审查。

（三）生物有效性的测试与计算

最常用的体外实验是模拟化学品在胃肠道中溶解的实验室提取试验。它们可以是单室（即胃）或多室（即胃肠道）模型，用于估计生物有效性，即环境介质中溶解的可溶性物质的分数，这些物质可以在胃或胃肠道被吸收。从体外测试中测得的土壤生物有效性部分也称为体外生物有效性（IVBA）测定结果。例如，铅和砷的 RBA 可用式（5-2）和式（5-3）计算。

在缺乏完备的体外与体内数据对照库的情形下，一般假定生物有效性（即测试材料溶解度与参照化学品溶解度的比率）能直接作为相对生物有效性（RBA）值，以此调整摄入估算。该假设的基础在于，测试能够相对估算出胃肠道可从测试材料吸收的化学物质的量。对于体外测试，提取液与土壤中化学物质浓度的比值可能显著影响生物有效性测试结果，尤其对某些污染物更是如此。对于溶解性较差的化合物，较低的流体质量比可能达到饱和，从而可能低估生物有效性。同时，土壤中较低的化学物质浓度可能导致提取物浓度降低，进而可能高估生物有效性值。

体外与体内数据间的关联并非始终一致，因此在将体外生物有效性（IVBA）值作为体内 RBA 的替代之前，可能需要进行调整，特别是在数据充足的情况下。以铅为例，存在专门预测儿童 RBA 的预测方程，其结果通常也可适用于成人。适宜的土壤铅浓度验证范围是 1200～14000 mg/kg，超出此范围可能增加分析不确定性。IVBA 值主要通过采矿和碾磨场地的土壤进行验证，若用于分析不寻常或未经测试的含铅土壤，可能带来分析不确定性。描述体内外数据关系的线性回归方程旨在预测禁食条件下 RBA 的集中趋势估计值，但实际 RBA 可能高于或低于此预测值。

在人类健康风险评估中，合理应用生物有效性分析，可以减少不确定性，更准确地评估接触受污染场地土壤中化学品的潜在风险，可能会对场地管理的潜在成本及对潜在健康风险的结论产生影响。

第五节　新　西　兰

一、指南设立背景

2016 年，新西兰生态环境部发表了题为《土壤污染场地健康风险评估中生物有效性的计算》的指南。指南回顾了 2011 年土壤中重点污染物砷和铅制定的标准，并提出了基于保护人类健康的土壤污染物标准理念。当时，由于科学证据不足，新西兰生态环境部认为，尚不具备在场地风险评估中考虑生物有效性的成熟条件。

然而，到了 2012 年，在对泰晤士河某小区进行的健康风险评估中，砷和铅的生物有效性测试结果被正式纳入评估过程，并获得了监管机构与国际专家的认同。评估发现，该地区砷浓度低于 USEPA 推荐方法所得的生物有效性值，符合居住用地要求。这一方法预计为政府节省了 4800 万美元的开支（涵盖了土壤修复及现有构筑物搬迁成本）。

二、健康风险评估流程

该指南的发布，目的在于评估目前是否已有合适的方法，以便在污染场地健康风险评估中，更全面地纳入生物有效性这一关键考量因素。

根据《新西兰国家环境标准》，在拆除地下燃料储存系统、进行土壤取样、扰动土壤、划分土地以及改变土地用途时，均需要进行土壤风险评估。该指南认为，在新西兰受污染土地管理框架内，虽然可以通过生物有效性测试进行评估，但还需要考虑以下因素：

（1）土壤污染物的生物有效性因土壤性质而异，因此可能会带来场地风险评估的不确定性。

（2）关注的主要污染物是砷或铅。

（3）考虑生物有效性可能会影响评估的结果和场地管理决策。

（4）需要有一个经过验证的生物有效性测试，包括污染物、浓度范围、来源和土壤。

（5）需要有关于土壤的物理化学特性和污染物结合阶段的佐证资料。

（6）需要有关于如何将生物有效性测试结果纳入风险评估的国家指导，包括关于使用平均值或最大值。

三、生物有效性的测试方法

美国环境保护署曾建议生物有效性测试方法需满足的相关标准要求。在此基础上，新西兰生态环境部制定了生物有效性测试初步筛选方法，并扩展了评估标准，具体涉及更广泛的科学技术考量、经济可行性评估、监管及社会层面评估。新西兰比选了十种已发表的生物有效性测试方法，并采用加权评分体系评估了方法的实用性，其中，评估体系包括科学技术可靠性（11 项）、经济可行性（3 项）以及监管接受度和社会可操作性（5 项），具体见表 5-3。基于多维度考量对评分结果进行加权排序，实用性较高的为 SBRC 和 UBM。这两种方法已广泛应用于砷的生物有效性测试，并已根据体内方法进行验证。它们已经过准确性、一致性和再现性的评估。然而，两者也都有缺点，即都是基于动物测试得到的结果，并且 UBM 测试法尚未在新西兰应用过。

方法实用度评判的核心是科学可靠性、准确性和一致性。但 DIN 由于缺乏验证实验而得分较低，其验证后的准确性和一致性较差。从道德层面考虑，ISO 标准法优于前面三种土壤测试方法，但目前明显缺乏对土壤的实际应用。该指南认为其他测试方法的吸引力不大。新西兰评估结果显示，TIM 和 SHIME 因为缺乏有关土壤潜在应用的信息，技术得分非常低，而且它们的专有性质也导致实用得分非常低。

随后，该指南对评分最高的两种方法——SBRC 和 UBM 进行了更为详细的评估，最终认为 SBRC 测试是评估新西兰生物有效性的最佳选择。它已在多种条件下针对砷进行了验证，并且在这些验证研究中表现良好。SBRC 测试已在新西兰使用，并且已获得美国环境保护署批准用于土壤中的铅检测。然而，SBRC 测试的缺点是它从未接受过五名或更多参与者的实验室间研究，因此它没有机会满足实验室间再现性标准。如果该测试被引入新西兰，建议提供该测试的实验室进行自我基准测试。UBM 在大部分方面也表现良好。不过，同样存在重现性问题，同时它尚未对农药及除草剂应用中的砷进行验证。UBM 也倾向于高估生物有效性，因此采用 UBM 的最大障碍可能是其修复成本会更加昂贵。

表5-3　新西兰有关生物有效性试验方法的初步筛选评估

试验方法	SBET/SBRC/RBALP	UBM	DIN	A/NZ ISO8124-3	PBET	IVG	Hydroxylamine hydrochloride	"Dutch" method	TIM	SHIME
科学/技术属性										
在体内试验的体外方法	1	1	2	3	2	2	1	3	3	3
适用于关键污染物——砷	1	1	2	2	1	2	2	1	2	2
针对一系列污染物来源和化学形式进行验证	1	1	1	3	2	2	2	3	3	3
针对住宅可适应浓度进行验证	1	1	1	2	2	2	3	3	3	3
详细的实验室方法	1	1	2	1	1	1	3	2	2	3
在新西兰的过往方法经验	1	2	2	1	2	2	2	3	3	3
针对一系列土壤类型和用途进行验证	1	1	1	3	1	1	2	2	3	3
体内繁殖的准确性	1	1	1	1	2	1	2	2	2	2
方法的一致性	1	1	1	1	1	1	2	2	1	1
实验室之间的结果是否可重复?	1	1	2	2	2	2	3	3	3	3
标准物质的数据?	1	1	1	1	1	1	1	3	3	3
科学/技术得分	11	12	15	20	17	17	23	27	28	29
经济/实用属性										
是否有标准操作程序?	1	1	1	1	1	1	1	1	2	3
测试是否需要大量的实验室资源投入?	1	1	1	1	2	2	2	3	3	3
试验方法许可费用?	1	1	1	1	1	1	1	1	3	3
经济/实用得分	3	3	3	3	4	4	4	5	8	9
监管/社会属性										
该方法是否由一个有信誉的权威机构开发?	2	2	2	1	2	2	2	1	2	2
同行评审期刊上是否已发表相关验证?	1	1	1	1	1	2	2	1	1	1
执行测试是否会引起道德伦理问题?	1	1	1	1	1	1	1	1	1	1
测试开发验证的道德问题?	1	1	1	1	1	1	1	1	1	1
潜在的《怀唐伊条约》问题?	1	1	1	1	1	1	1	1	1	1
监管/社会得分	6	6	6	5	6	7	7	5	6	6
三种因素综合得分	198	216	288	300	408	476	644	675	1344	1566

第六节　荷　　兰

在荷兰，2012 年由国家公共卫生与环境研究所发布了《关于在荷兰土壤政策框架中实施生物有效性的建议》。其中提到，当前对受污染土壤的监管框架分为三层：第一层，严重土壤污染案件的认定；第二层，一般风险评估；第三层，现场特定风险评估。

第一层和第二层为必需项。如果发起人或主管当局根据《土壤保护法》认为有必要进一步调查，可以执行第三层。

第一层的调查内容主要是确定是否存在严重的土壤污染。这需要测定土壤中污染物的总浓度。如果此浓度超过荷兰干预值，则视为存在严重污染，必须进行一般评估以确定修复的紧迫性。

第二层的调查方式是通过使用默认情景和暴露途径，评估地下水中影响人类健康、生态和污染物迁移的风险。如果存在对人类、生态或污染物迁移的风险，且经评估确认有必要时，可以对该特定地点进行风险评估。否则，需开展修复行动。

在第三层中，可以使用地点的特定信息。这些信息范围广泛，比如从蔬菜中测量污染物浓度，使用三联法确定生态风险。测量污染物的生物有效性已成为三联法中化学评估的一部分，这种方式更多地用于获取测量金属生物有效性的经验。对于有机污染物，目前的案例还较少。三联法结合了生态毒理学研究中的三个学科：

（1）化学，通过测量总浓度或生物有效性浓度，研究污染物在生物群中的积累或通过食物链富集，并根据文献中的毒性数据计算风险；

（2）毒理学，包含跨属物种的生物测定，以测量该地点环境样本中存在的毒性；

（3）生态学，包括在受污染场地进行的野外生态观察，并与参考场地进行比较。

然而，迄今为止，尚未有正式的方法说明生物有效性如何与土壤质量标准或毒性数据相关联。并且，三联法通过结合化学、毒性和生态学评估获得优势，但可能成为一项耗时且成本高昂的操作，尤其是在预计大部分污染物浓度不可生物利用的情况下。

在荷兰的生态框架中，实施生物有效性的最佳方法是将实地测量的生物有效性与基于生物有效性得到的污染物浓度的土壤生物群毒性数据相关联。这些毒性数据最好使用与现场数据相同的分析方法测量。在荷兰，土壤质量标准的制定主要依据通过污染物总浓度测定获得的土壤毒性数据。一些土壤质量标准也源自水生毒性数据，这些数据已使用分配系数转换为土壤浓度。没有土壤质量标准是基于土壤中老化的生物有效性浓度。大多数土壤毒性数据来自实验，其中污染物已被加标，加标污染物可被视为完全生物可利用，因为它们没有时间结合到生物体无法进入的位置（也称为土壤老化）。

如果希望通过将测得的生物有效性与基于使用相同分析方法确定的生物可利用污染物浓度的毒性数据相关联来实施生物有效性，则需要推导新的土壤毒性数据和土壤质量标准。由于生物有效性在现有监管框架中实施的限制，没有选择基于新的生物有效性的质量标准，而是研究了无须推导出新的土壤质量标准即可实施生物有效性的其他选择。例如，将实际生物有效性与水生物的毒性联系起来。在一次研讨会上，许多专家表示可以将提取的土壤浓度直接与水生毒性数据进行比较。因为孔隙水在某些方面类似于水生毒性测试的情况。这种方法是在更高级别的风险评估中实施有机污染物生物有效性的快速、透明、可重复且相对具有代表性的方法。当提取的生物有效性超过地下水标准时，它可以替代毒性测试。

另一种方法是将测得的生物有效性与土壤生物的毒性数据联系起来。与实际生物有效性一样，仍需最终决定选择哪个风险限度。这种方法类似于当前的风险评估方法，因为需要将测量的浓度与土壤生物的毒性进行比较。

第七节　英　　国

英国环境署已经发表了几份关于土壤污染物生物有效性和体外测试开发的研究报告（表 5-4）。然而环境署同时指出，在评估健康风险时应谨慎使用此类测试，因为测量的生物有效性与污染物的相对人体生物可有效性/毒性之间的关系仍然不确定，因此环境署无法推荐任何特定测试。用于测定土壤污染物生物有效性的体外实验方法可作为测试方法的一部分来评估特定地点的风险，包括任何定量风险评估的敏感性。环保署强调，评估健康风险时不应仅依赖任何单一证据（例如体外测试的结果）来做出有关健康风险的决定，而应考虑其他调查和环境因素，例如对土壤化学的更深入了解，体外测试可能会为特定地点的风险评估提供信息。

表 5-4　英国有关生物有效性的研究报告

序号	发表年份	报告/指南名称	具体内容
1	2009	对受污染土地暴露评估模型中使用的体重和身高数据的回顾（Jefferies, 2009）	报告涉及儿童和成人的体重与身高数据。它介绍了如何在受污染土地的暴露评估模型中应用这些数据，并讨论了数据的局限性
2	2008	用于推导土壤准则值的优先有机污染物数据汇编（Environment Agency, 2008a）	该指南汇总了 66 种有机化学品的物理化学特性推荐值，并基于这些推荐值推算出相应的土壤指导值
3	2008	数据电子表格（Environment Agency, 2008b）	环境署于 2008 年提供了一份电子表格，其中汇编了用于推导土壤指导值的优先有机污染物数据
4	2007	实验室间对于土壤中砷、铅和镍的体外生物有效性测量的比较（Environment Agency, 2007）	针对土壤中多种金属及类金属污染物，通过比较不同实验室在模拟人体消化系统对土壤影响的过程中得出的结果，探讨了结果变异的可能性
5	2006	关于在人类健康风险评估中使用体外生物有效性的问卷调查（Environment Agency, 2006）	调查地方管理部门的经验，了解他们进行风险评估的频率，以及这些评估是否结合了模拟人类消化系统影响的土壤实验室测试
6	2005	关于生物有效性测试在土地污染风险评估中的潜在用途国际研讨会（Environment Agency, 2005）	总结了在模拟人体消化系统对土壤影响的实验室测试领域举行的国际专家研讨会，讨论了该领域各种技术的最新发展及其存在的局限性
7	2002	测量土壤中选定金属和类金属的经口生物有效性的体外方法（Environment Agency, 2002）	基于现有的土壤生物有效性测试，旨在模拟金属和类金属污染物进入消化系统的难易程度。报告还讨论了哪些金属已得到有效评估，以及实验室测试与动物实验结果的一致性

<h1 style="text-align:center">第八节　中　　国</h1>

一、指南设立背景

2019 年 9 月，由北京市生态环境局组织提出的《建设用地土壤污染状况调查与风险评估技术导则》（DB11/T 656—2019）（简称《导则》）正式实施。作为一项地方标准，《导则》由北京市原环境保护科学研究院和北京市固体废物和化学品管理中心负责具体编制。该《导则》是对《场地环境评价导则》（DB11/T 656—2009）的修订，具体规定了建设用地土壤、地下水污染状况调查与风险评估的技术要求。《导则》涉及"基于生物有效性的健康风险评估"，内容包括人体可给性的术语定义、采用测试要求以及基于人体有效性的暴露浓度计算、修复目标确定等。

2022 年 12 月，为贯彻落实《中华人民共和国土壤污染防治法》，指导建设用地土壤污染修复活动，规范并合理确定建设用地土壤污染修复目标值，生态环境部办公厅印发了《建设用地土壤污染修复目标值制定指南（试行）》（以下称《指南》），以供地方生态环境管理部门在工作中参考使用。该指南由生态环境部土壤生态环境司组织，生态环境部土壤与农业农村生态环境监管技术中心、北京市生态环境保护科学研究院共同起草编制。该指南是我国建设用地土壤修复目标值制定的总体指导文件，《指南》明确给出了自身编制目的、适用范围、规范性引用文件、术语与定义、基本要求以及土壤污染修复目标值确定方式等六大方面，其中涉及"基于生物有效性的健康风险评估"。

同年 12 月，江苏省发布地方标准《复合污染工业地块调查技术指南》（DB32/T 4424—2022），提出了"对于重金属污染地块，可考虑采用分步提取法对重金属分不同形态进行检测分析，使用动物试验或体外模拟测试方法进行生物有效性测试分析"。

2023 年 11 月，江苏省环境科学学会发布了系列团体标准《建设用地土壤污染物的人体生物有效性分析与应用技术指南》（T/JSSES 33—2023）等共五项文件（详见附录），文件中提供了建设用地土壤污染物的生物有效性分析与应用的原则、程序、测定、成本效益分析、风险评估及风险计算值等指导要求，明确了土壤污染物镉、铅、多氯联苯、全氟辛酸和全氟辛烷磺酸人体生物有效性测定方法。该五项文件在国内率先将生物有效性测试分析的相关理论与方法融入了建设用地土壤污染状况调查评估与修复全流程中。

二、建设用地土壤污染物生物有效性分析与应用技术

（一）总体工作程序

依据《建设用地土壤污染状况调查技术导则》（HJ 25.1—2019）和《建设用地土壤污染风险管控和修复监测技术导则》（HJ 25.2—2019），开展建设用地土壤污染状况调查，应遵循分阶段调查的原则。为衔接国家现行建设用地土壤污染状况调查及风险评估的流程，土壤污染物的人体生物有效性分析与应用流程主要包括污染物人体生物有效性初步采样分析、详细测定分析和风险评估，基本工作流程如图 5-6 所示。

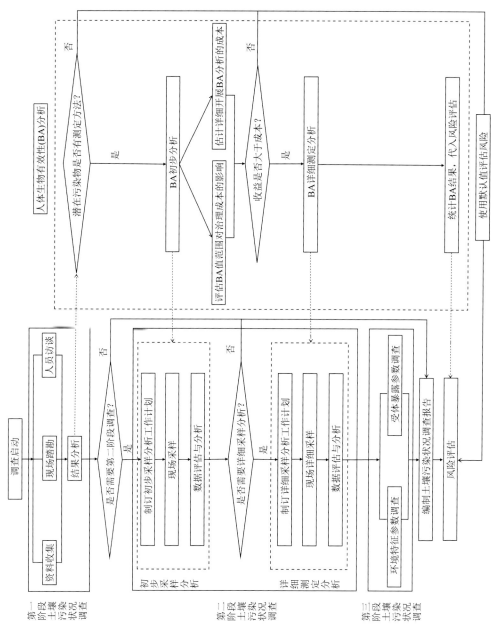

图5-6 建设用地土壤污染物的人体生物有效性分析与应用流程

　　第一阶段土壤污染状况调查是以资料收集、现场踏勘和人员访谈为主的污染识别阶段，原则上不进行现场采样分析。第一阶段调查须明确潜在污染物人体生物有效性是否有经过验证的测定方法，若有，进行下一阶段；若没有，不进行人体生物有效性评估，使用默认值评估风险。

　　第二阶段土壤污染状况调查是以采样与分析为主的污染证实阶段。结合调查地块数据和潜在土壤暴露途径制定采样分析工作计划，并将该污染物人体生物有效性分析纳入地块采样计划，参照 HJ 25.1—2019 开展调查采样。根据初步分析，评估开展污染物的人体生物有效性分析的收益和成本，若成本大于收益，不进行人体生物有效性评估，使用默认值评估风险；若收益大于成本，则进行人体生物有效性详细测定分析。

　　第三阶段土壤污染状况调查以补充采样和测试为主，获得满足风险评估及土壤和地下水修复所需的参数。本阶段的调查工作可单独进行，也可在第二阶段调查过程中同时开展。

　　（二）采样测定

　　初步采样阶段，需结合地块平面布局、现场踏勘、人员访谈、快速筛测等手段，在关注污染物最有可能累积的区域，宜按照每公顷不少于 5 份样品采集，用于人体生物有效性的初步测试分析。详细采样阶段，在采集用于关注污染物全量测试的样品时，同步采集可保障污染物人体生物有效性测试分析的样品，数量宜不少于初步采样阶段。

　　生物有效性测定方法采用小鼠活体进行测定或胃肠道模拟法进行测定分析。当具备经济、时间和技术条件时，优先采用活体测定方法测定土壤污染物的人体生物有效性。也可使用胃肠道模拟法代替动物实验用于反映污染物的人体生物有效性，但需要有足够的相关性数据验证试验结果的可靠性。一般要求胃肠道模拟和活体测定数据不低于 5 组，胃肠道模拟-活体测试结果之间的线性相关系数 $R^2 \geqslant 0.6$，斜率为 0.8～1.2。

　　（三）成本效益分析

　　收集关于获取污染物的人体生物有效性数据所需成本的信息，包括人体生物有效性测定的时间和经济成本，以及总结、评估和将结果应用于风险评估过程所需的额外工作，包括且不限于：

　　（1）初步评估污染地块内目标污染物人体生物有效性评估是否适用于项目需求；

　　（2）人体生物有效性分析样品的采集和制备；

　　（3）人体生物有效性分析，包括胃肠道模拟法、小鼠活体试验、土壤性质分析、质量控制等；

　　（4）将人体生物有效性测定结果应用于风险评估、成本效益分析等。

　　（四）估算生物有效性值置信区间

　　通过初步采样分析来获取人体生物有效性数据，估计地块关注污染物可能的人体生物有效性范围，评估人体生物有效性分析和应用所需成本和收益。

　　缺乏实测数据时，可通过分析影响污染物的反应活性和溶解度的信息，如土壤中污染物化学形态、有机组分、矿物组成等，辅助在其他类似地块的调查和对有关地块参考所做的专业判断，分析可能的人体生物有效性范围，用于估计成本和收益。

三、管理决策支撑

地块土壤污染物的生物有效性值处于合理范围的较低部分时，可节约治理成本。可使用合理的生物有效性估计值来判断地块土壤污染超过可接受水平的程度。将获取人体生物有效性数据的预计成本与可能实现的收益进行比较，做出是否应用人体生物有效性进行风险评估与管理的决策。

若通过人体生物有效性的引入可明显降低治理范围，节省的成本超过数据收集的成本，则宜将人体生物有效性纳入风险评估与管理决策过程。相反，若治理的成本与获取数据的成本相同或更低，则需考虑是否需要开展人体生物有效性测定。除经济成本外，还需考虑是否可以在适当的时间范围内完成人体生物有效性测定。人体生物有效性测定通常需要花费一个月到几个月的时间。

地块不同区域、土层、样品间的人体生物有效性存在差异，此外，小鼠活体测试的人体生物有效性值也可能低于或高于胃肠道模拟预测值。因而，将人体生物有效性结果应用于风险评估时，应判断是使用平均值、范围值，还是保守点估计值。当人体生物有效性的样品测试点位充足时，应使用各样品的测试分析值逐一进行风险评估运算。

应用人体生物有效性进行风险评估时，需要相应地对基于非致癌效应和致癌效应的土壤风险控制值进行调整。当关注污染物无明确的人体生物有效性测定方法，或经判断应用人体生物有效性的成本不足覆盖收益时，使用默认值进行风险评估，人体生物有效性默认值一般是1.0。

参 考 文 献

北京市生态环境局. 建设用地土壤污染状况调查与风险评估技术导则: DB11/T 656—2019[S/OL]. [2019-09-26].

江苏省市场监督管理局. 复合污染工业地块调查技术指南: DB32/T 4424—2022 [S/OL]. [2022-12-31].

江苏省环境科学学会. 建设用地土壤污染物的人体生物有效性分析与应用技术指南: T/JSSES 33—2023 [S/OL]. [2023-11-17].

江苏省环境科学学会. 建设用地土壤污染物多氯联苯人体生物有效性的测定 吸附材料法: T/JSSES 34—2023 [S/OL]. [2023-11-17].

江苏省环境科学学会. 建设用地土壤污染物全氟辛酸和全氟辛烷磺酸人体生物有效性的测定 胃肠模拟法: T/JSSES 35—2023 [S/OL]. [2023-11-17].

江苏省环境科学学会. 建设用地土壤污染物铅人体生物有效性的测定 模拟唾液和胃液提前法: T/JSSES 36—2023 [S/OL]. [2023-11-17].

江苏省环境科学学会. 建设用地土壤污染物镉人体生物有效性的测定 模拟胃液模拟法: T/JSSES 37—2023 [S/OL]. [2023-11-17].

生态环境部办公厅. 建设用地土壤污染修复目标值制定指南（试行）[S/OL]. [2022-12-21].

Environmental Health Standing Committee (enHealth). 2012. Environmental health risk assessment:

Guidelines for assessing human health risks from environmental hazards[S/OL].

Environment Agency. 2022. In-vitro methods for the measurement of the oral bioaccessibility of selected metals and metalloids in soil: A critical review: Technical Report, P5-062/TR/01[R].

Environment Agency. 2005. International workshop on the potential use of bioaccessibility testing in risk assessment of land contamination: Science Report, SC040054[R].

Environment Agency. 2006. Questionnaire survey on the use of In-vitro bioaccessibility in human health risk assessment: Science Report, SC040060/SR1[R].

Environment Agency. 2007. Inter-laboratory comparison of in vitro bioaccessibility measurements for arsenic lead and nickel in soil: Science Report, SC040060/SR2[R].

Environment Agency. 2008a. Compilation of data for priority organic pollutants for derivation of soil guideline values: Science Report, SC050021/SR7[R].

Environment Agency, 2008b. Supporting spreadsheet to Science Report SC050021/SR7 Compilation of data for priority organic pollutants for derivation of Soil Guideline Values[R].

Health Canada. 2017. Supplemental guidance on human health risk assessment for oral bioavailability of substances in soil and soil-like media[S].

Health Canada. 2021. Guidance on human health preliminary quantitative risk assessment[S].

ISO. 2018. Soil quality-Assessment of human exposure from ingestion of soil and soil material—Procedure for the estimation of the human bioaccessibility/bioavailability of metals in soil: 17924[S].

Ministry for the Environment. 2016. Accounting for bioavailability in contaminated land site specific health risk assessment[R].

USEPA. 1989. Risk Assessment Guidance for Superfund Volume I: Human health evaluation manual (Part A): EPA/540/1-89/002[R].

USEPA. 1991. Human health evaluation manual, supplemental guidance: Standard default exposure factors: 9285.6-03[S].

USEPA. 2007a. Guidance for evaluating the oral bioavailability of metals in soils for use in human health risk assessment:9285.7-80[S].

USEPA. 2007b. Estimation of relative bioavailability of lead in soil and soil-like materials using in vivo and in vitro methods: 9285.7-77[S].

USEPA. 2012. Recommendations for default value for relative bioavailability of arsenic in soil[S].

USEPA. 2015. Guidance for sample collection for in vitro bioaccessibility assay for lead (Pb) in soil. U.S. Environmental Protection Agency, Office of solidwaste and emergency response: 9200.3-100[S].

USEPA. 2017. Standard operating procedure for an in vitro bioaccessibility assay for lead and arsenic in soil: 9200.2-164[S].

USEPA. 2021. Attachment a: Frequently asked questions on bioavailability sampling and assessment[S].

第六章　国外生物有效性应用案例

本章就国外将生物有效性应用于土壤修复以及人体风险评估的案例进行介绍，案例研究描述了如何将生物有效性用于特定地点的决策制定。研究案例中土壤污染物包括铅、砷和多环芳烃等。这些案例研究阐述了在特定地点的生物有效性评估以及潜在的可使用生物有效性开展计划的场地类型。通过分析不同地点的场地情况，本章旨在为人类健康评估或土壤修复调查选择生物有效性数据而非默认值提供案例支持。在某些案例中，情况分析相对简单，并且存在基于现场土壤样品的体外提取数据。在部分复杂污染场地，由于土壤基质或污染物形态特殊性，需要进行创新性实验或定制化开发研究方法获取适用性数据。

第一节　重金属污染土壤生物有效性应用案例

一、美国俄勒冈州某铅矿附近土壤中铅的生物有效性分析与修复

（一）概况介绍

该地块位于美国俄勒冈州某铅矿，占地面积约 12000 m²，于 20 世纪 60 年代停止开采，见图 6-1 所示。

矿区历史照片

20世纪80年代开始，该矿区渐渐转为住宅区

这张图片于1943年拍摄，采矿活动持续到20世纪60年代。尾矿深度约为30~60cm

图 6-1　美国俄勒冈州某铅矿场地照片

随着城市发展，1980 年起该地块逐渐变为住宅区，未来还可能变为商业用地。2017 年，美国环境保护署对该冶炼厂开展土壤污染状况调查和修复治理，采用 EPA Method

1340 计算土壤铅人体生物有效性，并将体外结果与体内生物有效性研究的结果进行了比较验证，针对地块的用地规划类型进行基于生物有效性的风险评估，从而设定修复目标值，累计节省花费约 50 万～70 万美元。

（二）实验背景

在美国评估土壤中铅污染相关的风险时，通常选择的暴露途径为儿童经口摄入，美国环境保护署推荐的土壤中铅的生物有效性为 60%（USEPA, 2007a）。然而研究表明，铅的生物有效性还取决于溶解度和土壤化学性质（Cotter-Howels and Thornton, 1991）。对来自采矿废弃物中铅的大鼠实验证实了铅的生物有效性与存在形式有关。默认的铅生物有效性不适用于所有类型的污染，以此为基准的评估结果往往较为保守，容易导致场地过度修复，造成浪费。该项目实验采用 USEPA 推荐法计算铅的人体生物有效性，由于铅已经在各种土壤中验证具有良好的体内-体外相关性，且该地块土壤类型与测试土壤类型相似，因此未进行体内生物有效性测试。

（三）实验方法

1. 采样方案

调查地块大小约为 12130 m²，均为居住用地，其中包括花园和游乐设施。布点方案为每户住宅附近各布设 4 个点，每个花园各布设 2 个点，每个游乐场地内各布设 1 个点，住宅区域采用复合布点法，每个点位周围按照 3 m×3 m 网格，采集共 9 个样品的混合样品。布点密度满足 20 m×20 m 网格要求，总共 55 个采样点（图 6-2）。

采样结果如图 6-3 所示，土壤中铅的背景值为 38 mg/kg，铅检出范围为 380～1320 mg/kg，平均值为 850 mg/kg，大部分点位检出浓度均高于该州规定的土壤中铅的筛选值（400 mg/kg）。

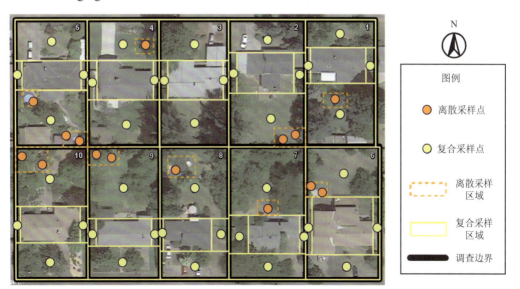

图 6-2　案例地块布点示意图

图 6-3　案例地块土壤样品检出铅浓度分布图

2. 样品制备及测试流程

采集废矿区域以及冶炼厂附近住宅区中的土壤样品，并将采集样品放入 50℃烘箱中干燥 24 小时，过筛至<150 μm。测试方法选择 USEPA 推荐方法 1340。

3. 质量控制

为了确保本次的生物有效性体外测试方法适用于整个地块，将地块划分为 2 个面积近似的区域，这两个区域仅存在铅污染，并且铅检出浓度范围近似（图 6-4），在每个区域各设置 3 个采样点（IS-1-1～3，IS-2-1～3），分别进行生物有效性测试。

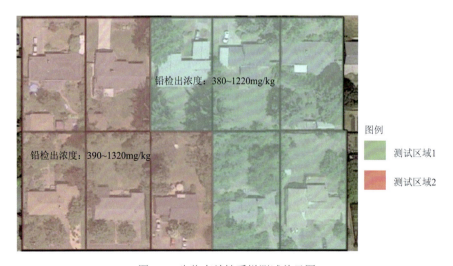

图 6-4　生物有效性采样测试单元图

（四）结果分析

根据体外测试结果，得到 2 个采样区域的铅体外生物有效性（IVBA），见图 6-5。并根据回归方程得到铅的相对人体生物有效性（RBA）范围。区域 1 的 RBA 范围为 0.14～0.17，区域 2 的 RBA 范围为 0.14～0.15，综合考虑该地块土壤中铅的 RBA 为 0.165。

图 6-5　生物有效性测试结果

（五）结论

基于体外模拟生物有效性测试结果，根据不同用地类型，该场地土壤修复目标值由 400 mg/kg 分别提升至 580 mg/kg（住宅用地）和 3800 mg/kg（商业用地），住宅用地规划方式下，修复方量减少至 950 m^3；商业用地规划方式下，仅需开展场地调查即可满足使用要求，预计可节省修复成本达 70 万美元（表 6-1）。

表 6-1　使用人体生物有效性与默认生物有效性结果对比

	默认值	住宅用地	商业用地
铅生物有效性	60%（默认）	16.5%	16.5%
修复目标值	400 mg/kg	580 mg/kg	3800 mg/kg
修复方量	3800 m^3	950 m^3	0
修复成本	70 万美元	20 万美元	0

图 6-6 显示了当地块后续作为住宅用地规划时，基于生物有效性的土壤修复面积前后的对比情况。可以看出，基于生物有效性的风险评估能更客观地评估土壤在特定用途下的重金属危害，避免场地的过度修复。

图 6-6　基于生物有效性的土壤修复面积前后对比（住宅用地）

二、美国某国家森林土壤中砷的生物有效性分析与风险评估

（一）概况介绍

该场地位于美国南部地区一处国家森林内，大约 1900～1960 年期间被用于饲养牲畜（图 6-7）。污染源可能来源于含有砷的杀虫剂溶液与浸渍桶结合使用，个别牛被赶进装有农药的桶中进行寄生虫治疗。该场地现已被废弃，由于这些遗址的环境介质中可能存在重金属和杀虫剂的残留，可能会对人类健康和环境造成风险。

图 6-7　污染地块现场

（二）实验背景

场地采样点位分布如图 6-8 所示。农药浸渍桶由混凝土建成，长约 66 cm，宽 9 cm，深约 12.7 cm，出口处有一个 115 cm×14 cm 的混凝土垫与大桶相连。现场调查大桶结构状况良好，内部存有积水。场地附近土壤中砷的背景浓度为 13 mg/kg。使用离散样本和增量采样方法测量表层土壤中的砷，离散浓度范围为 18～715 mg/kg，平均浓度为 332.4 mg/kg；使用增量采样方法测量的砷平均浓度范围大桶附近区域为 276～321 mg/kg，整个地块为 33～63 mg/kg。

图 6-8　采样点位分布（USDA Forest Service, 2020）

（三）实验方法

使用 USEPA 推荐的甘氨酸法计算砷的生物有效性，得出生物有效性范围为 10%～18%，平均值为 14.2%。

（四）结论

报告最终确定生物有效性定为 15%，该地未来的用地规划为商业用地，计算得到的修复目标值为 456 mg/kg。调查机构依据此结果极大地缩小了土壤修复的面积，整项修复工程约花费 4.5 万美元，生物有效性研究约节省 20 万美元。

三、美国加州某废弃矿山土壤中砷的生物有效性分析与风险评估

（一）概况介绍

该场地为某矿山州立历史公园，里面有历史悠久的矿山和磨坊建筑，100 年前曾在该遗址进行过金矿采矿活动，留下了废弃矿材和大堆废石（图 6-9）。

图 6-9　矿山废矿堆（Hanley，2017）

（二）实验背景

区域地块砷的背景值为 121 mg/kg。该项目研究对象为公园内的大型废石堆。污染土壤方量约为 30 万 m³。污染土壤中砷浓度范围为 244～10250 mg/kg，均超过了该地点砷的背景值（USDA Forest Service，2016）。

（三）实验方法

本次的暴露场景定义为娱乐场景。根据访问频率将不同的地块分为易访问、中等或难访问区域（每年访问的天数：25 天、12 天、1 天）。

将所有样品烘干并过筛至<250 μm。使用体外和体内分析相结合的方法对土壤进行评估。体内分析使用幼猪法，得出的土壤相对经口生物有效性（RBA）范围为 4%～24%，平均值 15.5%。体外分析法使用了多种方法进行对比，包括 OSU 体外胃、肠提取（OSU-IVG）、溶解度生物有效性研究联盟胃提取（SBRC）以及加州砷生物有效性测试法（CAB）。

（四）结果分析

OSU-IVG 和 SBRC 等现有方法始终低估了体内 RBA 数据的预测。而通过 CAB 法测量的结果与体内测试得到的 RBA 基本一致，除了在 3 份土壤样品中提取的砷明显多于 RBA（图 6-10 中 EM15、EM20 和 EM21），而这 3 种土壤在所有样品中的砷含量最高。因此，CAB 法可能不适用于测量总砷含量大于 1500 mg/kg 的土壤生物有效性。将 25% 的 RBA 应用到风险评估中，所有地点的癌症风险（CR）范围为 $1\times10^{-5}\sim3\times10^{-5}$，小于规定的限值（$1\times10^{-4}$），因此不需要进行进一步修复。

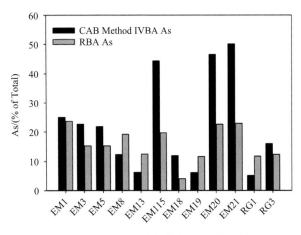

图 6-10　CAB 方法与体内 RBA 的比较

（五）结论

该案例采用的 CAB 方法是一种基于 OSU-IVG 法的测量人体砷生物有效性的体外测试法，对于低度至中度砷污染的土壤，它提取的 As 比 OSU-IVG 多，得到的 RBA 更加准确，可用于风险评估中。对于砷浓度高于 1500 mg/kg 的土壤，其结果可作为砷的 RBA 的保守估计。

四、美国加州某前空军基地土壤中砷的生物有效性分析及土壤修复

（一）概况介绍

20 世纪 80 年代初，管理者在基地周围安装用铬化砷酸铜（CCA）处理过的木栅栏（图 6-11），其中包含了大量的可溶性砷。与平均 3.53 mg/kg 的场地背景浓度相比，地块内土壤中的总砷浓度高达 940 mg/kg。砷以 CCA 的形式存在，最初用作木栅栏的木材防腐剂。CCA 中的砷以可溶性砷酸盐的形式存在，随着时间的推移从木材中浸出并进入土壤基质，可经口摄入进入人体内。然而，将整个栅栏周边的砷去除到背景水平的成本过高，因此进行砷的生物有效性分析评估与修复。

图 6-11　地块内污染木栅栏（AECOM Technical Services，2015）

（二）实验背景

栅栏总长度约为 18000 m，选择在 24 个栅栏柱附近收集地表和深层土壤样本，检测金属和 SVOC。样本是在每个柱子的拐角处收集的，因为柱子基础混凝土通常有大裂缝，此外，该处为从柱子到底层土壤的首选污染物迁移路径。

（三）实验方法

根据 CAB 法对 10 个表层土壤样本进行了生物有效性估计值（IVBA）测试，以及对两个表层土壤样本进行了电子探针分析（EMPA），以分析现场土壤中砷的化学形态，以确定砷的主要存在形式。

（四）实验结果

模拟胃液提取得到的 IVBA 的范围为 51%～64%，平均值为 58%。IVBA 分析用于开发特定地点的生物有效性值，该值基于现场土壤中砷的存在形式，模拟砷在人类胃肠道中的吸收潜力，根据计算最后得出 RBA 为 47.4%。

EMPA 结果显示，土壤中砷的赋存形态以三价锰氧化物结合态为主，占总砷质量的 98%，其余 2% 的砷则与铁氧化物结合存在。通过形态分析，锰氧化物相中砷、铜的质量分数分别为 0.5% 和 2%。通过分析场地污染源可能为砷酸铜化合物，其在风化过程中逐步释放砷和铜，并通过吸附作用固定于次生形成的锰氧化物表面。结合态砷在铁/锰氧化物相中具有高度可释放性。

（五）结论

管理部门决定使用 47.4%的特定生物有效性值来计算土壤中砷的修复目标值，最终定为 47 mg/kg，修复方量由 26000 吨减少至 10500 吨，预计节约了 700 万美元的成本。

五、意大利某射击场土壤中铅的生物有效性分析及土壤修复值制定

（一）概况介绍

由于子弹射击活动，射击场土壤中积累了大量的铅，铅一直被认为是环境污染的潜在来源。全世界有数以千计的射击场用于娱乐活动和军事训练，其特征还在于存在锑、锌、铜和镍等类似污染物。由于土壤摄入代表了一个关键的暴露途径，特别是对于使用该场地进行娱乐的成人和儿童，生物有效性的评估可以更准确地确定土壤修复目标值。

（二）实验背景

该案例的土壤样本采集自意大利中部的一个军事射击场，该射击场每年运行约 4 个月。在 0～0.3 m 的深度采集了 4 个表层土样本。这些样品含有高浓度的重金属，主要是铅。将土壤样品干燥并称重。然后，将样品筛分至 2 mm、250 μm 和 150 μm，以获得适合表征分析和生物有效性测试的土壤组分（Whitacre et al., 2017）。

（三）实验方法

按照 ISO 17924 中推荐的方法进行 UBM 测试，使用的土壤是直径小于 250 μm 的部分。SBET 测试则是按照美国环境保护署推荐的方法进行，使用的土壤是直径小于 150 μm 的部分。

（四）实验结果

UBM 测试结果表明对于所有测试样品，胃阶段中的生物有效浓度测量值高于肠道阶段的浓度。事实上，与肠道（pH = 6.3）相比，胃阶段的 pH（pH = 1.2）更低，导致无机物更容易从土壤中迁移到溶液中。

比较两种方法获得的生物有效浓度，相比于 UBM 而言（0.15～0.5），SBET 的结果更为保守（0.03～0.2）。对于所有分析的无机物，由 SBET 确定的生物有效浓度非常接近 UBM 中胃阶段的值。考虑这两种方法使用的是不同的程序和试剂，但 SBET 和 UBM 胃阶段中溶液的 pH 相似（1.2 与 1.5），因此 pH 是评估无机物生物有效性的关键参数。

（五）结论

案例研究了两种不同方法（UBM 法和 SBET 法）估算无机物生物有效性浓度，并进行了比较和讨论。结果表明，在提取参数中，pH 是最重要的因素之一。在将生物有效性应用至人体健康风险评估之前，需要进一步调查源头到手和手到口的传播途径，以避免使用保护过度或保护不足的风险评估方法。

六、意大利某废弃矿区土壤中重金属元素的生物有效性分析及风险评估

（一）概况介绍

采矿活动会伴生采掘废物，从而导致生态系统受到污染。该案例研究目的是确定废矿、尾矿以及可能受污染土壤中潜在有毒元素（PTE）的生物有效性，并通过计算土壤吸入诱发的危害商（HQ）进行人类健康风险评估。

（二）实验背景

该废弃矿区位于意大利西北部（Mehta et al., 2020），以方铅矿（PbS）和闪锌矿（ZnS）为主，开采活动发生在 1837～1982 年。

（三）实验方法

案例采样点分布图见图 6-12，采集的样品为废石、尾矿以及内部土壤。所有样品均在 80℃ 烘箱中干燥 24 小时并过筛至 <250 μm。分别使用 UBM 和王水提取法分析 PTE 总浓度和生物有效浓度。

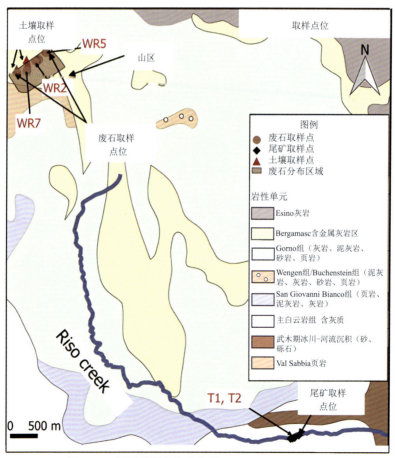

图 6-12　现场采样点位分布图（Mehta et al., 2020）

对于从土壤到人类的暴露途径，首先计算与非致癌风险相关的成分的灰尘或土壤来源的平均每日剂量（ADD），并基于 ADD 计算出土壤吸入诱发的危害商（HQ）。

（四）实验结果

对于所有样品，砷的生物有效性范围为总浓度的 5%～33%。相比之下，镉的范围为 72%～98%。铬的生物有效性则相对较低，均在 1.0% 以下。废石、尾矿和土壤样品中铜的生物有效性分别为 54%、49% 和 41%。对于所有样品，钴和镍的生物有效性平均值均为 34.8%。废石、尾矿和土壤样品中铅的生物有效性分别为 32%、84% 和 61%。废石中锌的平均生物有效性较高，达到 91%，尾矿和土壤样品中的生物有效性分别为 75% 和 80%。

分别计算 8 种 PTE 的 HQ，对于居住用地场景，样品中重金属总浓度的 HQ 达到最大值（25.4），而使用生物有效性计算时，HQ 为 17.9。使用总浓度对砷和铅评估致癌风险（CR），结果为 $4.4×10^{-4}$，大于风险限值 $1×10^{-5}$，表明总浓度有致癌风险；对于生物有效性，最大值为 $2.7×10^{-5}$，表明生物有效性同样有致癌风险。对于商业用地场景，计算得出的总浓度和生物有效性的 HQ 分别为 2.0 和 1.4。结果还表明，对于生物有效浓度，T1、T2 周围的位置 HQ < 1，即为可接受水平，代表没有潜在的非致癌风险。同样使用生物有效性计算致癌风险，所有样品记录的 CR 均小于 $1×10^{-5}$。这表明将生物有效性纳入人体健康评估程序改进了风险评估过程，导致在所有采样点都没有发现不可接受的致癌风险，并且在将近一半的采样点没有发现不可接受的潜在非致癌风险，HQ 和 CR 总量分别下降了 34% 和 93%。

（五）结论

通过对案例场地废弃矿区内的废石、尾矿和土壤样品进行生物有效性分析，经口摄入途径的潜在非致癌和致癌风险分别降低了 34% 和 93%。因此，经过生物有效性校正的土壤污染健康风险评估降低了与人类暴露计算相关的不确定性以及所需修复工作的范围。

七、德国某污染矿区土壤中重金属元素的生物有效性分析及风险评估

（一）概况介绍

当浓度升高时，潜在有毒元素（PTE）会对植物和人类产生有害影响。在几十年 PTE 缓慢积累的情况下，最可能的运输途径是从大气到土壤、土壤到植物。由于生产活动排放的废气沉积以及堆放在裸露土壤的危险废弃物，潜在有毒元素经常集中在某些工业活动的位置周围。案例对象为德国某严重污染矿场周边土壤，通过计算土壤中 As、Cu、Mn、Hg、Pb 和 Zn 的生物有效性，研究其对人体健康的威胁。

（二）实验背景

案例地块位于德国科隆以东约 32 km 处，土壤母质主要为砂岩和粉质黏土。地块附

近存在矿场，以方铅矿（PbS）和闪锌矿（ZnS）为主。研究人员在地块周围选择了 4 个地点种植豆类、胡萝卜及生菜。通过计算土壤及蔬菜中的潜在有毒元素（PTE）浓度，推算土壤危害商（HQ），最终得到土壤修复目标值（Antoniadis et al., 2017）。

（三）实验方法

将植物用 2% 硝酸酸洗，用水冲洗、风干，然后在旋转研磨机中研磨。从相同的地块中收集土壤样本，风干，过筛至 < 2 mm。根据 DIN ISO11466（1997）中推荐的土壤到人类暴露途径评估方法，用王水（3 g 土壤样本与 21 mL HCl 和 7 mL HNO$_3$ 混合）提取样品以确定砷、铜、铁、汞、锰、铅和锌的浓度。用硝酸铵溶液（10 g 土壤样本与 25 mL 1 mol/L NH$_4$NO$_3$ 混合）提取样品以评估 PTE 的潜在移动部分。通过电感耦合等离子体发射光谱法（ICP-OES）分析植物和土壤中砷、铜、铁、锰、铅和锌的浓度。通过用去离子水稀释单元素和多元素储备溶液进行四点校准，一式三份进行分析。重复分析的相对标准偏差低于 15%。使用冷蒸气原子荧光光谱法（CV-AFS）测量土壤和植物中的汞。对于从土壤到人类的暴露途径，计算与非致癌风险相关的成分的灰尘或土壤来源的平均每日剂量。

（四）实验结果

案例研究的 4 个区域中，测出的 PTE 浓度都非常高。所有元素均超出监管限值，尤其是地块 2 中砷浓度高出监管值 5 倍，汞浓度高出 7 倍，铅浓度则高出 35 倍。基于 HQ，可计算人体有效性的污染物修复目标值。通过计算不同重金属元素生物有效性，得到了对应的经口摄入途径土壤可接受危害商，继而可针对具体地块范围以及重金属污染类型得出修复目标值，大大减少修复工作量。

第二节　有机物污染土壤生物有效性应用案例

一、英国某煤制气厂土壤中多环芳烃的生物有效性分析

（一）概况介绍

多环芳烃（PAHs）在英国大多数城市土壤中普遍存在，这主要是由历史上家庭和工业大规模的煤炭燃烧以及石油烃的加工和使用造成的。这些化合物具有不同的物理化学性质，个别化合物对人类的毒理学意义不尽相同，引发不良健康影响的人体摄入量标准也存在不确定性。英国目前的监管制度主要基于土壤中污染物的总浓度。然而，污染物的生物效应不一定与总浓度相关，因为土壤中的老化和风化过程会减少生物系统的可用比例。

（二）实验背景

为了确定土壤中污染物生物有效性，英国诺丁汉大学和英国国家电网开发了一种方法，即有机提取人体模拟测试（FOREhST），该方法基于 RIVM 模型测量 PAHs 的生物

有效性，即多环芳烃进入人体的生物可利用部分与土壤中总浓度的比值，并与 SHIME 法得出的结果进行比较（Cave et al., 2010）。

（三）实验方法

案例测试的 6 种多环芳烃为苯并[a]蒽、苯并[b]荧蒽、苯并[k]荧蒽、苯并[a]芘、二苯并[a,h]蒽和茚并 [1,2,3-c,d]。选择的 11 个土壤样品来自英格兰及威尔士废弃的煤气厂中的土壤。所有样品均进行干燥 24 小时并过筛至<250 μm。FOREhST 方法为三阶段静态体外生物有效性测试，在 37℃下进行实验旨在模拟进食状态下的物理化学条件。该方法模拟了人类消化系统的唾液、胃和肠道阶段，在代表小肠消化的提取阶段结束时通过离心法收集样本。与 RIVM 模型相比，胃肠液 pH、比率和通过时间均经过调整，以解决因摄入食物引起的生理差异：唾液 pH（6.8 ± 0.5）、胃 pH（1.3 ± 0.5）、小肠 pH（8.2 ± 0.2）；配制胃肠道液体比例为唾液∶胃∶十二指肠∶胆汁=1∶2∶2∶1；胃肠道转运时间为胃 2 小时，小肠 2 小时。同时采用 SHIME 法比较分析，模拟样本通过人体的胃、十二指肠和结肠隔室，之后使用与 FOREhST 相同的提取方法分析提取物的多环芳烃含量。

（四）结果分析

案例采用的两种提取方法得出的生物有效性结果如图 6-13 所示，虽然每份土壤样品中通过 FOREhST 法测出的每种 PAHs 的生物有效性并不总是高于 SHIME 法测出的结果，但将所有 PAHs 放在一起比较，SHIME 方法 BAF 值约为 FOREhST 值的 80%，表明 FOREhST 方法可能过度预测。另外，土壤中的有机碳（TOC）含量也与生物有效性存在正相关。

（五）结论

从方法验证的角度，该研究的生物有效性结果均为可靠数据（相对标准偏差 <10%）。对于选定的 6 种多环芳烃，测试的平均生物有效性如下：苯并[a]芘为 36%，苯并[a]蒽为 44%，苯并[b]荧蒽为 39%，苯并[k]荧蒽为 28%，二苯并[a,h]蒽为 21%，茚并 [1,2,3-c,d] 为 43%。在将该数据应用于风险评估之前，还需要进行验证测试，例如测试该方法对更广泛的土壤类型和多环芳烃的适用性，与体内实验对比结果，进行外部实验室对比实验等。

二、美国某前军事基地土壤中多环芳烃的生物有效性分析应用

（一）概况介绍

该场地位于美国得克萨斯州，在二战期间被用于进行军事训练，于 1959 年停用。案例场地卫星图见图 6-14。该场地的潜在污染物为苯并[a]蒽、苯并[b]荧蒽、苯并[k]荧蒽、苯并[a]芘、菧、二苯并[a,h]蒽和茚并 [1,2,3-c,d]，其来源为以前射击场使用的黏土靶。

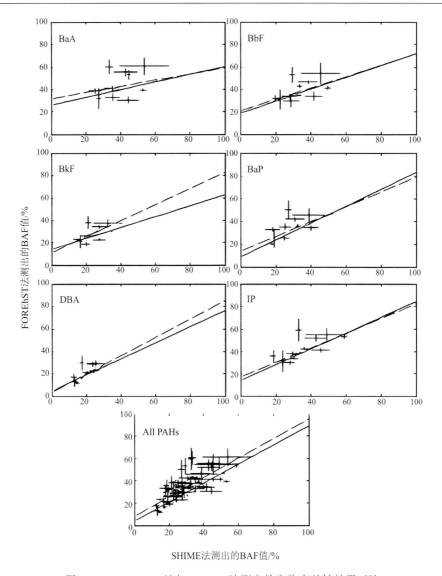

图 6-13　FOREhST 法与 SHIME 法测定的生物有效性结果对比

（二）实验方法

案例采用体内实验与体外测试相结合的办法，计算多环芳烃的经口生物有效性和皮肤生物有效性。测试样品为军事基地 5 个不同地点的表层土（0～15 cm）。

（三）实验结果

体内经口生物有效性采用小鼠实验，分别在第 7 天、第 14 天时分析尿液代谢物中的 PAHs 含量。苯并[a]芘的平均生物有效性为 11%，蒽的平均生物有效性为 33%，苯并[a]蒽的平均生物有效性为 15%～23%。

图 6-14　案例现场卫星图（Forsberg et al., 2021）

皮肤生物有效性使用 72 小时后残留在体外皮肤模拟测试中的皮肤和受体液中的多环芳烃剂量总和来计算。苯并[a]蒽、苯并[b]荧蒽、苯并[k]荧蒽、苯并[a]芘的平均生物有效性在 0.28%~1.4%之间，彼此之间没有显着差异。䓛、二苯并[a,h]蒽和茚并 [1,2,3-c,d]并未检出。

（四）结论

针对苯并[a]芘的污染土壤，根据人体生物有效性计算出的土壤修复目标值为9.6 mg/kg，比使用默认经口有效性的修复目标值高 7 倍（1.2 mg/kg）。从而使需要修复的面积减少约三分之一，从 4500 m² 减少到 2730 m²，为项目节省大约 20 万美元（表 6-2）。

表 6-2　苯并[a]芘人体生物有效性与默认生物有效性结果对比

	默认值	人体生物有效性
修复目标值	1.2 mg/kg	9.6 mg/kg
修复面积	4500 m³	2730 m³
修复成本	45 万美元	25 万美元

参 考 文 献

AECOM Technical Services. 2015. Site-Specific Bioavailability Assessment Technical Memorandum (Confidential Client Report) [A].

Antoniadis V, Shaheen S M, Boersch J, et al. 2017. Bioavailability and risk assessment of potentially toxic elements in garden edible vegetables and soils around a highly contaminated former mining area in Germany[J]. Journal of Environmental Management, 186: 192-200.

Cave M R, Wragg J, Harrison I, et al. 2010. Comparison of batch mode and dynamic physiologically based bioaccessibility tests for PAHs in soil samples[J]. Environmental Science & Technology, 44(7): 2654-2660.

Cotter-Howells J, Thornton I. 1991. Sources and pathways of environmental lead to children in a Derbyshire mining village[J]. Environmental Geochemistry and Health, 13: 127-135.

Forsberg N D, Haney J, Hoeger G C, et al. 2021. Oral and dermal bioavailability studies of polycyclic aromatic hydrocarbons from soils containing weathered fragments of clay shooting targets[J]. Environmental Science & Technology, 55(10): 6897-6906.

Freeman G B, Johnson J D, Killinger J M, et al. 1992. Relative bioavailability of lead from mining waste soil in rats[J]. Fundamental and Applied Toxicology, 19: 388-398.

Hanley V. 2017. Arsenic characterization/bioavailability on mining soils[J]. Department of Toxic Substances Control.

ITRC. 2017. Bioavailability of contaminants in soil: Considerations for human health risk assessment [Z].

ISO. 2018. In soil quality—Assessment of human exposure from ingestion of soil and soil material-procedure for the estimation of the human bioaccessibility/bioavailability of metals in soil: 17924[S].

Jeffries J. 2009. A review of body weight and height data used within the contaminated land exposure assessment model (CLEA): Project SC050021/ Technical Review 1[R]. Bristol: Environment Agency.

Mehta N, Cipullo S, Cocerva T, et al. 2020. Incorporating oral bioaccessibility into human health risk assessment due to potentially toxic elements in extractive waste and contaminated soils from an abandoned mine site[J]. Chemosphere, 255: 126927.

USDA Forest Service. 2016. Engineering evaluation/cost analyses, non-time-critical removal actions empire mine[A].

USDA Forest Service. 2020. Fact sheet: Cattle dip vat management program[A].

Whitacre S, Basta N, Stevens B, et al. 2017. Modification of an existing in vitro method to predict relative bioavailable arsenic in soils[J]. Chemosphere, 180: 545-552.

第七章　国内生物有效性应用案例

第一节　重金属污染土壤生物有效性应用案例

一、生物有效性测定及分析在江苏典型重金属污染场地环境调查应用实践

（一）概况介绍

江苏省环境工程技术有限公司等单位以江苏某化工遗留场地为研究对象，进行了重金属污染的生物有效性测试分析与应用实践，为精准评估场地土壤污染风险以及科学实施污染场地的修复治理提供重要的技术支撑，引导和促进管理部门和专业技术机构正确认知场地污染水平并进行科学决策。

（二）环境调查

地块占地面积约 18 万 m^2。厂区生产历史可追溯到 20 世纪 70 年代，主要生产化学试剂硫酸、铁精粉、间苯二酚、硫酸铝，于 2016 年完全停产，同年完成厂房、设备等构筑物的拆除工作。该地块厂区主要生产工艺是通过硫铁矿生产硫酸，涉及选矿工艺以及脱硫工艺。地块厂区三废治理设施不全，主要涉及的环境有毒有害物质有硫铁矿、铁精矿、硫酸、间苯二酚、氨基磺酸等。

1. 布点方案

案例地采样点布设结合各区域污染途径，综合采用专业判断、系统布点、递进式精细化等布点方法。其中，初步调查采用专业判断法，布设土壤采样点 25 个，各采样点钻探至强风化岩下 1 m 终孔，每 1 m 取 1 个样品。详细调查阶段采用系统布点结合判断布点方法布设，总体布点网格密度不大于 40 m×40 m，布设土壤采样点 264 个，各采样点钻探至强风化岩面以下 2 m 终孔。地下 0～6 m，每 1 m 采集 1 个土壤样品；地下 6 m～终孔，每 2 m 采集 1 个土壤样品。根据前期调查，本地块区域 11 m 以浅土层为污染区，每个点位的具体深度根据采样现场快筛情况及钻孔情况进行一定的调整。

2. 采样监测

调查测试了 303 个土壤样品中重金属含量，分析方法采用《土壤环境质量　建设用地土壤污染风险管控标准（试行）》（GB 36600—2018）中规定的方法。

3. 调查结果

地块土壤重金属污染调查结果砷、铅污染最为严重，其次存在铜、镉、锌、锑、镍污染。土壤污染物中仅有砷超出管制值标准，超标率 33%，最大超标达 73 倍。通过地

块砷污染的 3D 分布模拟分析发现：0～4 m 深度的土壤中，大部分区域砷含量超过国家二类建设用地管制值，4～10 m 深度的土壤砷含量大部分超过国家二类建设用地筛选值。

4. 风险评估

采用健康风险评估方法，结合地块特征制定案例地土壤风险控制目标。该地块规划用地方式为第一类用地方式，故以第一类用地下的暴露场景来推导基于健康风险的风险控制值，分别以 1 和 $1×10^{-6}$ 作为非致癌风险和致癌风险的可接受水平来推导风险控制值。该地块根据污染物毒性特性等，计算土壤污染考虑的暴露途径包括：经口摄入土壤、皮肤接触土壤、吸入土壤颗粒物、吸入室外空气中来自表层土壤的气态污染物、吸入室外空气中来自下层土壤的气态污染物、吸入室内空气中来自下层土壤的气态污染物。对于土壤中超风险的关注污染物最终风险控制值，是综合以上暴露途径得出的风险控制值。

对土壤中重金属铅采用 IEUBK 模型进行预测。USEPA 与疾控中心规定儿童血液中铅浓度超过 10 μg/dL（血清）时会对儿童产生危害。USEPA 对污染地块中血铅的风险削减目标确定为：对地块进行清理修复后保证儿童血铅浓度超过 10 μg/dL 的可能性低于 5% 或更低。因此，项目地块风险评估按照 IEUBK 模型，以 0～84 个月儿童为敏感受体、儿童血铅超过 10 μg/dL 的比例低于 5% 来推算土壤中铅的风险控制值。以儿童血铅为准反推土壤中铅风险控制值时，其他介质中铅的含量设置情况如下：假设该地块建设规划后饮用水铅达到生活饮用水标准限值 10 μg/L、空气铅达到环境空气质量标准中年平均浓度限值 1 μg/m³，则推算得到土壤中铅应达到的标准为 269.78 mg/kg。

（三）实验方法

1. 基于体内测试的相对生物有效性分析方法

利用动物模型体内方法测定土壤中砷、铅的相对生物有效性，动物模型选用相关研究常使用的小鼠，研究选用的是品种为 Balb/C 的雄性小鼠，体重控制在（20±2）g。在对小鼠实施饮食暴露前，需要对小鼠进行驯化饲养，小鼠集中在大的饲养笼中按照光照/黑夜各 12 小时的条件进行驯化，温室温度保持在 20～22℃，湿度在 50% 左右，在驯化的 3 天时间里小鼠自由进食水和无污染的鼠粮。经过 3 天的驯化，小鼠适应温室环境后，禁食过夜，称重记录，随后将小鼠与鼠笼一一对应，一只老鼠使用一个笼子，三个笼子为一组。连续暴露 10 天，暴露期间喂食对应的特制鼠粮。有研究表明铅在动物器官内的富集十天可达到一个稳定状态。实验过程中，空白对照的小鼠和实验用小鼠对各自鼠粮的消耗量没有较大的差异。小鼠进食的鼠粮需要掺入污染土壤，按照土壤重量占比 2% 的比例与鼠粮混合（3 g+147 g），按照每个土壤样品中砷、铅的总量核算特制鼠粮中砷的浓度为 0.78～85.4 mg/kg 干重（dw）；铅的浓度为 3.75～120.94 mg/kg 干重（dw）。同时把砷酸钠和醋酸铅制备成溶液按比例混入鼠粮中，使特制鼠粮中砷和铅浓度分别为 10 mg/kg、50 mg/kg、100 mg/kg。混入土壤或者砷、铅参照物的特制鼠粮在搅拌机中混合均匀，加入超纯水后均匀揉搓成型，约 20 个，然后冷冻干燥，保存备用。

经 10 天的暴露后，再次对小鼠进行禁食过夜后称重，后对小鼠进行解剖操作取肝和肾作为生物靶器官以测定砷、铅的相对生物有效性。取出的肝和肾样品分装完成后需要快速冷冻起来，随后冷冻干燥机干燥。将这些样品冻干后使用 1∶1 硝酸和 30% 的过氧化氢进行消解（USEPA 3050B），并用电感耦合等离子体质谱仪（ICP-MS）测定肝、肾组织中砷和铅的含量。As/Pb RBA 通过公式（7-1）进行计算：

$$RBA\% = \frac{Concentration_{土}}{Concentration_{参照物}} \cdot \frac{Dose_{参照物}}{Dose_{土}} \times 100\% \tag{7-1}$$

式中，$Concentration_{土}$ 是喂食混入污染土壤的特制鼠粮后砷、铅在小鼠肝或肾中的浓度；$Concentration_{参照物}$ 是喂食混入砷、铅参照物的特制鼠粮后砷、铅在小鼠肝或肾中的浓度（μg/g）；$Dose_{土}$ 和 $Dose_{参照物}$ 分别是喂食土壤和参照物质后砷、铅的暴露剂量 [μg /（g·d）]。

2. 基于体外测试的相对生物有效性分析方法

不同生物有效性测试方法得到的结果并不完全一致（Juhasz et al., 2009；陈廷廷等，2018），该案例采用 4 种体外方法（UBM、SBRC、PBET、IVG）进行土壤砷、铅的生物有效性测定。体外方法主要模拟人体胃相和肠相两个部分。胃相部分主要特征为酸性环境和含有一定含量无机盐、有机酸和蛋白类物质；肠相模拟则是在偏中性的环境进行提取，其组成成分在胃部基础之上，进一步引入胆盐、胰蛋白酶等物质。SBRC、PBET、IVG 方法均分为胃相模拟和肠相模拟，UBM 方法除胃相和肠相模拟外，还添加了口腔阶段的模拟。4 种方法胃肠模拟液的组成成分如表 7-1 所示。

表 7-1　4 种体外方法（SBRC、PBET、IVG、UBM）的模拟液成分和模拟条件

方法	模拟阶段	每升组成成分	pH	土/液比	提取时间/h
SBRC	胃液	30.03 g 甘氨酸	1.5	1∶100	1
	肠液	1.75 g 胆汁，0.5 g 胰酶	7.0	1∶100	4
PBET	胃液	1.25 g 胃蛋白酶，0.5 g 苹果酸钠，0.5 g 柠檬酸三钠，420 μL 乳酸，500 μL 醋酸	2.5	1∶100	1
	肠液	1.75 g 胆汁，0.5 g 胰酶	7.0	1∶100	4
IVG	胃液	10 g 胃蛋白酶，8.77 g 氯化钠	1.8	1∶150	1
	肠液	3.5 g 胆汁，0.35 g 胰酶	5.5	1∶150	1
UBM	S-唾液	0.896 g 氯化钾，0.888 g 磷酸二氢钠，0.2 g 硫氰化钾，0.57 g 硫酸钠，0.298 g 氯化钠，1.8 mL 氢氧化钠，0.2 g 尿素，1.45 g α蛋白酶，0.05 g 黏蛋白，0.015 g 尿酸	6.5	1∶15	1
	G-胃	0.824 g 氯化钾，0.266 g 磷酸二氢钠，2.752 g 氯化钠，0.4 g 氯化钙，0.306 g 氯化铵，8.3 mL 盐酸，0.085 g 尿素，0.65 g 葡萄糖，0.02 g 葡萄糖醛酸，0.33 g 氨基葡萄糖盐酸，3 g 黏蛋白，1 g 牛血清白蛋白，1 g 胃蛋白酶	1.1	1∶22.5	1
	I-肠	0.564 g 氯化钾，7.012 g 氯化钠，5.607 g 碳酸氢钠，0.08 g 磷酸二氢钾，0.05 g 氯化镁，180 μL 盐酸，0.1 g 尿素，1 g 牛血清白蛋白，0.2 g CaCl₂，3 g 胰液素，0.5 g 脂肪酶	7.4	1∶45	4
	B-胆汁	0.376 g 氯化钾，5.26 g 氯化钠，5.786 g 碳酸氢钠，180 μL 盐酸，0.25 g 尿素，1.8 g 牛血清白蛋白，0.222 g CaCl₂，6 g 胆汁	8	1∶15	4

由于胃肠消化系统是一个连续的体制，在体外模拟方法中，首先是模拟胃相消化阶段，称取 0.1 g 的土壤样品放置于 50 mL 离心管中，各体外方法按照相应的固液比添加对应胃模拟液，UBM 方法胃相模拟时加入 3.75 mL 模拟液（S+G）。按照模拟条件依次滴加浓盐酸调整胃相阶段模拟液的 pH。将调试好 pH 后的离心管放入恒温振荡箱中，模拟人体体温，设置恒温 37℃，设置转速 200 r/min，按照各体外方法的提取时间设置振荡时间，胃相阶段都是 1 小时。在模拟胃相提取期间，振荡时间在 30 分钟时检测各离心管中的模拟液 pH 并进行调整。1 小时提取结束后，将装有土壤悬浊液的离心管离心 20 分钟，离心机转速设置为 4000 r/min。离心结束后，小心取出离心管避免震动而使得沉积在管底的土壤扩散到上清液中，随后取上清液：1 mL（UBM）、1 mL（SBRC）、1 mL（PBET）、1.5 mL（IVG）过 0.45 μm 滤膜，样品保存在冰箱中待测。

胃液离心完成提取上清液后，在胃液的基础之上按照固液比添加肠模拟液，滴加氢氧化钠或者碳酸钠调节模拟液的 pH。与胃相阶段步骤相似，将调试好 pH 后的离心管放入恒温振荡箱中，模拟人体体温，设置恒温 37℃，设置转速 200 r/min，进行肠相的消化模拟。各方法的模拟提取时间也有所不同：4 h（UBM）、4 h（SBRC）、4 h（PBET）、1 h（IVG）。在模拟肠相提取期间，在振荡时间过半时检测各离心管中的模拟液 pH 并进行调整，控制 pH 的稳定性。在肠相提取结束后，与胃相的离心条件一样处理，取上清液过 0.45 μm 滤膜，滴加浓硝酸 5 滴酸化并保存在冰箱中待测。土壤中砷、铅的生物有效性为体外方法模拟液（胃相和肠相）中砷、铅的含量与土壤中砷、铅的总含量的比值。

（四）结果分析

1. 4 种体外方法中砷的生物有效性

选用 UBM、SBRC、PBET、IVG 4 种体外方法对采自案例地土壤中砷进行生物有效性的测定结果如图 7-1 所示。对于同一点位样品，使用不同体外方法测定的生物有效性是不同的。由于选用的 4 种方法中，每一种体外方法都模拟了胃相和肠相的消化阶段，两阶段的生物有效性也有所不同。在胃相，砷的生物有效性总范围在 2.02%～84.61%，细分各方法分别为 UBM（5.08%～84.61%，平均值 54.21%）、SBRC（2.02%～52.25%，平均值 32.04%）、PBET（5.11%～77.37%，平均值 40.85%）和 IVG（3.38%～60.49%，平均值 13.62%），UBM 方法对土壤中砷的生物有效性最高，即在模拟胃消化过程中，UBM 方法的胃模拟液对土壤中砷的溶解程度最好，其次是 PBET、SBRC，而 IVG 方法在模拟胃相消化时对土壤中砷的溶解程度最低。肠相中砷的生物有效性普遍低于胃相中砷的生物有效性，但各方法之间所得的结果不同。依次是 UBM（5.92%～31.63%，平均值 15.53%）、SBRC（1.8%～26.53%，平均值 8.16%）、PBET（0.26%～43.78%，平均值 20.70%）、IVG（0.54%～32.80%，平均值 15.30%），按使用的方法顺序为 PBET>UBM=IVG>SBRC。

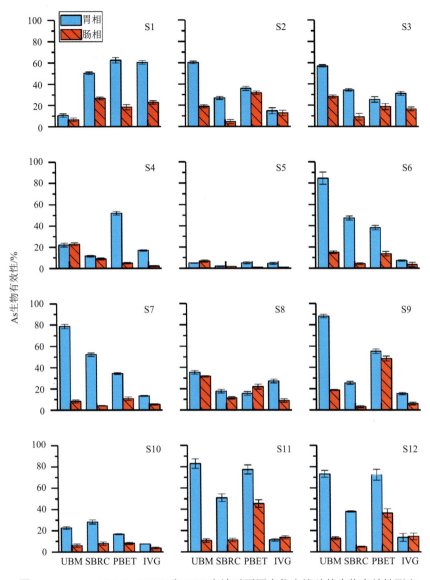

图 7-1 UBM、SBRC、PBET 和 IVG 方法对不同点位土壤砷的生物有效性测定

2. 4 种体外方法中铅的生物有效性

用 UBM、SBRC、PBET、IVG 4 种体外方法对采自案例地污染土壤中铅进行生物有效性的测定结果如图 7-2 所示。

UBM、SBRC 和 PBET 方法在肠相中铅的生物有效性比胃相中均有不同幅度的下降，而 IVG 方法肠相中铅的生物有效性要稍高于胃相。除 pH 条件对生物有效性产生影响外，复合污染情况下各金属元素间存在相互作用，其中砷的存在可能会对铅的生物有效性产生一定影响。

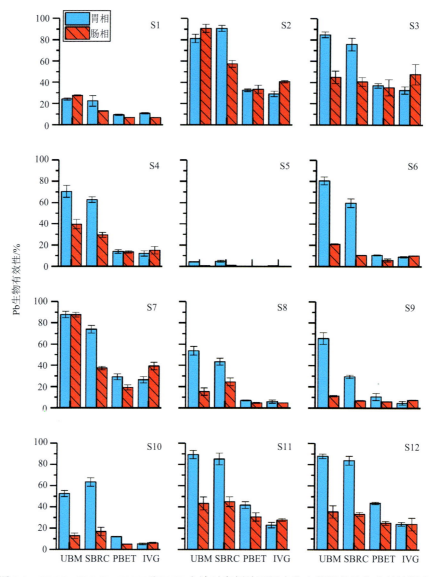

图 7-2　UBM、SBRC、PBET 和 IVG 方法对案例地不同点位土壤铅的生物有效性测定

3. 体内体外方法的相关性

对 12 个重金属砷、铅污染的土壤样品（总砷浓度范围为 39～4269 mg/kg，总铅浓度范围为 187～6044 mg/kg），采用模拟人体胃相和肠相的 4 种体外方法，对土壤中砷、铅的生物有效性进行拟合，结果分别如图 7-3 和图 7-4 所示，表明 UBM 方法相比其他 3 种体外方法更适合用于分析该地块土壤中铅的生物有效性，生物有效性平均值为 36.07%（25.79%～61.23%）。针对该污染地块对砷建立体内体外相关性模型并分析可得，PBET 方法与体内实验的相关性最好 R^2=0.72（胃相）和 0.62（肠相）。生物有效性平均值为 20.70%（0.26%～43.78%），该场地可考虑应用 PBET 法进行砷的相对生物有效性测试分析。

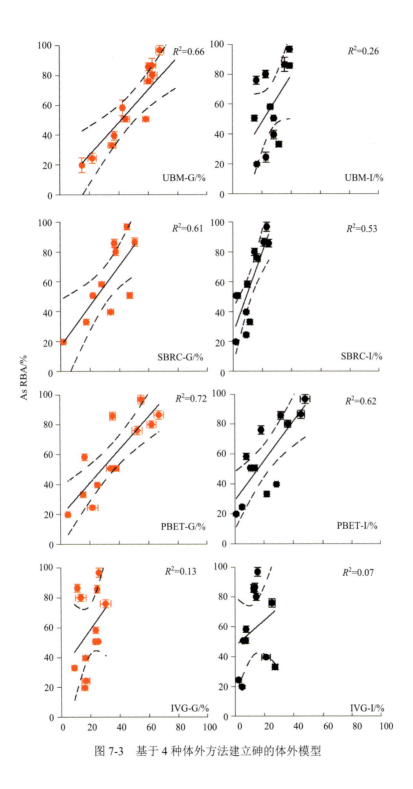

图 7-3 基于 4 种体外方法建立砷的体外模型

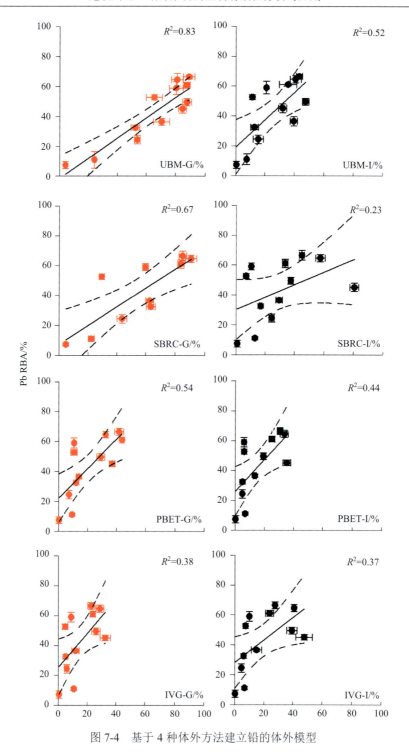

图 7-4　基于 4 种体外方法建立铅的体外模型

（五）结论

保守考虑以有效性测试结果最大值（43.78%）对砷经口摄入途径的风险控制值进行

校正并计算最终的综合风险控制值。考虑土壤中砷经口有效性后，第一类用地情景下的风险控制值为 1.084 mg/kg，为理论计算值 0.475 mg/kg 的 2.28 倍。

考虑土壤中以有效性测试结果最大值（61.23%）对铅经口摄入风险进行校正，并计算最终的综合风险控制值，第一类用地情景下的风险控制值为 440.6 mg/kg，为理论计算值（270.3 mg/kg）的 1.63 倍。

该案例研究结果表明，如果按砷、铅总量进行传统风险评估，场地人群健康风险将被高估 1～2 倍，采用生物有效性校正后，在满足健康风险可接受最大值的条件下，地块土壤中重金属砷的修复目标值将从 0.475 mg/kg 提高至 1.084 mg/kg，铅的修复目标值将从 270.3 mg/kg 提高至 440.6 mg/kg。

由于该案例地块中，重金属砷的检出浓度（38.9～4269 mg/kg）远高于修复目标值，因此，无法通过砷的生物有效性校正来减少超控制点位的数量。同样的，该场地 12 个采样点位中，仅 1 个点位铅检出浓度（187 mg/kg）低于基于生物有效性校正前的风险控制值，其余 11 个点位均远超于校正后的铅风险控制值（739～6044 mg/kg），因此土壤中铅超过风险控制值点位数量在校正前后没有变化，但地块土壤铅的修复目标值提高仍能有效减少修复规模，降低修复成本。因此，当土壤污染物浓度超标严重时，应用生物有效性技术校正作用有限。

二、苏州某工业园区重金属污染工业场地土壤人体健康风险评估研究

（一）概况介绍

上海污染场地修复工程技术研究中心以苏州某工业园区为例，选取体外胃肠法（IVG）分析污染场地土壤重金属元素 Cu、As、Sb 和 Ni 的生物有效性，探究了土壤理化性质对重金属元素生物有效性的影响，并分析其相关性。同时，利用基于生物有效性的人体健康风险评价模型，评估了污染场地中经口摄入的土壤重金属对暴露人群造成的健康风险（陈奕，2020）。

（二）实验方法

1. 供试土壤

研究采集的土壤来自某工业园区废弃地块，将该地块等面积划分出 3 个采样区（A 区、B 区和 C 区），运用棋盘式布点法，在每个采样区布设 10 个采样点，共设置 30 个采样点。在各采样点采集 0～20 cm 表层土壤样品，分别编号为 $A_{1\sim10}$、$B_{1\sim10}$ 和 $C_{1\sim10}$，共 30 个土壤样品。$A_{1\sim10}$、$B_{1\sim10}$ 和 $C_{1\sim10}$ 分别均匀混合，用四分法随机取 2 kg 土壤，装入聚乙烯样品袋，多余部分弃去，分别为 A 区、B 区和 C 区土样，去除石粒、植物残体等杂质后自然风干，使用木制工具研磨，过 250 μm（60 目）尼龙筛后保存待测。

2. 体外实验

研究使用的体外实验方法主要是体外胃肠法（IVG），连续模拟人体的胃和小肠阶段，计算土壤重金属的溶解态含量和生物有效性。

3. 健康风险评价

采用土壤中单一污染物危害商模型评价工业园区土壤重金属元素经口摄入后对人体产生的健康危害。由于采样区域为非敏感用地，因此，只考虑土壤重金属对成人暴露的健康风险。案例通过计算危害商指数 HQ_{ois}，采用重金属总量及生物有效性为参数，对风险结果进行修正。

（三）结果分析

1. 胃肠阶段土壤中重金属的生物有效性及其关联因素

在胃肠阶段，土壤中 Cu、As、Sb 和 Ni 的生物有效性有较大差异。胃阶段土壤中 Cu、As、Sb 和 Ni 的生物有效性范围分别为 32.145%～50.231%、27.571%～44.400%、11.241%～20.261%和 27.414%～46.555%。小肠阶段土壤中 Cu、As、Sb 和 Ni 的生物有效性范围分别为 16.986%～46.658%、20.726%～34.437%、3.984%～7.433%和 20.968%～39.502%。

从胃阶段到小肠阶段，土壤中 Cu 的生物有效性降低了 0.403%～24.672%，As 的生物有效性降低了 5.748%～11.661%，Sb 的生物有效性降低了 6.887%～14.333%，Ni 的生物有效性降低了 3.299%～12.747%。土壤中 Cu 在胃阶段和小肠阶段的平均生物有效性均最高，分别为 41.550%和 31.856%，Sb 在胃阶段和小肠阶段的平均生物有效性均最低，分别为 15.444%和 5.564%。

此外，土壤有机质与总 Cu 含量和溶解态含量呈显著正相关性，与 Ni 的生物有效性呈显著负相关性。土壤 pH 与总 Cu 含量和溶解态含量呈显著负相关性。土壤黏粒与总 Sb 含量和溶解态含量呈显著负相关性。土壤总 Cu、As 和 Sb 含量与其溶解态含量呈显著正相关性，总 Ni 含量与其胃肠生物有效性呈显著负相关性。总 Cu 含量和溶解态含量与 Ni 的生物有效性呈显著负相关性。

该研究案例中，土壤中重金属元素在胃肠阶段的生物有效性差异较大，其差异主要与土壤理化性质（pH、黏粒和有机质等）和实验中 pH、固液比和停留时间等参数有关。土壤中重金属元素的生物有效性可能是多种因素共同作用的结果，比如土壤的重金属总量就是一个重要的影响因素，而 Cu 在胃阶段和小肠阶段的平均生物有效性均最高，Sb 在胃阶段和小肠阶段的平均生物有效性均最低，因为土壤样品中总 Cu 含量最高，总 Sb 含量最低，总 Cu 的含量远远高于总 Sb。土壤有机质、pH 和粒径都会影响重金属生物有效性。土壤 Cu、As、Sb 和 Ni 在胃阶段的生物有效性均高于小肠阶段的生物有效性，这可能是因为胃阶段到小肠阶段时，模拟液环境变化大，重金属发生沉淀反应，重新被固定，从而降低了生物有效性。

2. 基于生物有效性的人体健康风险评价

采用小肠阶段的生物有效性作为人体健康风险评估的主要参数，经重金属的生物有效性修正后，重金属元素的危害商指数显著降低，全区土壤中 Cu、As、Sb 和 Ni 的危害商指数范围分别由 0.036～0.923、0.116～0.224、0.073～0.390 和 0.007～0.012，平均值分为 0.462±0.358、0.171±0.041、0.183±0.122 和 0.010±0.002，下降为 0.006～0.352、0.035～0.068、0.004～0.017 和 0.003～0.040，平均值分别为 0.173±0.144、0.050±0.013、0.010±0.005 和 0.003±0.001。修正后，Cu 的危害商指数最高，Ni 的危害商指数最低。修正前后全区重金属元素的危害商指数均<1，风险水平可接受。

（四）结论

研究结果发现，与基于重金属总量的危害商相比，基于重金属生物有效性的危害商显著降低。因此，以基于生物有效性的无意经口摄入量替代总量已成为研究土壤中重金属对人体健康风险的重要方法之一，重金属的复合污染及其风险需要纳入健康风险评估中。依据土壤重金属总量会过高估算人体的暴露风险，而考虑生物有效性，对准确评价人体健康风险具有重要意义。

三、西南某污染场地土壤重金属生物有效性及其对修复目标的影响研究

（一）概况介绍

由于早期生产方式过于粗放、环保措施不到位，重金属是中国钢铁产业的污染场地中较为典型的污染物。已经报道的基于模拟人体胃肠消化生理特征的重金属有效性测试方法有 10 种（Wragg and Cave, 2002），包括 PBET、SBET、IVG、USP、MB&SR、DIN、SHIME、RIVM、TIM 及 UBM，其中 PBET 方法是应用最为广泛的方法之一（Ruby et al., 1993）。通过土壤中重金属的生物有效性分析，对风险评估确定的修复目标值进行进一步的修正，为污染场地后续相关工作的开展起到指导作用。

（二）实验方法

北京建工环境工程咨询有限责任公司与中国石油和化学工业联合会等（张玉等，2019）采集了西南某钢厂重金属污染土壤，采用 PBET 方法研究污染土壤中重金属的生物有效性，分析土壤样品主要理化性质对生物有效性的影响。同时利用得到的生物有效性系数，修正对风险评估确定的修复目标值。

1. 体外实验

案例采用配制模拟胃液，测定重金属在胃阶段或小肠阶段的生物有效性。

2. 健康风险评价

所在场地未来作为居住用地，在此情景下，重金属的暴露途径有经口摄入、皮肤接触和吸入土壤颗粒物 3 种，各暴露途径下的风险控制值计算采用《污染场地风险评估技术导则》（HJ 25.3—2014）中的方法进行，暴露参数和毒性参数参考《土壤环境质量　建设用地土壤污染风险管控标准（试行）》（GB 36600—2018）中更新的参数，其余参考导则中的推荐参数。

（三）实验结果

不同重金属在胃阶段和小肠阶段的生物有效性因子存在较大差异。其中，As 和 Pb 在胃阶段的生物有效性明显高于小肠阶段，Cu 在胃阶段的生物有效性低于小肠阶段，Ni 的生物有效性因子较其他 3 种重金属较低，且胃阶段的生物有效性略低于小肠阶段。As 在胃阶段的生物有效性因子为 3.64%～12.44%，小肠阶段的生物有效性因子为 2.86%～14.00%。Pb 在胃阶段的生物有效性因子为 7.15%～19.59%，小肠阶段的生物有效性因子为 0.07%～0.77%。Cu 在胃阶段的生物有效性因子为 3.53%～9.70%，小肠阶段的生物有效性因子为 7.86%～16.61%。Ni 在胃阶段的生物有效性因子为 0.98%～4.18%，小肠阶段的生物有效性因子为 1.12%～4.58%。

As、Cu、Ni 3 种重金属生物有效性系数 95%上限值分别为 0.184、0.2389 和 0.0806，分别以此代替导则默认值开展风险评估，结果表明采用生物有效性因子修正后，As 的修复目标值从 0.45 mg/kg 修正为 1.55 mg/kg，Cu 的修复目标值从 2000 mg/kg 修正为 8381 mg/kg，Ni 的修复目标值从 129 mg/kg 修正为 150.8 mg/kg。

（四）结论

根据生物有效性校正，场地土壤 As、Cu、Ni 的初步建议修复目标值有了一定程度提高，待修复 Cu 污染土壤方量从 1.17 万 m³ 降低到 0，减少了 100%；待修复 Ni 污染土方量从 3.36 万 m³ 降低到 2.32 万 m³，减少了约 31%。在避免对人体造成危害的同时，节约了修复成本，避免了过度修复。

四、东北基于形态及生物有效性的汞污染场地概率风险研究

（一）概况介绍

零价汞（Hg[0]）易挥发，难溶于水，汞蒸气能通过呼吸途径进入人体肺部，且 80% 以上可以通过血脑屏障进入人体。Hg^{2+} 易溶于水，其在人体肠胃系统的有效性较大（Bjørklund et al.，2017）。由于土壤化学组成复杂，其中矿物质、有机质、腐殖酸等物质也会不同程度地与土壤中各种化学形态的汞相结合，进而导致土壤中汞的赋存形态更加复杂（Reeder et al.，2006），这些不同赋存形态汞的人体有效性也具有较大差异，因此，基于汞赋存形态的生物有效性数据建立的风险评估为污染场地后续相关工作的开展起到指导作用，以期为科学准确地评估汞污染场地的人体健康风险和制定更为合理的修复目标值提供参考。

北京市环境保护科学研究院（陈卓等，2021）以黑龙江省某大型汞污染化工遗留场地为研究对象，对场地土壤中汞污染特征、零价汞含量分布特征、胃肠有效态汞含量分布特征进行调查分析，并采用蒙特卡罗模拟方法，参照《建设用地土壤污染风险评估技术导则》（HJ 25.3—2019）中人体健康风险评估模型，进行基于零价汞形态、胃肠有效性的概率风险评估以及修复目标值的计算。

（二）采样调查

该化工遗留场地位于我国东北，总面积为 131804 m² 。场地北侧为厂区及家属区，南侧为农田。1970~1983 年该厂使用水银法制烧碱工艺，之后十几年间又进行了聚氯乙烯的生产，其间产生的大量含汞废水在场地内直接排放，聚氯乙烯生产过程中产生的大量含汞电石渣也长期堆放在该场地。案例研究厂区范围及采样设置情况见图 7-5。

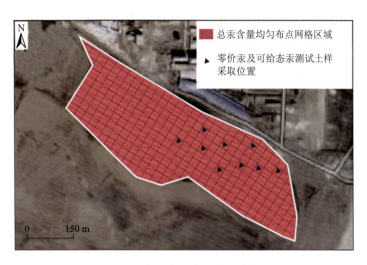

图 7-5　研究场地区域范围及采样设置

1. 汞形态测试

按照均匀分布原则，研究区域均匀布置 313 个浅层（地表下 0.5 m）采样点位，同时在这 313 个采样点中均匀选取 9 个点位分别在地表下 0.5 m、1.5 m、2.5 m、3.5 m、4.5 m、5.5 m、7.5 m、9.5 m、11.5 m、13.5 m 处总计 10 个深度层采集土壤样品，测定总汞含量和零价汞含量。

2. 汞有效性测试

根据总汞含量测试结果，选取总汞含量为 3.61~499.00 mg/kg 的 30 个土壤样品，使用胃肠模拟的 PBET 法进行汞的人体胃肠有效性测试。

（三）实验结果

该场地土壤的胃肠有效态汞含量占比平均值为（2.74±2.81）%。相关性分析发现，有效态汞含量与总汞含量无显著相关关系。推测可能原因是，该研究中使用的污染土壤老化时间相对较短，导致土壤中弱结合态汞的含量较高，因此测试的胃肠有效态汞含量占比相对较高。

采用概率风险评估方法，分别计算基于总汞含量和基于零价汞及胃肠有效态汞含量的修复目标值，结果表明使用零价汞和胃肠有效态汞含量占比校正后，相应的修复目标值显著提高。校正前，该场地汞修复目标值概率曲线上 5%分位处的修复目标值为7.17 mg/kg，略小于《土壤环境质量 建设用地土壤污染风险管控标准（试行）》（GB 36600—2018）中第一类用地风险筛选值（8 mg/kg）；校正后，该场地汞修复目标值概率曲线上 5%分位处的修复目标值为 53.81 mg/kg，显著高于校正前的值。

基于不同的修复目标值划定的场地待修复区域（图 7-6），结果发现，使用第一类用地风险筛选值（8 mg/kg）作为修复目标值时，待修复区域面积为 37057.6 m²；使用第一类用地风险管制值（33 mg/kg）作为修复目标值时，待修复区域面积为 10575.3 m²；而使用基于零价汞及胃肠有效态汞含量校正的 95%分位处修复目标值（53.81 mg/kg）时，则可以显著削减场地待修复区域面积至 5427.9 m²，是基于风险筛选值划分区域修复面积的 14.6%。

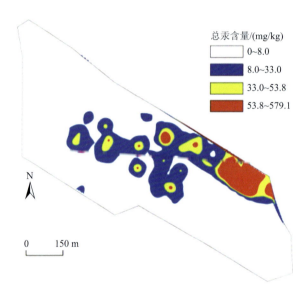

图 7-6　研究场地基于不同修复目标值的修复区域划分

（四）结论

该研究场地基于零价汞、胃肠有效态汞含量的概率风险评估修复目标值为 53.81 mg/kg，相应的待修复区域面积为 5427.9 m²，显著低于以《土壤环境质量 建设用地土壤污染风险管控标准（试行）》（GB 36600—2018）中第一类用地风险筛选值（8 mg/kg）为修复目标值确定的修复面积（37057.6 m²），能够有效避免场地的过度修复。

第二节　有机物污染土壤生物有效性应用案例

一、生物有效性测定及分析在江苏某农药污染场地环境调查应用实践

（一）概况介绍

作为典型的持久性有机污染物，有机氯农药具有非极性和高亲脂性的特性，在迁移和转化过程中能够通过生物积累和生物放大作用逐步富集，同时还可借助多种环境介质进行长距离迁移。有机氯农药曾是各国使用频率最高、使用最广泛的杀虫剂之一，但其难以降解，具有三致作用（致癌、致畸、致突变），会长期留存在土壤等介质中，对生态环境安全和人体健康造成严重威胁。21 世纪 70～80 年代，大多数国家禁止生产、使用有机氯类农药，我国于 1983 年、1984 年先后停止生产、使用。

土壤中的有机氯农药主要来源有：①农药使用；②大气干湿沉降；③被污染的水体进入土壤；④废弃农药厂及其周边土地的重新开发使用等。目前国内已有许多地区均被检测出土壤中含有有机氯农药污染，江苏省环境工程技术有限公司应用生物有效性技术以长三角某农药污染场地为研究对象，开展了土壤有机氯农药对人体健康风险的精细化评估并为后续场地修复提供技术支持。

（二）环境调查

1. 案例地基本信息

研究地块占地面积约 400 亩（26.7 万 m^2），企业始建于 20 世纪 50 年代，主要生产农药、氯碱、精细化工产品，所属行业为化学农药制造，主营业务为除虫菊酯的研发、生产和销售。地块厂区生产工艺主要涉及的环境有毒有害特征污染物包括农药类、多氯联苯类、石油类、氟化物、氰化物等。

2. 布点调查结果

检测结果显示，场地农药类特征污染物检出率较高，DDT 检出率 16.2%，且浓度超出 GB 36600—2018 第二类用地风险筛选值或人体健康风险评估计算筛选值。污染空间主要分布在农药厂房、内环唑/高盖生产线等区域，在成品仓库、热电厂、双氧水装罐区也有个别点位超标。基于案例场地土壤高水平的有机氯农药污染，研究在有机氯农药污染区块选择有机氯污染点位开展生物有效性测试。采样深度为 1.5～9.0 m，p, p'-DDE 浓度范围为 0.25～752 mg/kg，p, p'-DDD 浓度范围为 0.45～257 mg/kg，DDT 总量浓度范围为 7.32～1755 mg/kg。

（三）结果分析

1. 土壤有机氯农药生物有效性分析

在案例研究区域，采用体外胃肠液模拟法测试土壤样品中 p, p'-DDE、p, p'-DDD、

o, p'-DDT 和 p, p'-DDT 的生物有效性。所测试的样品中，p, p'-DDE 在模拟胃肠液中的可提取浓度为 0.06~41.34 mg/kg，在模拟人体胃肠液中的释放比例（即生物有效性）为 3%~22%；p, p'-DDD 在模拟胃肠液中的可提取浓度为 0.00~27.95 mg/kg，生物有效性为 0%~49%；o, p'-DDT 在模拟胃肠液中的可提取浓度为 1.26~185.01 mg/kg，生物有效性为 11%~52%；p, p'-DDT 在模拟胃肠液中的可提取浓度为 0.40~149.15 mg/kg，生物有效性为 4%~62%。

2. 风险评估结果比较

基于污染物总量分析的土壤有机氯农药的风险评估方法参考《建设用地土壤污染风险评估技术导则》（HJ 25.3—2019）。根据风险评估模型计算单一污染物经单一暴露途径的致癌风险和非致癌风险（危害商）、单一污染物经所有暴露途径的致癌风险和非致癌风险（危害商）。根据样品中关注污染物的检测数据，通过计算污染物的致癌风险和非致癌风险（危害商）进行风险表征，计算得到单一污染物的致癌风险超过 10^{-6} 或者危害商超过 1 的采样点，其代表的场地区域为风险不可接受。可以应用健康风险评估的方法来建立基于场地特征的风险控制目标。根据场地规划用地方式，以第二类用地下的暴露场景来推导基于健康风险的风险控制值，分别以 1 和 10^{-6} 作为非致癌风险和致癌风险的可接受水平来推导风险控制值，综合考虑《土壤环境质量 建设用地土壤污染风险管控标准（试行）》（GB 36600—2018）第二类用地筛选值，得出最终评价标准值。

应用生物有效性校正风险评估后，p, p'-DDD 致癌风险经口摄入暴露途径的贡献率从 61.9%降低到 44.3%，非致癌风险经口摄入暴露途径的贡献率从 62.3%降低到 44.8%；p, p'-DDE 致癌风险经口摄入暴露途径的贡献率从 98.8%降低到 94.9%，非致癌风险由于仅考虑经口摄入暴露途径，因此保持不变；DDT 致癌风险经口摄入暴露途径的贡献率从 84.0%降低到 76.5%，非致癌风险经口摄入暴露途径的贡献率从 84.6%降低到 77.4%。

3. 基于生物有效性的修复目标值计算

基于生物有效性分析的致癌风险与非致癌风险评估均进一步纳入生物有效性系数（BA），保守考虑以有效性测试结果最大值分别对 p, p'-DDE、p, p'-DDD、DDT 经口摄入途径的风险控制值进行校正并计算最终的综合风险控制值。

考虑土壤中有机氯农药有效性后，第二类用地情景下 p, p'-DDE 的风险控制值为 34.8 mg/kg，为理论计算值 7.97 mg/kg 的 4.37 倍；第二类用地情景下 p, p'-DDD 的风险控制值为 10.3 mg/kg，为理论计算值 7.08 mg/kg 的 1.46 倍；第二类用地情景下 DDT 的风险控制值为 9.95 mg/kg，为理论计算值 6.77 mg/kg 的 1.47 倍。

在案例研究区域内，其中基于总量得到的场地内土壤 p, p'-DDE 污染治理范围平面示意图和三维示意图如图 7-7 和图 7-8 所示，基于生物有效性得到的场地内土壤 p, p'-DDE 污染治理范围平面示意图和三维示意图见图 7-9 和图 7-10 所示。结果显示，DDT 的修复土方量为 23450 m³，基于生物有效性比基于总量减少修复土方量约 12780 m³，减少了约 35.3%；p, p'-DDE 的修复土方量为 410 m³，减少 12780 m³，减少了约 96.9%；p, p'-DDD 的修复土方量为 47890 m³，减少 4040 m³，减少了约 7.8%；通过基于生物有效性的风险

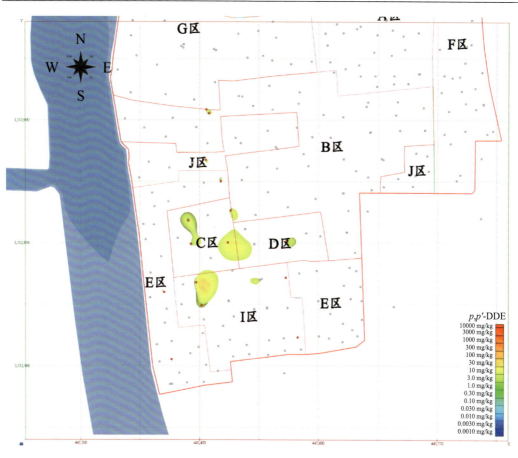

图 7-7　地块内土壤 p,p'-DDE 基于总量计算的污染范围平面示意图

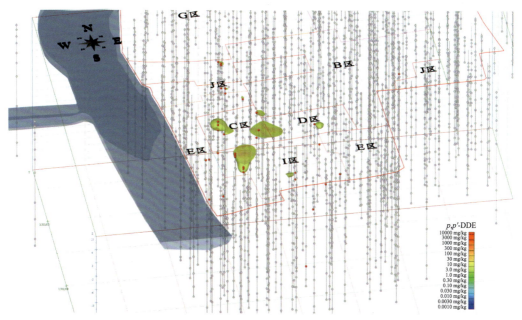

图 7-8　地块内土壤 p,p'-DDE 基于总量计算的污染范围三维示意图

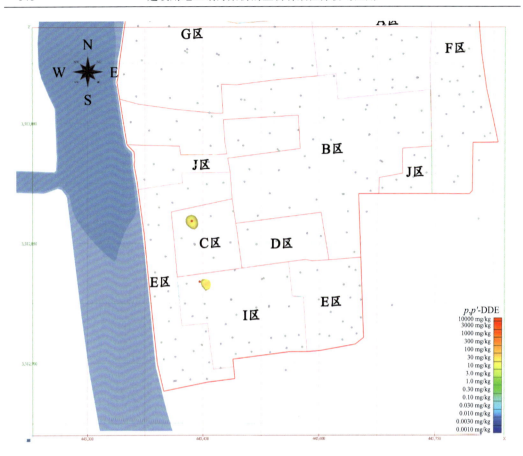

图 7-9　地块内土壤 p,p'-DDE 基于生物有效性计算的污染范围平面示意图

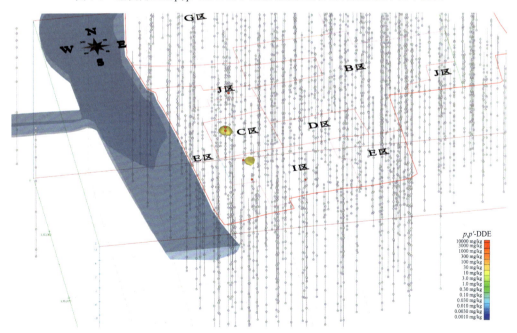

图 7-10　地块内土壤 p,p'-DDE 基于生物有效性计算的污染范围三维示意图

控制确定修复目标值，并据此估算需要修复的土方量，可在保障风险可控的前提下合理降低修复成本，将有限的社会资源投入到更多需要治理的污染地块中，实现社会、环境、经济效益的协调统一。

二、石家庄某焦化场地典型多环芳烃类污染土壤人体健康风险评估研究

（一）概况介绍

生态环境部土壤与农业农村生态环境监管技术中心和中国环境科学研究院研究报道（郭晓欣等，2021），以我国已停产大型焦化场地为研究对象，研究了苯并[b]荧蒽（BBF）、苯并[k]荧蒽（BKF）、苯并[a]芘（BaP）、茚并[1,2,3-c,d]芘（IPY）和二苯[a,h]蒽（DBA）5 种以致癌风险为主的 PAHs 生物有效性，计算基于考虑和不考虑生物有效性情况下PAHs 经口摄入途径的健康风险和修复目标值，为焦化场地典型污染物 PAHs 精细化风险评估提供理论依据和实践经验。

（二）采样调查

1. 研究地基本信息

目标研究场地石家庄某焦化厂建厂于 1958 年，主要生产焦炭、煤气、焦油、沥青、硫黄、粗苯和酚萘等化工产品，2008 年停产闲置至今。未来拟开发为居住用地，根据《土壤环境质量　建设用地土壤污染风险管控标准（试行）》（GB 36600—2018）规定属于第一类用地类型。初步调查结果显示该场地受到 PAHs 等污染。

2. 布点方案

研究选取约 30000 m² 污染较重的区域开展调查，布设 11 个 PAHs 土壤采集点位。采集 0～20 cm 表层土壤样品，土壤置于聚乙烯自封袋中避光保存。试验前将所有土壤样品在阴凉处自然风干，去除石块、枯枝叶等杂物，研磨过筛，土壤筛分至＜250 μm，用于污染物生物有效性研究。

3. 样品提取与分析

采用加速溶剂法提取 PAHs 总量。将 12 g 干燥土样和 3 g 硅藻土混合均匀后，装入22 mL 萃取池。提取溶剂为体积比 1∶1 的正己烷∶丙酮混合溶液。在 100℃下加热 5 min，压强为 1500 psi（10.3 MPa），静态下循环 2 次，每次提取 5 min，用 13.2 mL 体积比 1∶1 的正己烷∶丙酮混合溶液进行冲洗，1.2 MPa 氮气吹扫 60 s。提取液经旋蒸浓缩后，过弗罗里固相萃取小柱净化，用正己烷和二氯甲烷（体积比 1∶1）洗脱，收集洗脱液转移至 K-D 瓶氮吹定容，过滤后存储至棕色小瓶待测。

采用德国标准研究院颁布的生物有效性测试方法（DIN 体外法）测试土壤中 PAHs的生物有效性。将 1 g 土壤与 50 mL 模拟胃液混合于 250 mL 锥形瓶中，加入 5 g 奶粉。用 10% HCl 将模拟胃液初始 pH 调为 2，每 30 min 监测一次，维持模拟胃液 pH 在 2～4，若偏离，用 10% HCl 或固体碳酸氢钠粉末调节，37℃下恒温振荡 2 h。胃相提取完成后，

加入等体积的模拟肠液，用固体碳酸氢钠粉末将胃相调至肠相环境即 pH 为 7.5，随后每 15 min 监测调整一次 pH 并将其稳定在（7.5±0.2），37℃恒温振荡 3 h。提取结束后，在 7000 r/min 下离心分离 15 min，收集上清液 20 mL，用 10 mL 正己烷超声萃取 3 次，用分液漏斗分离并收集有机相，用无水硫酸钠脱水干燥，干燥后的有机相处理后保存待测。

4. PAHs 经口暴露途径风险评估

对于土壤中的 PAHs（半挥发性有机物），经口摄入是其主要暴露途径，经口摄入途径的致癌风险计算方法如下

$$OISER_{ca} = \frac{\left(\dfrac{OSIR_c \cdot ED_c \cdot EF_c}{BW_c} + \dfrac{OSIR_a \cdot ED_a \cdot EF_a}{BW_a} \right) \times ABS_o}{AT_{ca}} \times 10^{-6} \quad (7\text{-}2)$$

$$CR_{ois} = OISER_{ca} \cdot C_{sur} \cdot SF_o \quad (7\text{-}3)$$

式中，$OISER_{ca}$ 为经口摄入土壤暴露量[kg（土壤）/（kg（体质量）·d）]；CR_{ois} 为经口摄入土壤途径的致癌风险（无量纲）；C_{sur} 为表层土壤中污染物浓度（mg/kg）；$OSIR_c$ 为儿童每日摄入土壤量（daily oral ingestion rate of soils of children），单位 mg/d；$OSIR_a$ 为成人每日摄入土壤量(daily oral ingestion rate of soils of adults)，单位 mg/d；ED_c 为儿童暴露期，单位 a；ED_a 为成人暴露期，单位 a；EF_c 为儿童暴露频率，单位 d/a；EF_a 为成人暴露频率，单位 d/a；BW_c 为儿童体质量，单位 kg；BW_a 为成人体质量，单位 kg；AT_{ca} 为致癌效率平均时间，单位 d；ABS_o 为经口摄入吸收因子；SF_o 为经口摄入致癌斜率因子，单位（kg·d）/mg。

5. PAHs 修复目标值

经口摄入途径下基于可接受致癌效应的土壤修复目标值计算方法如下：

$$RCVS_{ois} = \frac{ACR}{OISER_{ca} \cdot SF_o} \quad (7\text{-}4)$$

式中，$RCVS_{ois}$ 为经口摄入途径下基于可接受致癌效应的土壤修复目标值（mg/kg）；ACR 为人体可接受健康风险。

5 种 PAHs 均以致癌风险为主，根据《建设用地土壤污染风险评估技术导则》(HJ 25.3—2019)，设定 5 种 PAHs 的可接受致癌风险水平为 10^{-6}。当以土壤中污染物全量进行风险评估时，经口摄入吸收因子 ABS_o（absorption factor of oral ingestion）=1；当考虑生物有效性时，ABS_o 取值等于实测 Bio 值。

（三）结果分析

欧美国家基于模拟人体胃肠消化过程的生物有效性测试，并以土壤中目标污染物生物有效浓度作为暴露浓度进一步评估其健康风险的方法（Adetunde et al., 2018），应用于实际污染场地调查评估及修复目标值制定中，产生了可观的经济效益和环境效益（Zhang et al., 2020）。该研究通过计算基于全量和生物有效性的 PAHs 风险及修复目标值来评估其健康风险，结果表明，BKF 最大检出浓度不超过风险筛选值；除 BKF 外的 4

种超标 PAHs，基于总量计算致癌风险均超过导则规定的致癌健康风险水平（10^{-6}）：考虑生物有效性后 4 种 PAHs 的致癌健康风险均有不同程度降低，其中，BaP、DBA 和 IPY 的致癌风险仍超过 10^{-6}，但 BaP 和 DBA 的风险比不考虑生物有效性时降低了 1 个数量级，在考虑生物有效性后 BBF 的人体健康致癌风险已低于导则规定的致癌风险可接受水平。考虑生物有效性以后 IPY 的健康风险降低最多，达到了 72%；DBA 的健康风险降低最少，为 57%。

相应地，在考虑生物有效性后 PAHs 的修复目标值均有一定程度的提高。在考虑生物有效性后 BaP、IPY 和 DBA 的修复目标值分别提高了 2.6 倍、3.4 倍和 1.5 倍。其中 IPY 修复目标值提高最为显著，DBA 土壤修复目标值提高倍数较少，这是因为 DBA 的生物有效性较高，大多在 40%以上，故修复目标值提高的空间有限。可见基于 PAHs 生物有效性进行健康风险评估并确定土壤修复目标，在一定程度上可以克服现在技术导则计算修复目标值过严导致修复成本过高的问题。

（四）结论

研究通过 DIN 体外法对焦化厂中 5 种 PAHs 生物有效性的测定及健康风险评估得出以下结论：

（1）5 种 PAHs 中 BBF、BaP、IPY 和 DBA 浓度超过建设用地第一类用地筛选值。

（2）采用 DIN 体外法研究了经口摄入途径下土壤中 PAHs 的生物有效性，结果表明，BBF、BKF、BaP、IPY 和 DBA 共 5 种 PAHs 的生物有效性范围为 13.51%～56.42%。

（3）基于土壤中每种 PAHs 总量分析时，土壤中 BBF、BaP、IPY 和 DBA 的经口暴露途径致癌风险水平均超过人体可接受水平（10^{-6}）；当引入生物有效性后 4 种超标 PAHs 的健康风险均有所下降，其中 BBF 的风险值降至人体可接受水平以下；相应地，在考虑生物有效性后 PAHs 的修复目标值均有一定程度的提高。

（4）基于生物有效性对土壤中 PAHs 经口摄入途径健康风险进行评估并计算修复目标更加客观，可在一定程度上克服现有技术导则计算土壤 PAHs 修复目标值过于保守的问题。

三、北方多地对比研究基于 DIN 测试的场地土壤 PAHs 生物有效性及健康风险

（一）概况介绍

国内评估土壤中 PAHs 对人体的健康风险时，主要以土壤中每种 PAHs 的总含量（有机溶剂提取）为基准，即默认相对吸收因子为 1，计算相应暴露途径（如经口）的健康风险。但土壤中 PAHs 经口摄入后，并不能全部从土壤中解吸进入人体消化及血液循环系统，故以土壤中各种 PAHs 总含量为基准计算得到的风险结果往往过于保守（Martin，1995，2000；Eom et al.，2007；姜林等，2011）。

生态环境部土壤与农业农村生态环境监管技术中心研究参考体外法 DIN 19738（范婧婧等，2020），采集了北京某焦化厂（BJ）、山东某钢铁厂（SD）、北京某钢铁厂（BG）和大连某农药厂（DL）的 PAHs 污染土壤，研究荧蒽（FLT）、芘（PYR）、苯并[b]荧蒽

（BBF）、苯并[a]芘（BaP）和茚并[1, 2, 3-c, d]芘（IPY）5 种 PAHs 的生物有效性，探讨禁食和不同进食对土壤 PAHs 生物有效性的影响，获取生物有效性系数，并以此代替经口摄入吸收因子（ABS_o）进行修复目标的计算，以期为土壤中 PAHs 精细化风险评估提供理论依据和实践经验。

（二）实验方法

1. 样品采集及预处理

采集后土壤在阴凉处自然风干，去除石块、枯枝叶等杂物，研磨过筛，一部分土壤过 18 目（1 mm）筛，用于土壤理化性质的测定，一部分土壤筛分至＜250 μm。

2. 土壤中 PAHs 的提取

提取土壤中 PAHs 总量：将 12 g 干燥土样和 3 g 硅藻土混合均匀后，装入 22 mL 萃取池。在 100 ℃下加热 5 min，压强 10.3 MPa。提取溶剂为体积比 1∶1 的正己烷和丙酮混合溶液。静态下循环 2 次，每次提取 5 min，60%的溶剂冲洗，0.8 MPa 氮气吹扫 60 s。提取液经旋蒸浓缩后，过弗罗里固相萃取小柱净化，以正己烷和二氯甲烷（体积比为 1∶1）洗脱，收集洗脱液转移至 K-D 瓶氮吹定容，过滤后存储至棕色小瓶待测。

模拟胃肠液提取土壤中的 PAHs：将 1 g 土壤与 50 mL 模拟胃液混合于 250 mL 锥形瓶中，加入 5 g 奶粉（或苹果浆 5 g）。以 10%的 HCl 调节模拟胃液初始 pH 为 2，每 30 min 监测一次，维持模拟胃液 pH 为 2～4，若偏离，则用 10% HCl 或固体 $NaHCO_3$ 粉末调节，37 ℃下恒温振荡 2 h。胃相提取完成后，加入等体积的模拟肠液，以固体 $NaHCO_3$ 粉末调节 pH 至 7.5，将胃相调至肠相环境，37 ℃下恒温振荡 3 h。提取结束后，离心分离，收集上清液 20 mL，以 10 mL 正己烷循环超声萃取 3 次，用分液漏斗分离收集有机相，无水硫酸钠脱水干燥，待测。

3. PAHs 的生物有效性计算

PAHs 的生物有效性（%）为土壤中 PAHs 在模拟胃肠液中的溶解量在土壤中 PAHs 的总量中的百分比。

（三）实验结果

基于考虑和不考虑生物有效性计算了 4 个污染场地土壤中 5 种 PAHs 经口摄入途径的土壤暴露量、致癌风险、非致癌危害商及风险控制值，结果显示，在考虑生物有效性情况下，4 个场地土壤中 BaP、BBF、IPY 3 种致癌 PAHs 的经口暴露量均降低 1～2 个数量级，风险控制值则会相应提高。其中，BJ 场地土壤中 5 种 PAHs 风险控制值提高最为显著（22.9～82.5 倍）；SD 和 BG 场地土壤中 BaP、BBF、IPY 土壤风险控制值分别提高了 13.5～17.2 倍和 6.3～7.9 倍，而 2 种非致癌物质 FLT 和 PYR 的风险控制值提高程度接近，在 4.6～6.3 倍之间；DL 场地土壤中 5 种 PAHs 风险控制值提高大多在 1

倍左右。

（四）结论

基于土壤中每种 PAHs 总量分析时，4 个场地土壤中 BaP、BBF、IPY 3 种致癌 PAHs 风险水平均超过人体可接受水平（1×10^{-6}）；当采用生物有效性作为评估因子时，4 个场地土壤 3 种致癌 PAHs 的暴露量和致癌风险均降低 1～2 个数量级，山东某钢铁厂的 BBF 和大连某农药厂 3 种致癌 PAHs 的风险已降至可接受水平。在考虑 PAHs 生物有效性的情况下进行健康风险评估，可以在一定程度上克服现有技术导则计算土壤 PAHs 修复目标过于严格的问题，基于生物有效性对土壤中 PAHs 经口摄入途径健康风险进行评估并计算修复目标更加客观可行。

四、北京某焦化场地多环芳烃污染土壤人体健康风险评估研究

（一）概况介绍

PAHs 可对健康造成不利影响，采用化学萃取技术获得的总浓度在风险评估模型中经常被用作暴露浓度，这与可从土壤基质中解吸并到达人体血液循环系统的浓度不同（Nathanail and Smith，2007）。事实证明，由于 PAHs 的疏水性，它们可以被封存或夹在土壤基质中，只有一部分可以被解吸到溶液中（Semple et al.，2004），可用于吸附的释放部分会穿过生物体的细胞膜，从而导致有限的生物有效性（Alexander，2000）。因此，将生物有效性纳入暴露剂量评估是一种策略，以应对传统的详尽分析测定法所带来的高估健康风险和不必要治理修复。该研究通过对北京某焦化厂多环芳烃污染土壤进行了持续 120 天的温和提取试验，通过测试数据拟合的快速解吸分数代表生物有效性水平，并采用概率分析方法获得特定地点的修复目标，同时评估不同暴露途径对人类健康风险的贡献。

（二）实验方法

1. 场地土壤样品采集

该研究厂址曾是位于北京的焦炭化工厂，占地面积 1 万 m^2，焦炭生产及相关辅助化工产品精炼历史长达 36 多年。焦化厂由各种功能厂房和设施组成，原为焦油厂房的区域作为研究的评估区域。图 7-11 中的点表示不同深度的土壤采样孔。为了确定污染水平，在 0～1.5 m、1.5～6.5 m、6.5～9.5 m 和 9.5 m 以下 4 个地面深度范围内收集了覆盖评估区域的土壤样本。

2. 样品处理和生物有效性分析

研究对从评估区采集的 2 个土壤样品进行温和化学提取试验，并对样品进行筛选，在自然干燥后去除直径大于 4 mm 的材料，待均质化后在 1℃下储存在密封容器中。苯

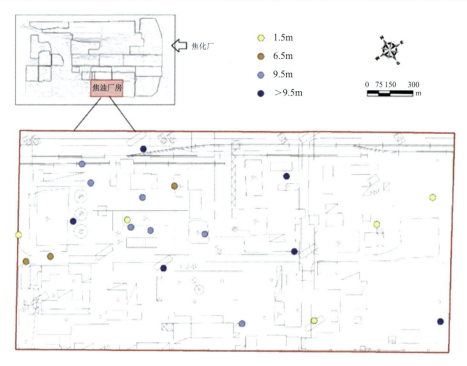

图 7-11　研究区场地及采样设置

并芘（BaP）、茚[1,2,3-c,d]芘（IcP）和二苯并蒽（DBA）因其毒性、疏水性和生物降解困难而被选为生物有效性研究关注的多环芳烃，使用丙酮和二氯甲烷（$v : v = 1 : 1$）提取土壤中目标污染物的总含量，并进行定量测定。

（三）实验结果

研究采用 Karickhoff 和 Weibull 的经验方程来拟合轻度体外提取测试的数据，Karickhoff 拟合的 BaP、IcP 和 DBA 平均值分别为 0.31、0.33 和 0.37，均低于 Weibull 拟合的平均值（分别为 0.35、0.41 和 0.42），三种相关污染物的有效性水平顺序是 DBA>IcP>BaP。通过回归分析结果表明，用于生物可利用组分的 BaP、IcP 和 DBA 的快速解吸分数基本上不到土壤中总含量的一半。

（四）结论

研究采用暴露参数分布进行概率分析，并根据概率风险的筛查水平进行比较，确定基于生物有效性的修复目标。纳入生物有效性和概率分析的结果比相当于国家筛查水平的通用修复目标高出数倍，并且比国家的基线高出几个数量级。Weibull 的结果最终被推荐为特定地点的修复目标（SSRG）（10.59 mg/kg、95.48 mg/kg 和 9.24 mg/kg），避免了过度修复，同时带来了可观的经济和环境效益（Zhang et al.，2020）。

参 考 文 献

陈廷廷, 侯艳伟, 蔡超, 等. 2018. 应用四种体外消化方法比较研究场地土壤中重金属的生物可给性及其人体健康风险[J]. 环境化学, 37(11): 2342-2350.

陈奕. 2020. 基于生物可给性分析工业场地土壤重金属污染的人体健康风险[J]. 生态毒理学报, 15(5): 319-326.

陈卓, 张丹, 吴志远, 等. 2021. 基于形态及生物可给性的汞污染场地概率风险[J]. 环境科学研究, 34(11): 2748-2756.

范婧婧, 周友亚, 王淑萍, 等. 2020. 基于 DIN 测试的场地土壤 PAHs 生物可给性及健康风险研究[J]. 环境科学研究, 33(11): 2629-2638.

姜林, 钟茂生, 张丹, 等. 2011. 污染场地土壤多环芳烃(PAHs)生物可利用浓度的健康风险评价方法[J]. 生态环境学报, 20(6-7): 1168-1175.

张玉, 熊杰, 唐翠梅, 等. 2019. 某污染场地土壤重金属生物可给性及其对修复目标的影响研究[J]. 中国氯碱, 6: 41-47.

郭晓欣, 范婧婧, 周友亚, 等. 2021. 焦化场地典型多环芳烃类污染物精细化风险评估[J]. 生态毒理学报, 16(1): 155-164.

Adetunde O T, Mills G A, Olayinka K O, et al. 2018. Bioaccessibility-based risk assessment of PAHs in soils from sites of different anthropogenic activities in Lagos, Nigeria using the fed organic estimation human simulation test method[J]. Soil and Sediment Contamination: An International Journal, 27(6): 501-512.

Alexander M. 1995. How toxic are toxic chemicals in soil?[J]. Environmental Science & Technology, 29(11): 2713-2717.

Alexander M. 2000. Aging, bioavailability, and overestimation of risk from environmental pollutants[J]. Environmental Science & Technology, 34(20): 4259-4265.

Bjørklund G, Dadar M, Mutter J, et al. 2017. The toxicology of mercury: Current research and emerging trends[J]. Environmental Research, 159: 545-554.

Eom I C, Rast C, Veber A M, et al. 2007. Ecotoxicity of a polycyclic aromatic hydrocarbon (PAH)-contaminated soil[J]. Ecotoxicology and Environmental Safety, 67(2): 190-205.

Juhasz A L, Weber J, Smith E, et al. 2009. Assessment of four commonly employed in vitro arsenic bioaccessibility assays for predicting in vivo relative arsenic bioavailability in contaminated soils[J]. Environmental Science & Technology, 43(24): 9487-9494.

Nathanail C P, Smith R. 2007. Incorporating bioaccessibility in detailed quantitative human health risk assessments[J]. Journal of Environmental Science and Health, Part A: Toxic/Hazardous Substances and Environmental Engineering, 42(9): 1193-1202.

Reeder R J, Schoonen M A A, Lanzirotti A. 2006. Metal speciation and its role in bioaccessibility and bioavailability[J]. Reviews in Mineralogy and Geochemistry, 64: 59-113.

Ruby M V, Davis A, Link T E, et al. 1993. Development of an in vitro screening test to evaluate the in vivo bioaccessibility of ingested mine-waste lead[J]. Environmental Science & Technology, 27(13): 2870-2877.

Semple K T, Doick K J, Jones K C, et al. 2004. Defining bioavailability and bioaccessibility of contaminated soil and sediment is complicated[J]. Environmental Science & Technology, 38(12): 228A-231A.

Wragg J, Cave M R. 2002. In-vitro methods for the measurement of the oral bioaccessibility of selected metals and metalloids in soils: A critical review[R]. Nottingham: British Geological Survey.

Zhang R H, Han D, Jiang L, et al. 2020. Derivation of site-specific remediation goals by incorporating the bioaccessibility of polycyclic aromatic hydrocarbons with the probabilistic analysis method[J]. Journal of Hazardous Materials, 384: 121239.

附录 1

《建设用地土壤污染物的人体生物有效性
分析与应用技术指南》
（T/JSSES 33—2023）

ICS 13.02
CCS X 53

团 体 标 准

T/JSSES 33—2023

建设用地土壤污染物的人体生物有效性分析与应用技术指南

Guideline for using human bioavailability of soil pollutants of development land

2023-11-17 发布　　　　　　　　　　　　2023-12-17 实施

江苏省环境科学学会　　发　布

目　　次

前　　言

本文件按照 GB/T 1.1—2020《标准化工作导则　第 1 部分：标准化文件的结构和起草规则》的规定起草。

请注意本文件的某些内容可能涉及专利。本文件的发布机构不承担识别专利的责任。

本文件由江苏省环境科学学会提出并归口。

本文件起草单位：江苏省环境工程技术有限公司、南京大学环境规划设计研究院集团股份公司、江苏省环境科学研究院、北京市生态环境保护科学研究院、江阴秋毫检测有限公司、江苏实朴检测服务有限公司、南京大学。

本文件主要起草人：曲常胜、朱迟、林锋、李俊、付晓青、杨乾、张丹、蔡冰杰、高旭、谷成、崔昕毅、历红波、丁亮、罗浩、吴桐、张小翠、李仁、盛岩海、贾尔昕。

建设用地土壤污染物的人体生物 有效性分析与应用技术指南

1 范围

本文件提供了建设用地土壤污染物的人体生物有效性分析与应用的原则、程序、测定、成本效益分析、风险评估、风险控制值计算等指导要求。

本文件适用于建设用地土壤污染人体健康风险评估工作。

2 规范性引用文件

下列文件中的内容通过文中的规范性引用而构成本文件必不可少的条款。其中，注日期的引用文件，仅该日期对应的版本适用于本文件；不注日期的引用文件，其最新版本（包括所有的修改单）适用于本文件。

HJ 25.1　建设用地土壤污染状况调查技术导则

HJ 25.2　建设用地土壤污染风险管控和修复监测技术导则

HJ 25.3—2019　建设用地土壤污染风险评估技术导则

3 术语和定义

下列术语和定义适用于本文件。

3.1

建设用地　development land

建造建筑物、构筑物的土地，包括城乡住宅和公共设施用地、工矿用地、交通水利设施用地、旅游用地、军事设施用地等。

[来源：GB 36600—2018，3.1]

3.2

关注污染物　contaminant of concern

根据地块污染特征、相关标准规范要求和地块利益相关方意见，确定需要进行土壤污染状况调查和土壤污染风险评估的污染物。

[来源：HJ 682—2019，2.2.1]

3.3

土壤污染状况调查　investigation on soil contamination

采用系统的调查方法，确定地块是否被污染及污染程度和范围的过程。

[来源：HJ 25.1—2019，3.1]

3.4

建设用地健康风险评估　health risk assessment of land for construction

在土壤污染状况调查的基础上，分析地块土壤和地下水中污染物对人群的主要暴露途径，评估污染物对人体健康的致癌风险或危害水平。

[来源：HJ 25.3—2019，3.4]

3.5

土壤污染风险管控和修复　risk control and remediation of soil contamination

土壤污染风险管控和修复包括土壤污染状况调查和土壤污染风险评估、风险管控、修复、风险管控效果评估、修复效果评估、后期管理等活动。

[来源：HJ 25.2—2019，3.1]

3.6

胃肠道模拟法　gastrointestinal simulation method

模拟人体胃肠道消化吸收污染物过程的体外仿生学提取方法。

3.7

生物可给性　bioaccessibility

在模拟胃肠提取过程中，从土壤中溶解至模拟胃肠液中的污染物占土壤中污染物总量的百分比。

注：采用胃肠道模拟法获得。

3.8

人体生物有效性　human bioavailability

污染物经口摄入后的肠道吸收率，以被人体吸收的污染物占土壤中污染物总量的百分比来表示。

4　原则

4.1　针对性原则

针对不同地块的特征和关注污染物特性，特别是重金属与半挥发性有机物等以经口摄入为主要暴露途径的污染物，采用不同的土壤污染物人体生物有效性测试方法进行分析，为地块的环境管理提供依据。

4.2　规范性原则

采用程序化和系统化的方式规范人体生物有效性应用过程，确保人体生物有效性数据的质量，以支持建设用地土壤污染风险评估和风险管理决策。

4.3　可操作性原则

综合考虑调查测试方法、时间和经费等因素，结合当前科技发展和专业技术水平，对比获取人体生物有效性数据的预计成本与可能实现的收益,对是否应用人体生物有效性进行风险评估与管理进行决策,使人体生物有效性在调查评估过程的应用切实可行。

5　程序

5.1　总体工作程序

依据 HJ 25.1 和 HJ 25.2,开展建设用地土壤污染状况调查遵循分阶段调查的原则。为衔接国家现行建设用地土壤污染状况调查及风险评估的流程,土壤污染物的人体生物有效性分析与应用流程主要包括污染物人体生物有效性初步采样分析、详细测定分析和风险评估,图 1 给出了基本工作流程。

5.2　第一阶段土壤污染状况调查

第一阶段土壤污染状况调查是以资料收集、现场踏勘和人员访谈为主的污染识别阶段,原则上不进行现场采样分析。第一阶段调查须明确潜在污染物人体生物有效性是否有经过验证的测定方法,若有,进行下一阶段;若没有,不进行人体生物有效性评估,使用默认值评估风险。

5.3　第二阶段土壤污染状况调查

5.3.1　第二阶段土壤污染状况调查是以采样与分析为主的污染证实阶段。在第一阶段调查工作的基础上,核查已有信息、判断污染物的可能分布,通常可以分为初步采样分析和详细采样分析两步进行,每步均包括制定工作计划、现场采样、数据评估和结果分析等步骤。

5.3.2　结合调查地块数据和潜在土壤暴露途径制定采样分析工作计划,并将该污染物人体生物有效性分析纳入地块采样计划,参照 HJ 25.1 开展调查采样。根据初步分析,评估开展污染物的人体生物有效性分析的收益和成本,若成本大于收益,不进行人体生物有效性评估,使用默认值评估风险;若收益大于成本,进行人体生物有效性详细测定分析。

5.3.3　根据初步采样分析结果,进一步开展人体生物有效性详细测定分析,确定土壤污染程度和范围。

5.4　第三阶段土壤污染状况调查

第三阶段土壤污染状况调查以补充采样和测试为主,获得满足风险评估及土壤和地下水修复所需的参数。本阶段的调查工作可单独进行,也可在第二阶段调查过程中同时开展。

5.5　土壤污染风险评估

结合污染物人体生物有效性数据并应用于风险评估。若该地块属于敏感用地,应特别注意重点区域暴露途径的评估。

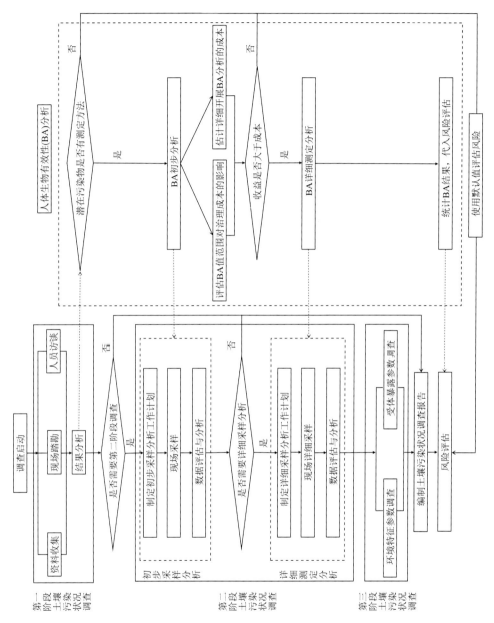

图 1　建设用地土壤污染物的人体生物有效性分析与应用流程

6　采样

6.1　初步采样

结合地块平面布局、现场踏勘、人员访谈、快速筛测等手段，在关注污染物最有可能累积的区域，宜按照每公顷不少于 5 份样品采集用于人体生物有效性的初步测试分析，不足 1 公顷的按 1 公顷计算。

6.2　详细采样

参照 HJ 25.1 技术要求，在采集用于关注污染物全量测试的样品时，同步采集可保障污染物人体生物有效性测试分析的样品，数量宜不少于初步采样阶段，同时不低于详细采样阶段总样品数量的 30%。

7　测定

7.1　测定方法

7.1.1　采用小鼠活体测定方法或胃肠道模拟法进行测定分析。具备经济、时间和技术条件时，优先采用活体测定方法测定土壤污染物的人体生物有效性。

7.1.2　可使用胃肠道模拟法代替动物实验用于反映污染物的人体生物有效性，但需要有足够的相关性数 据验证试验结果的可靠性。一般要求胃肠道模拟和活体测定数据不低于 5 组，胃肠道模拟-活体测试结果之间的线性相关系数 $r^2 \geqslant 0.6$，斜率为 $0.8 \sim 1.2$。

7.2　小鼠活体测定方法

活体测定方法一般选择小鼠为受试生物，土壤中污染物的人体生物有效性以百分数（%）表示，测定结果计算见公式（1）。

$$BA = (M_s \times D_1) / (M_1 \times D_s) \times 100\% \qquad (1)$$

式中：

BA——污染物的人体生物有效性；

M_s——暴露土壤后，小鼠肝或肾中污染物的含量，单位为微克每克（μg/g）；

D_s——暴露土壤导致的单位体重小鼠日污染物暴露剂量，单位为微克每克天 [μg/(g·d)]；

M_1——暴露特定物质后，小鼠肝或肾中污染物的含量，单位为微克每克（μg/g）；

D_1——暴露特定物质导致的单位体重小鼠日污染物暴露剂量，单位为微克每克天 [μg/(g·d)]。

7.3　胃肠道模拟法

通过模拟化学物质在胃肠道中的溶解后并进行提取测试。这些实验可以是单室模型（如胃），也可以是多室模型（如胃肠），通过估计生物可给性来替代人体生物有效性，测定结果计算见公式（2）：

$$BA = (E/T) \times 100\% \qquad\qquad (2)$$

式中：

BA——污染物的人体生物有效性；

E——胃液或肠液中污染物的量，单位为微克（μg）；

T——土壤中污染物的总量，单位为微克（μg）。

8 成本效益分析

8.1 估算成本

收集关于获取污染物的人体生物有效性数据所需成本的信息[见公式（3）]，包括人体生物有效性测 定的时间和经济成本，以及总结、评估和将结果应用于风险评估过程所需的额外工作，包括且不限于：

a）初步评估污染地块内目标污染物人体生物有效性评估是否适用于项目需求；

b）人体生物有效性分析样品的采集和制备；

c）人体生物有效性分析，包括：胃肠道模拟法、小鼠活体试验、土壤性质分析、质量控制等；

d）将人体生物有效性测定结果应用于风险评估、成本效益分析等。

$$C_{BA} = C_{EC} + C_p \qquad\qquad (3)$$

式中：

C_{BA}——人体生物有效性成本；

C_{EC}——经济成本；

C_p——其他潜在成本。

8.2 估算人体生物有效性值置信区间

8.2.1 通过初步采样分析来获取人体生物有效性数据，估计地块关注污染物可能的人体生物有效性范围，评估人体生物有效性分析和应用所需成本和收益。

8.2.2 缺乏实测数据时，可通过分析影响污染物的反应活性和溶解度的信息，如土壤中污染物化学形态、有机组分、矿物组成等，辅助在其他类似地块的调查和对有关地块参考所做的专业判断，分析可能的人体生物有效性范围，用于估计成本和收益。

8.3 评估收益

8.3.1 地块土壤污染物的人体生物有效性值不高于 80% 时，可以实现治理成本节约。

8.3.2 使用合理的人体生物有效性估计值来判断地块土壤污染超过可接受水平的程度，将关注区域的缩小值乘以单位体量的治理费用，估算得到节省的治理费用[见公式（4）]。

$$R = (S_0 - S_a) \times C_g \qquad\qquad (4)$$

式中：

R——收益；

S_0——使用默认人体生物有效性值计算所得地块污染体量；

S_a——使用合理人体生物有效性值计算所得地块污染体量；

C_g——单位体量治理费。

8.4　成本比较

8.4.1　将获取人体生物有效性数据的预计成本与可能实现的收益进行比较，做出是否应用人体生物有效性进行风险评估与管理的决策[见公式（5）]。

$$Y_r=（R-C_{BA}）/C_s \qquad\qquad (5)$$

式中：

Y_r——收益率；

R——收益；

C_{BA}——人体生物有效性成本；

C_s——修复成本。

8.4.2　若通过人体生物有效性的引入可明显降低治理范围，节省的成本超过数据收集的成本，则宜将人体生物有效性纳入风险评估与管理决策过程。相反，若治理的成本可能与获取数据的成本相同或更低，则需考虑是否需要开展人体生物有效性测定。

8.4.3　除经济成本外，还需考虑是否可以在适当的时间范围内完成人体生物有效性测定。人体生物有效性测定通常需要花费一个月到几个月的时间。

8.4.4　如果由于资源或时间限制而无法开展人体生物有效性分析，则可在健康风险评估的不确定部分讨论人体生物有效性值的合理范围及其对风险结果的潜在影响。

9　风险评估

9.1　风险评估方法

根据 HJ 25.3 中推荐的风险评估方法来估算土壤污染物的人体健康风险。

9.2　数据分析

9.2.1　地块不同区域、土层、样品间的人体生物有效性存在差异，此外，小鼠活体测试的人体生物有效性值也可能低于或高于胃肠道模拟预测值。因而，将人体生物有效性结果应用于风险评估时，应判断是使用平均值、范围值，还是保守点估计值。

9.2.2　当人体生物有效性的样品测试点位充足时，使用各样品的测试分析值逐一进行风险评估运算。

9.2.3　当人体生物有效性的样品测试数量覆盖度不足时，可分类、分区使用人体生物有效性数据。可基于保守考虑，使用 95% 分位值代入风险评估运算。

9.3　风险表征

9.3.1　当获取可靠的地块土壤污染物的 BA 值时，在计算危害商（HQ）时调整风险表征见公式（6）。

$$HQ=DI\times C\times BA/RfD \tag{6}$$

式中：

HQ　——危害商；

DI　——日均经口摄入土壤暴露量，以每日单位体重摄入土壤暴露量表示，单位为千克每千克天[kg/（kg·d）]；

C　——土壤污染物含量，以每千克土壤中污染物含量表示，单位为毫克每千克（mg/kg）；

BA　——人体生物有效性，以百分数（%）表示；

RfD　——参考剂量，以每日单位体重污染物经口摄入平均剂量表示，单位为毫克每千克天[mg/（kg·d）]。

9.3.2　在估计致癌风险（CR）时，调整暴露估计见公式（7）：

$$CR=（DI\times C\times BA）\times CSF \tag{7}$$

式中：

CR　——致癌风险；

CSF　——癌症斜率因子，以每日每千克体重 1 毫克致癌物的致癌危害率表示，单位为千克天每毫克[（kg·d）/mg]。

9.4　默认值

当关注污染物无明确的人体生物有效性测定方法，或经判断应用人体生物有效性的成本不足覆盖收益时，使用默认值进行风险评估。人体生物有效性默认值一般是 1。

10　风险控制值计算

10.1　基于非致癌效应的风险控制值计算

应用人体生物有效性进行风险评估时，需要相应地对基于非致癌效应的土壤风险控制值进行调整 [见公式（8）]。

$$HCs=AHQ\times RfD/（DI\times BA） \tag{8}$$

式中：

HCs　——基于经口摄入土壤途径非致癌效应的土壤风险控制值，单位为毫克每千克（mg/kg）；

AHQ　——可接受危害商，无量纲，取值为 1。

10.2　基于致癌效应的风险控制值计算

应用人体生物有效性进行风险评估时，需要相应地对基于致癌效应的土壤风险控制值行调整[见公式（9）]。

$$RCs=ACR/（CSF×DI×BA）\tag{9}$$

式中：

RCs——基于经口摄入土壤途径致癌效应的土壤风险控制值，单位为毫克每千克（mg/kg）；

ACR——可接受致癌风险，无量纲，取值为 10^{-6}。

参 考 文 献

[1]　GB 36600—2018　土壤环境质量　建设用地土壤污染风险管控标准（试行）

[2]　HJ 25.4 建设用地土壤修复技术导则

[3]　HJ/T 166 土壤环境监测技术规范

[4]　HJ 682—2019 建设用地土壤污染风险管控和修复术语

附录 2

《建设用地土壤污染物多氯联苯人体生物有效性的测定　吸附材料法》
（T/JSSES 34—2023）

ICS 13.02
CCS X 53

T

团 体 标 准

T/JSSES 34—2023

建设用地土壤污染物多氯联苯人体生物有效性的测定　吸附材料法

Determination of human bioavailability of PCBs in soil of development land—Adsorbent material method

2023-11-17 发布　　　　　　　　　　　　　　2023-12-17 实施

江苏省环境科学学会　　发　布

目　　次

前　　言

　　本文件按照 GB/T 1.1—2020《标准化工作导则　第 1 部分：标准化文件的结构和起草规则》的规定起草。

　　请注意本文件的某些内容可能涉及专利。本文件的发布机构不承担识别专利的责任。

　　本文件由江苏省环境科学学会提出并归口。

　　本文件起草单位：南京大学、江苏省环境工程技术有限公司、江阴秋毫检测有限公司。

　　本文件主要起草人：崔昕毅、孔艺、韩进、蔡冰杰、王长明、王贺、严晓立、武晓文、李晓峰、谷成、历红波、周鹏飞。

建设用地土壤污染物多氯联苯人体生物有效性的测定　吸附材料法

1　范围

本文件描述了用吸附材料法测定建设用地土壤中多氯联苯人体生物有效性的方法。

本文件适用于吸附材料前处理气相色谱-质谱法测定土壤中多氯联苯人体生物有效性，目标分析物包括：PCB-28（CAS NO.7012-37-5），PCB-52（CAS NO.35693-99-3），PCB-101（CAS NO.37680-73-2），PCB -138（CAS NO.35065-28-2），PCB -153（CAS NO. 35065-27-1），PCB-180（CAS NO. 35065-29-3）。土壤中其他多氯联苯的人体生物有效性的测定经过验证后可参考使用。

2　规范性引用文件

下列文件中的内容通过文中的规范性引用而构成本文件必不可少的条款。其中，注日期的引用文件，仅该日期对应的版本适用于本文件；不注日期的引用文件，其最新版本（包括所有的修改单）适用于本文件。

GB/T 6682　分析实验室用水规格和试验方法

GB/T 32722　土壤质量　土壤样品长期和短期保存指南

HJ/T 166　土壤环境监测技术规范

HJ 743　土壤和沉积物　多氯联苯的测定　气相色谱-质谱法

3　术语和定义

下列术语和定义适用于本文件。

3.1　人体生物有效性　human bioavailability

污染物经口摄入后的肠道吸收率，以被人体吸收的污染物的量占土壤中污染物总量的百分比来表示。

4　方法原理

利用 2,6-二苯呋喃多孔聚合物树脂模拟人体肠道环境，吸附土壤中的污染物，计算吸附材料上吸附的多氯联苯占土壤中总多氯联苯的比例，即为土壤中多氯联苯的人体生物有效性部分。

5　土壤样品采集和制备

5.1　采集

土壤样品按照 GB/T 32722、HJ/T 166 的相关要求进行土壤样品采集和保存。

5.2　制备

按照 HJ/T 166 的要求进行土壤样品制备,得到过 60 目尼龙网筛(粒径小于 250μm)的土壤样品,并充分搅拌混匀。

6　试剂和材料

6.1　试剂

除非另有说明,本方法所用化学试剂均为分析纯或更高纯度,生物试剂为生物试剂纯度,实验用水为 GB/T 6682 规定的一级水。本方法所用试剂如下:

  a) 丙酮(CH_3COCH_3):农残级;
  b) 正己烷(C_6H_{14}):农残级;
  c) 多氯联苯(PCB-28、PCB-52、PCB-101、PCB-138、PCB-153、PCB-180);
  d) 氮气;
  e) 多氯联苯标准溶液:$\rho = 10\,000$ mg/L,溶剂为正己烷,市售有标准物质证书的溶液;
  f) 标准溶液使用液:$\rho = 1$–$1\,000$ μg/L。

6.2　试剂的使用和储存

使用正己烷稀释单物质标准贮备液配制成多物质混合标准使用液。按实际需要浓度进行混合配制,标准曲线使用液样点数≥5。使用液使用棕色钳口瓶密封保存,–20℃存放或参照制造商产品说明。–20℃存放期限 30d。使用时应恢复至室温,并摇匀。

6.3　材料

本方法所用材料如下:

  a) 吸附材料:2,6-二苯呋喃多孔聚合物树脂,180~250 μm;
  b) 针式过滤器:0.22 μm 孔径聚四氟乙烯滤膜;
  c) 定性滤纸。

7　仪器和设备

7.1　仪器设备的准备

下列为本方法所用仪器和设备:

a)　恒温振荡培养箱：能满足振荡频率 200 r/min，控制温度 37±0.5℃；

b)　氮吹仪或旋转蒸发仪；

c)　低速离心机：转速≤4 000 r/min；

d)　气相色谱-质谱联用仪（GC-MS）：配有电子轰击（EI）电离源；

e)　分析天平：精度为±0.000 1 g；

f)　超声仪：工作条件为 25 kHz 40%功率；

g)　恒温振荡培养箱：能满足振荡频率 200 r/min，控制温度 37℃±0.5℃；

h)　色谱柱：(5%-苯基)-甲基聚硅氧烷毛细管柱或具有相同分离效果的气相色谱柱；

i)　玻璃器材：离心管、烧杯和滴管。

7.2　使用需考虑的因素

所使用的盖子应具有聚四氟乙烯隔垫；所用玻璃器材在马弗炉 500 ℃下烘烤 4 h，冷却后使用。

8　人体生物有效性测定

8.1　土壤样品中多氯联苯总含量提取

土壤样品中多氯联苯总含量提取按下列步骤进行：

a)　准确称取 0.1 g 制备好的土壤样品（5.2），置于 10 mL 配有聚四氟乙烯盖子的玻璃瓶中；

b)　加入 10 mL 丙酮：正己烷（$V:V=1:1$），超声提取 30 min；

c)　超声结束后 3 000 r/min 离心 10 min，转移上清液至干净玻璃离心管中；

d)　重复超声提取 2 次，合并 3 次上清液；

e)　将合并的提取液在氮吹仪下吹至近干；

f)　使用 1.0 mL 正己烷复溶样品，过 0.22 μm 聚四氟乙烯滤膜后上机测定。

8.2　土壤样品中生物有效态多氯联苯的提取

土壤样品中生物有效态多氯联苯的提取按下列步骤进行：

a)　准确称取 0.1 g 制备好的土壤样品，置于 10 mL 配有聚四氟乙烯盖子的玻璃瓶中；

b)　加入 10 mL 水，0.1 g 吸附材料；

c)　在 37℃恒温振荡培养箱中以 200 r/min 的转速避光振荡培养 24 h；

d)　培养结束后，将上层漂浮的吸附材料通过滤网过滤，用水冲洗后转移至定性滤纸上；

e)　将转移后的吸附材料避光风干 24 h 以去除水分；

f)　转移风干后的吸附材料至玻璃离心管中，加入 10 mL 丙酮：正己烷（$V:V=1:1$），在 25 kHz 40% 功率下超声提取 10 min；

g)　将超声提取结束的样品离心，转移上层有机上清液至干净的玻璃离心管中；

h)　重复上述提取步骤 2 次，合并 3 次的提取液；

i) 将合并后的提取液在氮吹仪下吹至近干；

j) 使用 1.0 mL 正己烷复溶样品，过 0.22 μm 聚四氟乙烯滤膜后上机测定。

8.3 仪器分析

土壤样品中多氯联苯含量测定参考 HJ 743—2015。使用气相色谱-质谱联用仪（GC-MS）测定多氯 联苯含量。土壤样品中 6 种目标多氯联苯的检出下限为 0.32 ng/mL～1.40 ng/mL。

8.4 人体生物有效性计算

土壤中多氯联苯的人体生物有效性（BA）以百分数（%）表示，按照公式（1）计算：

$$BA=（M/T）×100\% \tag{1}$$

式中：

BA ——人体生物有效性；

M ——吸附材料中吸附的多氯联苯的质量，单位为微克（μg），根据 8.2 中测定结果计算；

T——土壤试样中多氯联苯的质量，单位为微克（μg），根据 8.1 中测定结果计算。

测定结果以百分数表示，结果保留三位有效数字。

9 精密度

在 95%置信区间下，同一实验室、同一操作者使用相同设备，按本文件的测定方法，在短时间内对同一样品相互独立进行测定获得的两次独立测定结果的绝对差值不大于这两个测定值的算术平均值的 20%。实验室内 5 名操作人员对同一样品测定的相对标准偏差为 7.52%～9.55%。

10 质量保证和质量控制

10.1 校准

10.1.1 每批样品应建立标准曲线，样点数≥5，相关系数应≥0.99，否则应重新绘制标准曲线。

10.1.2 每小于或等于 10 个样品为 1 批次，每批次应测定一个工作曲线中间浓度点标准溶液，其测定结果与该点浓度的相对偏差不大于 20%。

10.2 空白试验

每小于或等于 10 个样品为 1 批次，每批次至少测定一个实验室空白样，空白样测定结果应低于方法检出限。

10.3　平行试验

10.3.1　　人体生物有效性测定中应使用至少 2 个平行样品，平行样测定结果相对偏差应小于 20%。

10.3.2　　每小于或等于 10 个样品为 1 批次，每批次至少测定一个平行样。在重复性条件下获得的两次独立测定结果的绝对差值不大于其算术平均值的 20%。

11　废物处理

试验过程中产生的废液及分析后的高浓度样品，应放置在适当的容器中密闭保存，并委托有资质的单位进行处理。

附录 3

《建设用地土壤污染物全氟辛酸和全氟辛烷磺酸
人体生物有效性的测定　胃肠模拟法》
（T/JSSES 35—2023）

ICS 13.02
CCS X 53

团 体 标 准

T/JSSES 35—2023

建设用地土壤污染物全氟辛酸和全氟辛烷磺酸人体生物有效性的测定胃肠模拟法

Determination of human bioavailability of PFOA and PFOS in soil of development land—Gastrointestinal simulation method

2023-11-17 发布　　　　　　　　　　2023-12-17 实施

江苏省环境科学学会　　发　布

目　　次

前　言

本文件按照 GB/T 1.1—2020《标准化工作导则　第 1 部分：标准化文件的结构和起草规则》的规定起草。

请注意本文件的某些内容可能涉及专利。本文件的发布机构不承担识别专利的责任。

本文件由江苏省环境科学学会提出并归口。

本文件起草单位：南京大学、江苏省环境工程技术有限公司、江阴秋毫检测有限公司。

本文件主要起草人：崔昕毅、曲常胜、周鹏飞、丁亮、聂溧、丁明皓、潘晓凤、周海峰、方骏骅、谷成、历红波、孔艺。

建设用地土壤中全氟辛酸和全氟辛烷磺酸
人体生物有效性测定　胃肠模拟法

1　范围

本文件描述了胃肠模拟提取测定建设用地土壤中全氟化合物人体生物有效性的方法。

本文件适用于建设用地土壤中最常见的两种全氟化合物人体生物有效性的测定，目标分析物包括：全氟辛酸（CAS号：335-67-1）；全氟辛烷磺酸（CAS号：1763-23-1）。

建设用地土壤中其他全氟化合物的人体生物有效性的测定经过验证后可参考使用。

2　规范性引用文件

下列文件中的内容通过文中的规范性引用而构成本文件必不可少的条款。其中，注日期的引用文件，仅该日期对应的版本适用于本文件；不注日期的引用文件，其最新版本（包括所有的修改单）适用于本文件。

GB/T 6682　分析实验室用水规格和试验方法

GB/T 32722　土壤质量　土壤样品长期和短期保存指南

HJ/T 166　土壤环境监测技术规范

3　术语和定义

下列术语和定义适用于本文件。

3.1　人体生物有效性　human bioavailability

污染物经口摄入后的肠道吸收率，以被人体吸收的污染物的量占土壤中污染物总量的百分比来表示。

4　方法原理

根据人体胃液和肠液的成分以及 pH，利用 HCl、无机盐、消化酶等配制模拟胃液和肠液。连续使用模拟胃液和肠液对土壤中全氟化合物进行提取，分析提取液中全氟化合物的含量，计算土壤中可提取部分全氟化合物含量占总含量的百分比，进而得到全氟化合物经口摄入进入消化道后的人体生物有效性。

5　建设用地土壤样品采集和制备

5.1　采集

应按照 GB/T32722、HJ/T 166 的相关要求进行土壤样品采集和保存，避免使用和接触含氟材质器材。

5.2　制备

应按照 HJ/T 166 的相关要求进行土壤样品的风干、粗磨、细磨和分装，得到过 60 目尼龙网筛（粒径小于 250 μm）的土壤样品，并充分搅拌混匀。

6　试剂和材料

6.1　试剂

除非另有说明，本方法所用化学试剂均为分析纯或更高纯度，生物试剂为生物试剂纯度，试验用水为 GB/T 6682 规定的一级水。本方法所用的试剂包括：

　　a)　盐酸（HCl）；

　　b)　乙腈（CH_3CN）；

　　c)　甲醇（CH_3OH）；

　　d)　氮气（N_2）；

　　e)　氯化钠（NaCl）；

　　f)　乳酸（$C_3H_6O_3$）；

　　g)　乙酸（CH_3COOH）；

　　h)　胃蛋白酶（pepsin）；

　　i)　牛胆盐（bile salt）；

　　j)　胰液素（pancreatin）；

　　k)　苹果酸钠（$C_4H_4O_5Na_2 \cdot H_2O$）；

　　l)　柠檬酸钠（$Na_3C_6H_5O_7 \cdot 2H_2O$）；

　　m)　氢氧化钠（NaOH）；

　　n)　盐酸-乙腈溶液：吸取盐酸 0.54 mL，用乙腈定容至 100 mL；

　　o)　乙酸铵水溶液：称取乙酸铵 0.192 5 g，用水定容至 500 mL；

　　p)　甲醇水溶液：量取 20 mL 甲醇，用水定容至 40 mL。

6.2　标准溶液

以下为本文件所用标准溶液配制方法。

　　a)　全氟辛酸和全氟辛烷磺酸单独标准贮备液：可直接购买经国家认证并授予标准物质证书的全氟辛酸和全氟辛烷磺酸单物质标准贮备液。

　　b)　全氟辛酸和全氟辛烷磺酸混合标准贮备液（ρ = 10 000 mg/L）：分别取全氟辛

酸和全氟辛烷磺酸标准贮备溶液经甲醇稀释至质量浓度为 10 000 mg/L 的混合溶液。使用棕色钳口瓶密封保存，–20℃存放。使用时应恢复至室温，并摇匀。

　　c)　全氟辛酸和全氟辛烷磺酸混合标准使用液：用甲醇稀释混合标准贮备液配制成混合标准使用液。按实际需要浓度进行混合配制。使用液使用棕色钳口瓶密封保存，–20℃存放，期限小于等于 30 天。使用时应恢复至室温，并摇匀。

6.3　材料

本方法所用材料包括：

　　a)　色谱柱：填料粒径为 1.8 μm、柱长 100 mm、内径 3.0 mm 的 C18 反相色谱柱或其他性能相近的色谱柱；

　　b)　针式过滤器：0.22 μm 孔径聚四氟乙烯滤膜；

　　c)　聚丙烯离心管：4 mL、15 mL。

7　提取液配制

7.1　模拟胃液

按下列步骤配制模拟胃液：

　　a)　按照表 1 使用分析天平逐一称量 1.25 g 胃蛋白酶、0.50 g 苹果酸钠、0.50 g 柠檬酸钠，分别移入 1 000 mL 容量瓶；

　　b)　加入 GB/T 6682 规定的一级水约 400 mL，轻轻晃动容量瓶使瓶内各种物质充分溶解；

　　c)　准确加入 420 μL 乳酸和 500 μL 醋酸，使用一级水定容至 1 000 mL，混匀；

　　d)　将模拟胃液倒入 1 000 mL 烧杯，使用保鲜膜密封，放入 37℃±1℃的恒温振荡培养箱温育 1 h；

　　e)　使用分析纯或更高纯度的浓盐酸调节 pH 至 2.50±0.05。

　　注：模拟胃液现用现配。

表 1　配制 1 000 mL 模拟胃液所需的各种成分的量

成分	用量
胃蛋白酶	1.25 g
苹果酸钠	0.50 g
柠檬酸钠	0.50 g
乳酸	420 μL
醋酸	500 μL

7.2　模拟肠液

按下列步骤配制模拟肠液：

a)　　在提取步骤中，将模拟胃液（7.1）用 1 mol/L 的盐酸或者 NaOH 调节 pH 至 7.0±0.05；

b)　　按表 2 使用分析天平逐一称量 1.78 g 牛胆盐，0.5 g 胰液素，加入胃液体系中将胃液转化为肠液。

表 2　配制 1 000 mL 模拟肠液所需的各种成分的量

成分	量/g
牛胆盐	1.78
胰液素	0.50

8　仪器和设备

本方法所用的仪器设备包括：

a)　　氮吹仪或旋转蒸发仪；

b)　　高效液相色谱串联三重四极杆质谱仪：配有电喷雾离子源（ESI），具备梯度洗脱和多反应监测功能；

c)　　超声波清洗机，工作条件为 25 kHz 40% 功率；

d)　　高速多管涡旋混合仪；

e)　　低速离心机，转速≤4 000 r/min；

f)　　分析天平，精度为±0.000 1 g。

9　人体生物有效性测定步骤

9.1　建设用地土壤样品中全氟化合物总量提取

按下列步骤提取建设用地土壤样品中全氟化合物总量：

a)　　准确称取 0.5 g（精确至 0.1 mg）的待测样品于聚丙烯离心管；

b)　　加入 1 mL 一级水（GB/T 6682）、4 mL 盐酸乙腈，在高速多管涡旋混合仪上涡旋 10 min，超声处理 5 min；

c)　　添加 1 g 氯化钠，涡旋 10 min，在 4 000 r/min 条件下离心 10 min；

d)　　吸取 2 mL 上清液于 4 mL 离心管中在氮气浓缩仪上吹至尽干；

e)　　加入 0.1 mL 甲醇水溶液，超声复溶样品后，过 0.22 μm 孔径聚丙烯滤膜，上机测定。

注：视样品实际情况，试样定容体积可适当调整。

9.2　建设用地土壤样品中全氟化合物生物有效态提取

按照图 1 规定的流程开展模拟胃肠液提取，具体步骤如下：

a)　　准确称取 0.2 g 土壤样品置于聚丙烯离心管；

b)　　加入 20 mL 事先预热至 37℃ 的模拟胃液（pH=2.0±0.05），置于 37℃ 恒温振荡培养箱中以 150 r/min 的转速避光振荡培养 1 h；

    c)　模拟胃相培养结束后，将模拟胃液转化成模拟肠液；

    d)　在恒温振荡培养箱中继续避光培养 4 h；

    e)　肠液阶段结束后，将上层悬浊液在 4 000 r/min 条件下离心 10 min；

    f)　吸取 2 mL 上清液于 15 mL 离心管中，加入 4 mL 盐酸乙腈，在高速多管涡旋混合仪上涡旋 10 min，超声处理 10 min；

    g)　添加 1 g 氯化钠后再次涡旋 10 min，在 4 000 r/min 条件下离心 10 min；

    h)　吸取 2 mL 上清液于 4 mL 离心管中，在氮气浓缩仪上吹至尽干；

    i)　加入 0.1 mL 甲醇水溶液，超声复溶样品后，过 0.22 μm 孔径聚丙烯滤膜，上机测定。

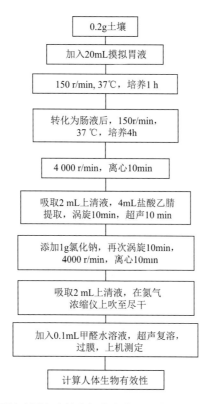

图 1　利用模拟胃肠液测定土壤全氟化合物人体生物有效性的概括性示意图

9.3　仪器分析

仪器分析条件参考 DB 32/T 4004—2021，使用高效液相色谱串联三重四极杆质谱仪测定 9.1 和 9.2 定容后的样品中全氟化合物的含量。全氟辛酸、全氟辛烷磺酸的检出下限分别为 538 ng/kg、123 ng/kg。在土壤中添加浓度 20～100 μg/kg 范围内，回收率为 89%～122%，相对标准偏差为 1%～13%。在肠液中添加浓度 2～10 μg/kg 范围内，回收率为 93%～111%，相对标准偏差为 1%～10%。

9.4 人体生物有效性计算

9.4.1 土壤中全氟化合物的浓度（μg/kg），按照公式（1）计算。

$$C_s = C_{se} / (20 \times 4 \times 0.5) \tag{1}$$

式中：

C_s ——土壤中全氟化合物的浓度，单位为微克每千克（μg/kg）；

C_{se} ——土壤提取上机样品中全氟化合物的浓度，单位为微克每升（μg/L）。

9.4.2 肠液中全氟化合物的浓度（μg/L），按照公式（2）计算。

$$C_c = C_{ce}/10 \tag{2}$$

式中：

C_c ——肠液中全氟化合物的浓度，单位为微克每升（μg/L）；

C_{ce} ——肠液提取上机样品中全氟化合物的浓度，单位为微克每升（μg/L）。

9.4.3 土壤中全氟化合物的人体生物有效性（BA）按照公式（3）计算。

$$BA = (M/T) \times 100\% \tag{3}$$

式中：

BA ——人体生物有效性；

M ——模拟肠液中溶出全氟化合物的质量，单位为微克（μg），等于全氟化合物在肠液中的浓度乘以肠液体积 20 mL；

T ——土壤试样中全氟化合物的质量，单位为微克（μg），等于土壤中全氟化合物浓度乘以土壤样品量 0.2 g。

土壤中全氟化合物人体生物有效性测定结果以百分数表示，结果保留 3 位有效数字。

10 精密度

在 95% 置信区间下，同一实验室、同一操作者使用相同设备，按本文件的测定方法，在短时间内对同一样品相互独立进行测定获得的两次独立测定结果的绝对差值不大于这两个测定值的算术平均值的 20%。

11 质量保证和质量控制

11.1 校准

11.1.1 每批样品应建立标准曲线，样点数≥5，相关系数应≥0.99，否则需重新绘制标准曲线。

11.1.2 每小于或等于 10 个样品为 1 批次，每批次应测定一个工作曲线中间浓度点标准溶液，其测定结果与该点浓度的相对偏差不大于20%。

11.2 空白试验

每小于或等于 10 个样品为 1 批次，每批次至少测定一个实验室空白样，空白样测定结果应低于方法检出限。

11.3　平行试验

11.3.1　　人体生物有效性测定中应使用至少 2 个平行样品，平行样测定结果相对偏差应小于 20%。

11.3.2　　每小于或等于 10 个样品为 1 批次，每批次至少测定一个平行样。在重复性条件下获得的两次独立测定结果的绝对差值不大于其算术平均值的 20%。

12　废物处理

试验过程中产生的废液及分析后的高浓度样品，应放置在适当的容器中密闭保存，并委托有资质的单位进行处理。

参 考 文 献

[1]　DB32/T 4004—2021　水质 17 种全氟化合物的测定　高效液相色谱串联质谱法

附录 4

《建设用地土壤污染物铅人体生物有效性的测定　模拟唾液和胃液提取法》

（T/JSSES 36—2023）

ICS 13.02
CCS X 53

T

团 体 标 准

T/JSSES 36—2023

建设用地土壤污染物铅人体生物有效性的测定 模拟唾液和胃液提取法

Determination of human bioavailability of lead in soil of development land—Simulated saliva and gastric fluid extraction method

2023-11-17 发布　　　　　　　　　　　　2023-12-17 实施

江苏省环境科学学会　　发　布

目　　次

前　言

本文件按照 GB/T 1.1—2020《标准化工作导则　第 1 部分：标准化文件的结构和起草规则》的规定起草。

请注意本文件的某些内容可能涉及专利。本文件的发布机构不承担识别专利的责任。

本文件由江苏省环境科学学会提出并归口。

本文件起草单位：南京大学、江苏省环境工程技术有限公司、江阴秋毫检测有限公司。

本文件主要起草人：历红波、曲常胜、林欣颖、薛荣跃、罗浩、张强、刘海、韩娇娇、缪翔、韦巍、孔艺、崔昕毅、谷成。

建设用地土壤污染物铅人体生物有效性的测定
模拟唾液和胃液提取法

1 范围

本文件描述了测定建设用地土壤污染物铅人体生物有效性的模拟唾液和胃液提取法。

本文件适用于建设用地土壤污染物铅人体生物有效性的测定，描述的测定方法也适用于其他类型土壤污染物铅人体生物有效性的测定。

2 规范性引用文件

下列文件中的内容通过文中的规范性引用而构成本文件必不可少的条款。其中，注日期的引用文件，仅该日期对应的版本适用于本文件；不注日期的引用文件，其最新版本（包括所有的修改单）适用于本文件。

GB/T 6682　分析实验室用水规格和试验方法

GB/T 17141　土壤质量　铅、镉的测定　石墨炉原子吸收分光光度法

GB/T 32722　土壤质量　土壤样品长期和短期保存指南

HJ 25.2　建设用地土壤污染风险管控和修复监测技术导则

HJ/T 166　土壤环境监测技术规范

HJ 803　土壤和沉积物　12 种金属元素的测定　王水提取-电感耦合等离子体质谱法

3 术语和定义

下列术语和定义适用于本文件。

3.1

建设用地　development land

建造建筑物、构筑物的土地，包括城乡住宅和公共设施用地、工矿用地、交通水利设施用地、旅游用地、军事设施用地等。

[来源：GB 36600—2018，3.1]

3.2

人体生物有效性　human bioavailability

污染物经口摄入后的肠道吸收率，以被人体吸收的污染物的量占土壤中污染物总量的百分比来表示。

4　方法原理

根据人体唾液和胃液的成分以及 pH，利用盐酸、无机盐、消化酶等配制模拟唾液和胃液，连续使用模拟唾液和胃液对土壤中铅进行提取，分析提取液中铅的浓度，计算土壤中可提取部分铅含量占总含量的百分比，进而得到土壤铅经口摄入进入消化道后的人体生物有效性。

5　土壤样品采集和制备

5.1　采集

按照 HJ/T 166、HJ 25.2、GB/T 32722 的相关要求进行土壤样品采集和保存，避免使用和接触金属材质器材。

5.2　制备

按照 HJ/T 166 的相关要求进行土壤样品的风干、粗磨、细磨和分装，得到过 60 目尼龙网筛（粒径小于 250 μm）的土壤样品，并充分搅拌混匀。

6　试剂和材料

6.1　试剂

除非另有说明，本方法所用化学试剂均为分析纯或更高纯度，生物试剂为生物试剂纯度，实验用水为 GB/T 6682—2008 规定的一级水。本方法所用试剂如下：

a）　硝酸（HNO_3）；

b）　30% 过氧化氢（H_2O_2）；

c）　氯化钾（KCl）；

d）　磷酸二氢钠（NaH_2PO_4）；

e）　硫酸钠（Na_2SO_4）；

f）　氯化钠（NaCl）；

g）　氯化钙（$CaCl_2$）；

h）　氯化铵（NH_4Cl）；

i）　硫氰化钾（KSCN）；

j）　葡萄糖（$C_6H_{12}O_6$）；

k）　氢氧化钠（NaOH）；

l）　盐酸（HCl）；

m）　胃蛋白酶（pepsine）；

n）　α-淀粉酶（α-Amylase）；

o）　尿素［$CO(NH_2)_2$］；

p）　尿酸（$C_5H_4N_4O_3$）；

q) 葡萄糖醛酸（$C_6H_{10}O_7$）；

r) 牛血清蛋白（bovine albumin）；

s) 盐酸葡萄糖胺（$C_6H_{14}NO_5Cl$）；

t) 黏蛋白（mucin）。

6.2　标准溶液

购买经国家认证并授予标准物质证书的铅单物质标准贮备液。

6.3　材料

本方法所用材料如下：

a) 聚丙烯离心管：50 mL；

b) 非金属筛：60 目（246 μm）。

7　仪器和设备

本方法所用仪器和设备如下：

a) pH 计：精度为 0.01；

b) 分析天平：精度为 0.1 mg；

c) 恒温振荡培养箱：温度稳定±1℃；

d) 离心机：离心力可达 4 500 g；

e) 电感耦合等离子体质谱仪或石墨炉原子吸收分光光度计。

8　提取液配制

8.1　模拟唾液配制

下列为配制模拟唾液的步骤：

a) 按照表 1 使用分析天平逐一称量 448 mg KCl、444 mg NaH_2PO_4、100 mg KSCN、285 mg Na_2SO_4、149 mg NaCl、100 mg 尿素、72.5 mg α-淀粉酶、25.0 mg 黏蛋白、7.50 mg 尿酸，分别移入 500 mL 容量瓶；

b) 加入 GB/T 6682—2008 规定的一级水约 400 mL，轻轻晃动容量瓶，使瓶内各种物质充分溶解；

c) 准确加入 0.90 mL NaOH（1 mol/L）；

d) 使用一级水定容至 500 mL，充分混匀；

e) 将模拟唾液倒入 500 mL 烧杯，使用保鲜膜密封后，放入 37℃±1℃的恒温振荡培养箱温育 1 h；

f) 使用分析纯或更高纯度的浓盐酸或浓氢氧化钠溶液调节 pH 至 6.50±0.50。

注：模拟唾液现用现配。

表 1 配制 500 mL 模拟唾液所需的各种成分的量

成分分类	成分	用量
无机成分	KCl/mg	448
	NaH$_2$PO$_4$/mg	444
	KSCN/mg	100
	Na$_2$SO$_4$/mg	285
	NaCl/mg	149
	NaOH（1 mol/L）/mL	0.90
有机成分	尿素/mg	100
	α-淀粉酶/mg	72.5
	黏蛋白/mg	25.0
	尿酸/mg	7.50

8.2 模拟胃液配制

按下列步骤配制模拟胃液：

a） 按照表 2 使用分析天平逐一称量 412 mg KCl、133 mg NaH$_2$PO$_4$、1 376 mg NaCl、200 mg CaCl$_2$、153 mg NH$_4$Cl、42.5 mg 尿素、325 mg 葡萄糖、10.0 mg 葡萄糖醛酸、165 mg 盐酸葡萄糖胺、1 500 mg 黏蛋白、500 mg 牛血清蛋白、500 mg 胃蛋白酶，分别移入 500 mL 容量瓶；

b） 加入 GB/T 6682—2008 规定的一级水约 400 mL，轻轻晃动容量瓶，使瓶内各种物质充分溶解；

c） 准确加入 4.15 mL HCl（37%）；

d） 使用一级水定容至 500 mL，充分混匀；

e） 将模拟胃液倒入 500 mL 烧杯，使用保鲜膜密封后，放入 37℃±1℃的恒温振荡培养箱温育 1 h；

f） 使用分析纯或更高纯度的浓盐酸调节 pH 至 1.10±0.10。

注：模拟胃液现用现配。

表 2 配制 500 mL 模拟胃液所需的各种成分的量

成分分类	成分	用量
无机成分	KCl/mg	412
	NaH$_2$PO$_4$/mg	133
	NaCl/mg	1 376
	CaCl$_2$/mg	200
	NH$_4$Cl/mg	153
	HCl（37%）/mL	4.15

续表

成分分类	成分	用量
有机成分	尿素/mg	42.5
	葡萄糖/mg	325
	葡萄糖醛酸/mg	10.0
	盐酸葡萄糖胺/mg	165
	黏蛋白/mg	1500
	牛血清蛋白/mg	500
	胃蛋白酶/mg	500

9　土壤样品中铅的提取

按照图 1 规定的流程开展模拟唾液和胃液提取，具体步骤如下：

a）　准确称取 0.600 0 g 土壤（过 60 目筛）至 50 mL 聚丙烯离心管中，精确到 0.0010 g，每个样品称取 3 份，分别放入 3 个离心管中；

b）　准确加入 9.0 mL 模拟唾液溶液（8.1），手动混合 10 s；

c）　加入 13.5 mL 模拟胃液溶液（8.2）；

d）　调节 pH 为 1.20±0.05；

e）　拧紧离心管盖，确保溶液不会泄漏后，手动摇动或倒置，使瓶子底部没有土壤结块；

f）　将离心管水平放置在 37℃恒温振荡培养箱中，以 150 r/min 振荡提取 1 h，其间每隔 15 min 利用 pH 计定时监测溶液 pH，通过添加适量盐酸使溶液 pH 值保持在 1.20<pH<1.50 之间；

g）　1 h 提取结束后，3 份试样经 4 500 g 离心 15 min；

h）　小心吸取上清液，4℃保存待测定。

10　检测

利用 0.1 mol/L HNO$_3$ 稀释土壤胃液提取液若干倍，按照 HJ 803 规定的电感耦合等离子体质谱仪或 GB/T 17141 规定的石墨炉原子吸收分光光度计测试方法，测试提取液中铅的浓度。

11　结果计算与表示

土壤中铅的人体生物有效性，按照公式（1）进行计算：

$$BA = (M/T) \times 100\% \qquad\qquad (1)$$

式中：

BA——土壤中铅的人体生物有效性；

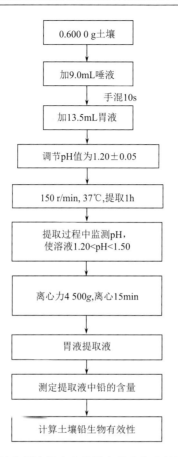

图 1　利用模拟唾液和胃液测定土壤铅人体生物有效性的概括性示意图

M——经胃液提取后在胃液可溶解的土壤铅含量，单位为微克每克（μg/g）；

T——用于提取的土壤样品中铅的总含量，单位为微克每克（μg/g），参考 HJ 803 或 GB/T 17141 进行测定。

其中，M 按照公式（2）进行计算：

$$M=\frac{c \cdot V \cdot 100}{m_1(100-f)} \tag{2}$$

式中：

c——胃液提取液中铅的浓度，单位为微克每毫升（mg/mL）；

V——提取时加入的唾液和胃液的体积加和，单位为毫升（mL），为 22.5 mL；

m_1——用于提取的土壤样品的称量质量，单位为克（g），为 0.600 0 g；

f——土壤样品中水分的含量，以百分数表示，按照 GB/T 17141 进行测定。

12　质量保证和质量控制

12.1　标准曲线校准

利用电感耦合等离子体质谱仪或石墨炉原子吸收分光光度计分析胃液提取液铅浓度时，每次开机应建立标准曲线，相关系数应≥0.99，否则需重新绘制标准曲线。

12.2　仪器分析精密度

对胃液提取液铅浓度进行仪器分析时，对每个胃液提取液样品平行测定 3 次，3 次仪器分析的相对标准偏差应<5%。

12.3　仪器分析准确度

对胃液提取液铅浓度进行仪器分析时，每小于或等于 10 个胃液提取液样品为 1 批次，每批次应测定 1 个标准溶液，其测定结果与实际浓度的相对误差应在±5% 之内。

12.4　空白提取测试

每小于或等于 10 个土壤样品为 1 批次，每批次进行模拟胃液提取时，至少包含一个实验室空白提取样，其测定结果应低于方法检出限。

12.5　平行提取测试

每个土壤样品需平行提取和测定 3 次，3 次平行提取和测定得到的铅人体生物有效性的相对标准偏差应<10%。

12.6　样品加标提取测试

每小于或等于 10 个土壤样品为 1 批次，每批次进行模拟胃液提取时，至少包含一个土壤样品加标，提取和测试后样品加标铅回收率应在 80%～120% 范围间。

12.7　标准样品提取测试

每小于或等于 10 个土壤样品为 1 批次，每批次进行模拟胃液提取时，至少测定附录 A 的表 A.1 中一个标准土壤样品中铅的人体生物有效性，对 NIST 2710a 中铅人体生物有效性的测定结果与 46.7% 的 相对误差应在±10% 之内，对 NIST 2587 中铅人体生物有效性的测定结果与 86.2% 的相对误差应在±10% 之内，对 BGS 102 中铅人体生物有效性的测定结果与 25.5% 的相对误差应在±10% 之内，对 GBW07405 中铅人体生物有效性的测定结果与 24.1% 的相对误差应在±10% 之内。

附 录 A
（资料性）
标准土壤样品中铅的人体生物有效性测定值

4 种标准土壤样品的具体信息以及土壤中铅的总含量见表 A.1，7 位测试者利用本文件方法测定的 4 个标准土壤物质中铅的人体生物有效性见表 A.2。

表 A.1　4 种标准土壤样品的具体信息以及土壤中铅的总含量

类型	标准样品	来源	铅含量/（μg/g）
土壤	NIST 2710a	美国国家标准与技术研究院，美国蒙大拿州某冶炼场地	5 520
土壤	NIST 2587	美国国家标准与技术研究院，美国康涅狄格州受油漆污染的居住地	3 242
土壤	BGS 102	英国地质调查局，铁矿石土	80
土壤	GBW07405	中国地质科学院地球物理地球化学勘查研究所，中国湖南某矿区污染土	552

表 A.2　7 位测试者利用本文件方法测定的 4 个标准土壤物质中铅的人体生物有效性（$n=3$）

测试者	NIST 2710a		NIST 2587		BGS 102		GBW07405	
	平均值/%	标准偏差/%	平均值/%	标准偏差/%	平均值/%	标准偏差/%	平均值/%	标准偏差/%
1	50.4	2.51	92.4	0.91	29.5	7.15	28.3	1.18
2	51.5	1.49	95.4	2.31	23.7	0.50	28.2	0.52
3	42.2	4.55	83.3	1.20	23.7	2.64	17.7	4.36
4	46.8	3.74	82.5	11.1	23.9	2.83	18.6	2.09
5	47.2	7.99	87.9	3.31	26.6	2.99	25.8	0.16
6	44.8	6.73	81.3	7.78	31.6	2.74	25.6	2.86
7	43.6	4.69	80.5	7.95	19.2	7.83	24.4	2.25
7 位测试者的平均值	46.7		86.2		25.5		24.1	

参 考 文 献

[1]　GB 36600—2018　土壤环境质量　建设用地土壤污染风险管控标准（试行）

附录 5

《建设用地土壤污染物镉人体生物有效性的测定 模拟胃液提取法》
（T/JSSES 37—2023）

ICS 13.02
CCS X 53

T

团 体 标 准

T/JSSES 37—2023

建设用地土壤污染物镉人体生物有效性的测定 模拟胃液提取法

Determination of human bioavailability of cadmium in soil of development land—Simulated gastric fluid extraction method

2023-11-17 发布 2023-12-17 实施

江苏省环境科学学会 发 布

目　　次

前　言

本文件按照 GB/T 1.1—2020《标准化工作导则　第 1 部分：标准化文件的结构和起草规则》的规定起草。

请注意本文件的某些内容可能涉及专利。本文件的发布机构不承担识别专利的责任。

本文件由江苏省环境科学学会提出并归口。

本文件起草单位：南京大学、江苏省环境工程技术有限公司、江阴秋毫检测有限公司。

本文件主要起草人：历红波、林欣颖、薛荣跃、丁亮、邱成浩、徐鹏程、张光、黄澄伟、卢菲菲、孔超、孔艺、崔昕毅、谷成。

建设用地土壤污染物镉人体生物有效性的测定
模拟胃液提取法

1 范围

本文件描述了用模拟胃液提取法测定建设用地土壤污染物镉人体生物有效性的方法。

本文件适用于建设用地土壤污染物镉人体生物有效性的测定，描述的测定方法也适用于其他类型土壤污染物镉人体生物有效性的测定。

2 规范性引用文件

下列文件中的内容通过文中的规范性引用而构成本文件必不可少的条款。其中，注日期的引用文件，仅该日期对应的版本适用于本文件；不注日期的引用文件，其最新版本（包括所有的修改单）适用于本文件。

GB/T 6682 　分析实验室用水规格和试验方法

GB/T 17141 　土壤质量　铅、镉的测定　石墨炉原子吸收分光光度法

GB/T 32722 　土壤质量　土壤样品长期和短期保存指南

HJ 25.2 　建设用地土壤污染风险管控和修复监测技术导则

HJ/T 166 　土壤环境监测技术规范

HJ 803 　土壤和沉积物　12 种金属元素的测定　王水提取 - 电感耦合等离子体质谱法

3 术语和定义

下列术语和定义适用于本文件。

3.1 建设用地　development land

建造建筑物、构筑物的土地，包括城乡住宅和公共设施用地、工矿用地、交通水利设施用地、旅游用地、军事设施用地等。

[来源：GB 36600—2018，3.1]

3.2 人体生物有效性　human bioavailability

污染物经口摄入后的肠道吸收率，以被人体吸收的污染物的量占土壤中污染物总量的百分比来表示。

4 方法原理

根据人体胃液的成分以及 pH，利用盐酸、无机盐、消化酶等配制模拟胃液，使用模拟胃液对土壤中镉进行提取，分析提取液中镉的浓度，计算土壤中可提取部分镉含量

占总含量的百分比，进而得到土壤镉经口摄入进入消化道后的人体生物有效性。

5　土壤样品采集和制备

5.1　采集

应按照 HJ/T 166、HJ 25.2、GB/T 32722 的相关要求进行土壤样品采集和保存，避免使用和接触金属材质器材。

5.2　制备

应按照 HJ/T 166 的相关要求进行土壤样品的风干、粗磨、细磨和分装，得到过 60 目尼龙网筛（粒径小于 250 μm）的土壤样品，并充分搅拌混匀。

6　试剂和材料

6.1　试剂

除非另有说明，本方法所用化学试剂均为分析纯或更高纯度，生物试剂为生物试剂纯度，实验用水为 GB/T 6682 规定的一级水。本方法所用试剂包括：

    a）　盐酸（HCl）；

    b）　胃蛋白酶（pepsine）；

    c）　苹果酸钠（$C_4H_4O_5Na_2 \cdot H_2O$）；

    d）　乙酸钠（CH_3COONa）；

    e）　乳酸（$C_3H_6O_3$）；

    f）　乙酸（CH_3COOH）。

6.2　标准溶液

购买经国家认证并授予标准物质证书的镉单物质标准贮备液。

6.3　材料

本方法所用材料包括：

    a）　针式过滤器：0.45 μm 孔径聚醚砜滤膜；

    b）　聚丙烯离心管：50 mL；

    c）　非金属筛：60 目。

7　仪器和设备

本方法所用仪器和设备包括：

    a）　pH 计：精度为 0.01；

    b）　分析天平：精度为 0.1 mg；

    c）　恒温振荡培养箱：温度稳定±1℃；

d) 离心机：离心力可达 4 500g；

e) 电感耦合等离子体质谱仪或石墨炉原子吸收分光光度计。

8　提取液配制

下列为配制模拟胃液的步骤：

a) 按照表 1 使用分析天平逐一称量 1.25 g 胃蛋白酶、0.50 g 苹果酸钠、0.50 g 醋酸钠，分别移入 1 000 mL 容量瓶；

b) 加入 GB/T 6682—2008 规定的一级水约 400 mL，轻轻晃动容量瓶使瓶内各种物质充分溶解；

c) 准确加入 420 μL 乳酸和 500 μL 醋酸；

d) 使用一级水定容至 1 000 mL，充分混匀；

e) 将模拟胃液倒入 1 000 mL 烧杯，使用保鲜膜密封后，放入 37℃±1℃的恒温振荡培养箱温育 1 h；

f) 使用分析纯或更高纯度的浓盐酸调节 pH 至 2.50±0.05。

注：模拟胃液现用现配。

表 1　配制 1 000 mL 模拟胃液所需的各种成分的量

成分	用量
胃蛋白酶/g	1.25
苹果酸钠/g	0.50
醋酸钠/g	0.50
乳酸/μL	420
醋酸/μL	500

9　土壤样品中镉的提取

按照图 1 规定的流程开展模拟胃液提取，具体步骤如下：

a) 准确称取 1.000 0 g 土壤（过 60 目筛）至 50 mL 聚丙烯离心管中，精确到 0.0010 g，每个样品称取三份，分别放入三个离心管中；

b) 准确加入 100 mL 模拟胃液；

c) 拧紧离心管盖，确保溶液不会泄漏后，手动摇动或倒置，使瓶子底部没有土壤结块；

d) 将离心管水平放置在 37℃恒温振荡培养箱，以 150 r/min 条件下提取 1 h，其间利用 pH 计定时监测溶液 pH，通过添加适量 HCl（37%）使溶液 pH 值保持在 2.00<pH<3.00；

e) 提取结束后，三份试样经 4 500 g 离心力离心 15 min；

f) 小心吸取上清液，过 0.45 μm 滤膜，4℃保存待测定。

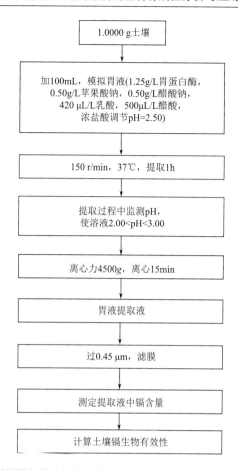

图1　利用模拟胃液测定土壤镉人体生物有效性的概括性示意图

10　检测

利用 0.1 mol/L HNO₃ 稀释土壤胃液提取液若干倍，按照 HJ 803 规定的电感耦合等离子体质谱仪或 GB/T 17141 规定的石墨炉原子吸收分光光度计测试方法，测试提取液中镉的浓度。

11　结果计算与表示

土壤中镉的人体生物有效性，按照公式（1）进行计算：

$$\mathrm{BA} = (M/T) \times 100\% \tag{1}$$

式中：

BA——土壤中镉的人体生物有效性；

M——经胃液提取后在胃液可溶解的土壤镉含量，单位为微克每克（μg/g）；

T——用于提取的土壤样品中镉的总含量，单位为微克每克（μg/g），参考 HJ 803 或 GB/T 17141 进行测定。

其中，M 按照公式（2）进行计算：

$$M = \frac{c \cdot V \cdot 100}{m_1(100 - f)} \tag{2}$$

式中：

c——胃液提取液中镉的浓度，单位为微克每毫升（μg/mL）；

V——胃液提取液体积，单位为毫升（mL），为 100 mL；

m_1——用于提取的土壤样品的称量质量，单位为克（g），为 1.000 g；

f——土壤样品中水分的含量，以百分数表示，按照 GB/T 17141 进行测定。

12　质量保证和质量控制

12.1　标准曲线校准

利用电感耦合等离子体质谱仪或石墨炉原子吸收分光光度计分析胃液提取液镉浓度时，每次开机应建立标准曲线，相关系数应≥0.99，否则需重新绘制标准曲线。

12.2　仪器分析精密度

对胃液提取液镉浓度进行仪器分析时，对每个胃液提取液样品平行测定 3 次，3 次仪器分析的相对标准偏差应<5%。

12.3　仪器分析准确度

对胃液提取液镉浓度进行仪器分析时，每小于或等于 10 个胃液提取液样品为 1 批次，每批次应测定 1 个标准溶液，其测定结果与实际浓度的相对误差应在±5% 之内。

12.4　空白提取测试

每小于或等于 10 个土壤样品为 1 批次，每批次进行模拟胃液提取时，至少包含一个实验室空白提取样，其测定结果应低于方法检出限。

12.5　平行提取测试

每个土壤样品需平行提取和测定 3 次，3 次平行提取和测定得到的镉人体生物有效性的相对标准偏差应<10%。

12.6　样品加标提取测试

每小于或等于 10 个土壤样品为 1 批次，每批次进行模拟胃液提取时，至少包含一个土壤样品加标，提取和测试后样品加标镉回收率应在 80%～120% 范围内。

12.7　标准样品提取测试

每小于等于 10 个土壤样品为 1 批次，每批次进行模拟胃液提取时，至少测定附录 A

表 A.1 中一个标准土壤样品中镉的人体生物有效性，对 NIST 2710a 中镉人体生物有效性的测定结果与 20.6% 的相对误差应在±10% 之内，对 NIST 2587 中镉人体生物有效性的测定结果与 73.5% 的相对误差应在±10% 之内，对 GBW07405 中镉人体生物有效性的测定结果与 3.10% 的相对误差应在±10% 之内。

附　录　A
（资料性）
标准土壤样品中镉人体生物有效性的测定值

表 A.1 给出了 3 种标准土壤样品的具体信息以及土壤中镉的总含量。

表 A.1　3 种标准土壤样品的具体信息以及土壤中镉的总含量

类型	标准样品	来源	镉含量/ （μg/g）
土壤	NIST 2710a	美国国家标准与技术研究院，美国蒙大拿州某冶炼场地	12.30
土壤	NIST 2587	美国国家标准与技术研究院，美国康涅狄格州受油漆污染的居住地	1.92
土壤	GBW07405	中国地质科学院地球物理地球化学勘查研究所，中国湖南某矿区污染土	0.45

表 A.2 给出了 7 位测试者利用本文件方法测定的 3 个标准土壤物质中镉的人体生物有效性。

表 A.2　7 位测试者利用本文件方法测定的 3 个标准土壤物质中镉的人体生物有效性（$n=3$）

测试者	NIST 2710a		NIST 2587		GBW07405	
	平均值/%	标准偏差/%	平均值/%	标准偏差/%	平均值/%	标准偏差/%
1	21.9	0.27	85.8	3.67	4.44	1.13
2	23.8	1.27	73.8	7.49	3.67	0.72
3	19.7	0.12	60.6	1.38	3.23	0.63
4	20.3	0.83	69.6	10.4	2.36	0.45
5	18.6	0.29	67.7	5.72	2.59	0.48
6	19.1	0.54	66.2	3.00	2.70	1.29
7	20.8	0.95	90.5	10.8	2.69	1.82
7 位测试者的平均值	20.6		73.5		3.10	

参 考 文 献

[1]　GB 36600—2018　土壤环境质量　建设用地土壤污染风险管控标准（试行）